彩图 1　新西兰兔

彩图 2　比利时兔

彩图 3　伊拉兔

彩图 4　大耳白兔

彩图 5　青紫蓝兔

彩图 6　白色獭兔

彩图 7　红色獭兔

彩图 8　蛋白石獭兔

彩图 9　宝石花獭兔

彩图 10　安哥拉兔

彩图 11　宠物兔

彩图 12　耳号钳

彩图 13　家兔编号示例

彩图 14　家兔耳标

彩图 15　室外双列式兔舍

彩图 16　室内多列式兔舍内部

彩图 17　叠层式兔笼

彩图 18　叠层式水泥兔笼（背面）

彩图 19　阶梯式兔笼

彩图 20　巴氏杆菌病鼻炎

彩图 21　巴氏杆菌病肺出血

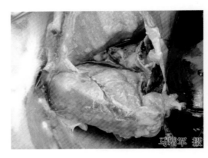

彩图 22　兔巴氏杆菌病
（胸腔纤维素性渗出物）

彩图 23　兔葡萄球菌感染症（脚皮炎）

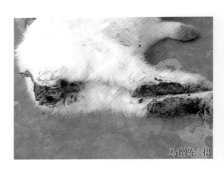

彩图 24　兔球虫病（腹泻）

彩图 25　兔球虫病（肠腔内
混有血液的黏性内容物）

彩图 26　兔肝脏球虫

高效养兔

主　编　李顺才　熊家军

副主编　肖　峰　柳莹莹　张　伟

参　编　马增军　王江涛　王金栋　汪　洋

　　　　杨亚静　杜利强

机械工业出版社

本书系统地介绍了高效养兔生产中的主要环节及关键技术，内容丰富翔实，涵盖面广，具有较强的实用性和可操作性。其内容主要包括：概述、家兔的形态特征与生物学特性、家兔的品种与引种、家兔的繁育技术、家兔的营养需要及饲料配合、家兔的饲养管理、兔场的建设与设备、家兔常见病防治。

本书可供广大养兔专业户、技术服务人员使用，也可作为兽医工作者及相关专业师生的参考用书。

图书在版编目（CIP）数据

高效养兔/李顺才，熊家军主编. —北京：机械工业出版社，2014.6（2018.1 重印）

（高效养殖致富直通车）

ISBN 978-7-111-46351-1

Ⅰ.①高…　Ⅱ.①李…②熊…　Ⅲ.①兔－饲养管理　Ⅳ.①S829.1

中国版本图书馆 CIP 数据核字（2014）第 066514 号

机械工业出版社（北京市百万庄大街 22 号　邮政编码 100037）

总 策 划：李俊玲　张敬柱　　　策划编辑：郎 峰 高 伟

责任编辑：郎 峰 高 伟　　　　版式设计：常天培

责任校对：赵 蕊　　　　　　　责任印制：刘 岚

三河市国英印务有限公司印刷

2018 年 1 月第 1 版第 5 次印刷

140mm×203mm·8.125 印张·2 插页·225 千字

9901—12900 册

标准书号：ISBN 978-7-111-46351-1

定价：29.80 元

高效养殖致富直通车
编审委员会

序

改革开放以来，我国养殖业发展非常迅速，肉、蛋、奶、鱼等产品产量稳步增加，在提高人民生活水平方面发挥着越来越重要的作用。同时，从事各种养殖业也已成为农民脱贫致富的重要途径。近年来，我国经济的快速发展为养殖业提出了新要求，以市场为导向，从传统的养殖生产经营模式向现代高科技生产经营模式转变，安全、健康、优质、高效和环保已成为养殖业发展的既定方向。

针对我国养殖业发展的迫切需要，机械工业出版社坚持高起点、高质量、高标准的原则，组织全国 20 多家科研院所的理论水平高、实践经验丰富的专家学者、科研人员及一线技术人员编写了这套"高效养殖致富直通车"丛书，范围涵盖了畜牧、水产及特种经济动物的养殖技术和疾病防治技术等。

丛书应用了大量生产现场图片，形象直观，语言精练、简洁，深入浅出，重点突出，篇幅适中，并面向产业发展需求，密切联系生产实际，吸纳了最新科研成果，使读者能科学、快速地解决养殖过程中遇到的各种难题。丛书表现形式新颖，大部分图书采用双色印刷，设有"提示""注意"等小栏目，配有一些成功养殖的典型案例，突出实用性、可操作性和指导性。

丛书针对性强，性价比高，易学易用，是广大养殖户和相关技术人员、管理人员不可多得的好参谋、好帮手。

祝大家学用相长，读书愉快！

中国农业大学动物科技学院

2014 年 1 月

前　言

　　进入 21 世纪以来，随着我国农业产业结构的调整，畜牧业在大农业中的地位越来越突出。家兔是以青粗饲料为主、精料为辅的节粮型草食性小家畜，且不需放牧，无林牧矛盾，可生产优质的兔肉、兔毛、兔皮等产品，能增加经济效益，加快农民致富奔小康的步伐。

　　近年来，我国养兔业迅速发展，养兔专业户、重点户如雨后春笋般不断涌现，一股学科学、学技术、依靠科技致富的热潮正在农村掀起，广大农民朋友迫切需要获得养兔致富的信息和理论指导，开辟新的致富门路。为了满足广大兔业生产经营者的需求，将养兔新技术、新成果、新经验及时送到农民手中，促进养兔生产快速、健康、持久发展，创造更高的经济效益和社会效益，我们结合自己的科研和生产实践，并在参考大量有经验的同行编写的书籍、技术资料和科研成果的基础上，编写了《高效养兔》一书。在此向有关文献的作者表示诚挚的谢意。全书系统地介绍了高效养兔生产中的主要环节及关键技术，具有较强的实用性和可操作性，其内容主要包括：概述、家兔的形态特征与生物学特性、家兔的品种与引种、家兔的繁育技术、家兔的营养需要及饲料配合、家兔的饲养管理、兔场的建设与设备、家兔常见病防治等，可供广大养兔专业户、技术服务人员、兽医工作者及相关专业师生参考使用。

　　需要特别说明的是，本书所用药物及其使用剂量仅供读者参考，不可照搬。在生产实际中，所用药物学名、常用名和实际商品名称有差异，药物浓度也有所不同，建议读者在使用每一种药物之前，参阅厂家提供的产品说明以确认药物用量、用药方法、用药时间及禁忌等。购买兽药时，执业兽医有责任根据经验和对患病动物的了解决定用药量及选择最佳治疗方案。

由于编者水平所限，问题和不足之处在所难免，并敬请广大读者批评指正。

编　者

目 录

第八章　家兔常见病防治

——第一章——
概　述

一　家兔的分类地位与起源

家兔属脊索动物门，脊椎动物亚门，哺乳纲，兔形目，兔科，穴兔属。据考证，分布于欧洲地中海周围的穴兔属的穴兔是所有家兔品种的原祖，其驯养历史不过千年。家兔的祖先——野生穴兔的骨骼纤细、质轻，在自然界很难存留，很少有其化石发现，所以人类有关穴兔的史前分布知之甚少。公元前 1100 年，腓尼基人到达西班牙半岛时，意外发现在当地栖息着一种野生穴兔。此后，穴兔逐渐从西班牙散布到南欧和北非。人类野兔的驯化是从 16 世纪开始，由法国修道院修士们完成的。开始是在较小的围栏中饲养较多数量的兔，通过逐渐改进使兔在兔笼中饲养和繁殖，就这样开始了家兔的养殖，至今人们饲养的家兔仍然保留着其祖先——野生穴兔的许多特点。

二　家兔与野兔的区别

家兔和野兔在外形上虽有相似之处，但在遗传上却有着本质的区别。在中国分布有 9 种野兔：雪兔、东北兔、东北黑兔、华南兔、塔里木兔、高原兔、西南兔、海南兔及数量最多和分布最广的草兔。我们平时所说的野兔，主要指草兔。中国的这些野兔与穴兔明显不同，它们之间的区别实际上就是家兔和野兔的区别（表 1-1）。

表 1-1　家兔与野兔的主要区别

特　种	家　兔	野　兔
毛色	不随季节变化	随季节变化
习性	穴居在地下隧道，群居	旷野栖息，不穴居，不群居
成年兔体重	1.5～2.0kg	5.0～6.0kg
耳	较短	较长
四肢骨	后肢骨显短，不善奔跑	后肢骨显长，善奔跑
腿长度	前肢：后肢=1:3	前肢：后肢=2:3
染色体数	2n=44	2n=48
繁殖的季节性	一年四季均可繁殖	一般1年繁殖1次
妊娠期	30～32天	40～42天
每窝产仔数	4～12只	1～4只
初生仔兔特征	裸体，闭眼，不能动	有被毛，开眼，能走动
饲养实践	易驯化，家养条件下易成活	不易驯化，家养条件下难以繁殖

【提示】　目前，野兔在人工养殖条件下能够成活或繁殖，但繁殖率极低；在放养条件下生产性能有限，不可能有家兔那样的繁殖性能。近年来，关于野兔人工驯化和人工养殖的报道很多，但尚未取得实质性进展，养殖户应对此引起足够重视。

三　发展兔业生产的意义

1. 提供优质蛋白质，改善我国居民的肉食结构

研究表明，兔肉营养丰富，属高蛋白、高磷脂、高赖氨酸、高消化率、低脂肪、低热量、低胆固醇的理想食品。常食兔肉可以预防动脉硬化、高血压及心脏病，所以说兔肉是集"益智、美容、保健"于一体的肉食佳品（表 1-2）。目前，在我国肉类结构中，猪肉占主导地位，但猪肉具有高脂肪、高热量、高胆固醇等缺点。随着国民收入、人民生活水平的提高和人们对兔肉营养价值的认识逐渐加深，兔肉将成为继猪肉、鸡肉之后又一个重要的消费热点，对改变中国人不合理的膳食结构，提高人民身体素质发挥重要作用。

表1-2　兔肉与其他主要肉类营养成分及消化率比较

类别	蛋白质（%）	脂肪（%）	热量/（kJ/100g）	胆固醇/（mg/100g）	烟酸/（mg/100g）	赖氨酸（%）	无机盐（%）	消化率（%）
兔肉	21	8	677.16	65	12.8	9.6	1.52	85
猪肉	15.7	26.7	1 287.44	126	4.1	3.7	1.10	75
牛肉	17.4	25.1	1 258.18	106	4.2	8.0	0.92	55
羊肉	16.5	19.4	1 099.34	70	4.8	8.7	1.19	68
鸡肉	18.6	14.9	518.32	69～90	5.6	8.4	0.96	50

2. 提供工业原料，促进经济发展

家兔全身都是宝，可为毛纺、制裘、食品和生物制品等工业提供丰富而宝贵的原料。家兔皮尤其是獭兔皮是制裘工业的优质原料，具有保温性好、质地柔软、用途广泛的特点，可加工生产出多种款式新颖、美观大方、穿着舒适的流行时装。安哥拉兔兔毛为高档毛纺原料，具有膨松、轻软、保温性好、易着色等优点，可生产各式华贵又大方的外衣、披肩、贴身的汗衫、运动衫和保健用品，其经济价值远远高于棉花和羊毛。兔肉是食品加工工业的原料之一，随着人民生活水平的提高，国内兔肉消费市场不断扩大，兔肉加工的种类和品种将有一个较大的发展，需要生产更多的优良肉兔来作为原料。兔血、兔骨、兔脑和心、肝、胃、肾等脏器既可食用，也可用于提取生产一系列的生物药物制剂。另外，家兔的骨（含钙27.4%、磷18.8%）、血（血粉含粗蛋白质83.9%），又是动物饲料的来源之一。

3. 养兔是农民脱贫致富的有效途径

养兔与其他养殖业相比，具有投资少、风险小、周转快、效益高、节粮等优点。其饲养规模可大可小，饲养方式多种多样，不仅可以工厂化、集约化、产业化生产，也可以小规模饲养，尤其适合广大农民朋友家庭饲养。农民无论是利用菜叶、果皮、田边地头杂草等小规模养兔，还是适度规模种草养兔，均可获得可观的经济效益。因此，在广大农村，特别是贫困地区因地制宜地大力发展家兔养殖业，是农民脱贫致富奔小康的有效途径。

4. 家兔是节粮型家畜，发展家兔生产符合我国国情

近年来，畜牧业已发展成为推动我国农业和农村经济发展，促进农民增收的重要力量。与此同时，畜牧业内部结构性矛盾也日益突出，主要表现为猪、鸡等耗粮型畜禽的比重过大。家兔是草食经济动物，与牛羊一样不与人类争粮；且家兔繁殖快，饲料转化率高，1 只母兔繁殖 1 年可提供它本身重量 20 倍的兔肉，可以较牛、羊更快的速度为人类提供最廉价、营养报酬最高的动物性食品。目前，我国家兔主要产区如四川、山东、河南、江苏、河北、重庆、福建、浙江、山西、内蒙古等省（市、自治区）的出栏量之和，至今仍占到全国家兔出栏总量的 90% 以上。在非主产区发展兔业，尤其是西部地区存在巨大的发展空间。

四　国内外家兔生产现状

1. 国外家兔生产现状

家兔商品性生产不过几百年的历史，是畜牧业中新兴的一个产业。

（1）兔肉生产　自 20 世纪 70 年代开始，法国、意大利等国家开始出现了专业化、工厂化生产的养兔场。目前，全世界约有 100 多个国家从事兔肉生产，全世界家兔年饲养量已超过 15 亿只，其中肉兔约占 94%，兔肉年产量达 210 万 t。肉兔饲养业比较发达的国家主要有意大利、法国、西班牙、德国等。由于科学技术的进步，饲养条件的改善，养兔发达的国家，肉兔的生产性能很高。一般来说，肉兔 70 日龄左右体重达到 2.25kg 以上即可出栏，肉兔饲料消耗系数低于 3，即每增重 1kg，饲料消耗不足 3kg。母兔年产仔兔 50 只以上，1 个笼位（家兔笼养，母兔在空怀期和妊娠期几只母兔占 1 个笼位）年提供断乳兔 90~100 只。

（2）兔皮生产　长期以来，世界上兔皮生产一般是依附于兔肉的生产，或二者结合进行。生产兔皮的国家与生产兔肉的国家相一致，肉兔皮年产量多达 10 多亿张。大部分兔皮供国内加工利用，在国际贸易中算不上大宗商品。其中，法国年产兔皮约 1 亿张；我国远超过 3 亿张，美国年加工兔皮 2 亿~3 亿张。近年来，由于世界性的环保意识加强，狩猎野生动物遭到各国政府的制裁和社会各界的谴责。廉价的羊皮生产量有限且以皮革原料皮为主，而水貂皮、狐皮等高档毛皮皮量少而贵，中档的兔皮（主要是獭兔皮）在国际裘皮市场上起到了很好的衔接与补充作用，从而使兔裘皮制品成为最受欢迎的毛皮产品之一，极大地刺激了兔皮生产的快速发展。目前，在美国饲养獭兔已成为热门，其标准色型已有10余种，除成立了獭兔公司外，在纽约还建立了兔皮工业中心，专门研究和加工各种兔皮。

（3）兔毛生产　目前各国家所养的长毛兔，均为安哥拉长毛兔。全世界兔毛年产量约1.2万t，其中中国产量最多，约1万多吨，智利年产200~300t，阿根廷200t，法国约100t，德国约50t。另外，还有巴西、匈牙利、波兰和朝鲜等国家也正在积极发展。

2. 我国家兔生产现状

在20世纪90年代期间，我国家兔生产持续发展，令世界瞩目。在此基础上，近10余年来我国家兔生产取得了突破性进展。

（1）家兔出栏量和兔肉产量成倍增长　1996年中国家兔年出栏2.2亿只，产兔肉30.6万t，各占当年世界总量的26.9%和25.9%，首次超过意大利居世界第一位。2007年，全国年存栏家兔2.46亿只，出栏肉兔4.5亿只，生产兔肉67.5万t（约占世界兔肉总产量的38.6%），生产兔毛约0.8万t。2008年出栏4.88亿只，生产兔肉66.0万t，占世界总量的43.8%和42.1%，创历史新高。中国的獭兔养殖业虽然才起步，全国獭兔饲养量仅500万只左右，但已成为世界上獭兔皮和制成品唯一有批量出口的国家。我国家兔生产对世界兔业发展的贡献越来越大，已成为名副其实的养兔大国。

（2）家兔生产基本达到国际先进水平　得益于良种的引进、推广及科技进步的推动作用，在养兔数量和规模得到发展的同时，我国家兔生产水平也有了大幅度的提高。商品肉兔屠宰日龄由90~100天进一步缩短到80~90天；屠宰率由48%提高到51%左右，接近欧洲先进国家水平。长毛兔年平均产毛量由600g左右提高到900g，高产群体平均达1 500g以上，达到或超过世界先进水平。獭兔质量明显提升，商品獭兔优级皮的比例，由不到20%提高到40%以上，且近年已开始对外出口种兔。

概
述

第
一
章

（3）家兔养殖快速转向规模化生产，家兔产业体系初步形成
随着农村劳动力资源大规模输出、城镇化步伐加快，在兔业科技快速发展的支撑下，我国商品兔规模养殖速度加快。养兔业从无足轻重的家庭副业变成了农村经济中的一个产业，甚至成为一些地方的特色产业，"小兔子，大产业"已成为业界共识和有目共睹的事实。进入 21 世纪，兔用配合饲料的工业加工，兔肉、兔毛、兔皮的精深加工，专业从事国内兔产品营销的企业均从无到有；还涌现出一批国家级龙头企业；有关兔业的社会化服务、政策支持、科学研究、技术推广、行业管理等得到明显改善和加强。

（4）兔业科学研究取得多项突破　近年来，我国兔业科技工作者围绕提高兔业综合生产能力，不断创新兔业科技，兔业科学研究取得多项突破。在家兔育种方面，培育出了一些性能优异的新品系和高产类群，如皖系长毛兔、镇海巨型高产长毛兔、珍珠系长毛兔、沂蒙巨型长毛兔、吉戎兔、四川白獭兔、金星獭兔等，特别是一些长毛兔群体的年产毛水平已达到或超过国际先进水平。在繁殖和生物技术方面，人工授精技术得到了广泛的推广和应用；甜味剂、酶制剂、益生素等新型生物添加剂已广泛应用于饲料。在兔病研究方面，兔病毒性出血症的病原研究率先取得突破，处于国际领先水平，并成功研制了预防兔病毒性出血症、巴氏杆菌病、支气管败血波氏杆菌病、魏氏梭菌病、大肠杆菌病等疾病的疫苗，较好地控制了兔病的发生。

五　中国家兔生产业中存在的问题及对策

近 20 年来，中国家兔生产持续发展的同时，也面临许多问题。其中制约中国家兔生产发展的问题主要有以下几个方面。一是经营秩序混乱，组织化程度低。国家在种畜禽管理方面虽然制定了一系列法律法规，但在种兔管理上还不够深入，往往被炒种者钻了空子，如彩色长毛兔被说得神乎其神，价值连城；獭兔被巧立名目为"海狸王"、"天鹅绒"、"雪绒兔"等以蛊惑人心。二是兔用工业饲料原料价格不断攀升，导致饲养成本大幅度提高，严重影响兔业的稳定发展，尤其是规模化养殖。三是科学研究缺乏力度，新产品开发滞后。目前，我国至今尚没有专门的兔业科研机构，一些兔产品的质量标准国家尚未制定，质量监测也不太严格。市场上销售的一些兔产品大多是企业自行研发的，科技含量不高，附加值不高，难以满足人们的高端需求。产品市场开发滞后已成为制约我国家兔生产持续发展不可小视的问题。四是产业化水平不高，市场波动较大。我国目前只有屈指可数的几家兔业龙头企业分布在山东、浙江、江苏、吉林、黑龙江一带。在许多重点养兔地区尚缺乏龙头企业带动，养殖户处于无序状态，抗风险能力薄弱，要么一哄而上，要么谈兔变色，严重影响了我国家兔生产的健康发展。为此，要对当前家兔生产、产品市场、饲料饲草供求等现状进一步开展调查，听取广大养兔场（户）的述求，重新认识和评估各地兔业发展的基础优势、发展潜力和客观存在的问题。

针对以上情况，首先应强化优种的推广力度，规范种兔市场。其次，兔业的健康发展与饲料业息息相关，无论是从兔业发展角度，还是从饲料行业自身的发展来讲，都应该加强家兔饲料的研究与应用，强化饲料质量，注意饲料的安全性。再次，积极借鉴国外先进技术和经验，结合中国不同区域的典型经验和成功案例，对国外技术进行风土化改造，形成中国特色的区域性标准化养殖模式，在适宜地区推广。与此同时，加强与有关大专院校、科研院所及行业组织的技术合作，加快养兔科学技术的推广应用，提高兔业科技含量和生产水平。相信在业界人士的共同努力下，兔业必将成为一个优势产业集群，届时中国不仅在养兔数量上稳居世界第一，还会拥有自主知识产权的世界一流优良种兔，从而实现中国兔业强国之梦。

第二章
家兔的形态特征与生物学特性

第一节　家兔的形态特征

一　外貌特征

　　家兔的整个体躯由被毛覆盖。不同品种、不同性别、不同年龄的家兔，被毛的颜色可以不同，有的呈白色，有的黑褐色，或者呈天蓝色、红褐色、褐麻色等。有的家兔，在其体躯的不同部位，被毛的颜色也各异。被毛的颜色是一种遗传性状，可以作为识别品种的主要特征。家兔外貌既和生产性能有一定联系，又是生长发育和品种特征的外在表现。通过外貌鉴定，不仅可以判断该家兔的品种特征是否明显，而且还可以评定其生长发育的程度，推测其生产力的高低。家兔的整个身体分为头部、颈部、躯干、四肢和尾部共 5 部分（图 2-1）。

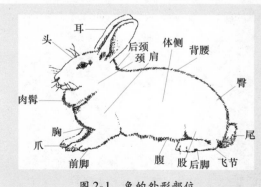

图 2-1　兔的外形部位

1. 头部

家兔的头呈长形，以眼为界分为前方的面部和眼后方的颅部。面部中央稍隆起，前端有卵圆形的鼻孔，鼻孔下方连接上唇。上唇中间有一深纵裂，将上唇分为相等的两部分。门齿外露，嘴边长有长而粗硬的触须，具有触觉作用。家兔颅顶两侧有两只大耳，内有外耳孔与耳道相通。耳朵的大小、形状、厚薄及耳毛的有无与分布是品种特点之一，如大耳白兔的耳很长大，耳根细，耳端尖，高举，形同柳叶或"V"字形；中国本兔耳短而厚，直立；公羊兔耳宽而下垂；丹麦白兔两耳短小，向前倾斜；喜马拉雅兔两耳棕褐色；巨型兔两耳深黑色。同一品种的公兔的脑门比同龄母兔的宽、圆且粗。家兔的眼球大，近似圆形，位于头部两侧。眼球颜色有多种，也是不同品种、色型的特点之一，如青紫蓝兔的眼睛呈灰褐色，维也纳兔为暗天蓝色，公羊兔呈黑色；白色家兔由于虹膜内缺乏色素，血管内血色透露，所以看起来是红眼睛，如中国的白兔、白色獭兔。

> **【提示】** 健康家兔的眼大、明亮有神，不能有炎症或眼垢、泪水等；除专门的垂耳品种外，一般要求耳朵直立。

2. 颈部

家兔颈短，轮廓明显，能自由活动。发育正常的家兔，颈与躯干成比例，而且肌肉发达。一般大中型的兔在颈、喉交界处有明显的皮肤隆起形成的皱褶，称为肉髯。一般母兔的肉髯比公兔的发达；如果肉髯过度发达，则是体质疏松的表现。肉髯和兔的品种（系）有关，如美系獭兔肉髯较大，德系獭兔肉髯较小或没有。

> **【提示】** 一般肉髯越大，皮肤越松弛，表明其年龄越大。

3. 躯干

家兔的躯干长，微弯成弓形，可分为胸部、背腰部、臀部、腹部及乳房。家兔的胸部比较小，其容积仅为腹腔的 $1/7 \sim 1/8$。腹部远大于胸部，这是和兔的草食性相关的。背腰部是家兔中部体躯的主要部分，有明显的腰弯曲；背腰长而宽，有利于家兔内脏的发育。臀部宽圆而发达，肌肉丰满，发育匀称；臀部宽大的母兔，产仔率

第二章 家兔的形态特征与生物学特性

高，母性强。家兔腹部位于最后肋骨和胸骨后方，由较薄的肌层和皮肤构成，富有弹性。一般情况下，腹部下垂松弛，是长期营养不良的表现，长期大量采食低质粗饲料，就会造成垂腹。公兔的腹部决不可下垂，以免影响配种；雌兔在腹下一般有3~6对（4对的居多）乳头；幼兔及雄兔的乳头不明显。

> ● 【提示】 乳房、乳头及发育情况与母兔的泌乳力是育种的重要指标。选种时要挑选有4对以上发育良好的乳头的母兔；乳头应饱满不干瘪，乳端不凹陷，两行乳头间隔距离远。

4. 四肢

家兔前肢较短弱，后肢长而有力，这与兔的跳跃式行走有关。前肢包括肩带、上臂、前臂和前脚4部分。前脚5趾，趾端有爪。后肢包括腰带、大腿、小腿及后脚4部分。后脚4趾，第一趾已退化，各趾端有爪。兔脚着地的方式属于趾—跖行性，即不仅以脚趾（指）着地，脚掌（跖骨、掌骨）在一定程度上也参与着地，特别是后脚脚掌着地的情况更为明显。

5. 尾部

家兔尾短，尾面及尾底毛两色。兔奔跑时尾向上翘起，尾面和体背相接近。尾根下方为肛门。公兔肛门前方有阴茎，头端有尿生殖孔开口。阴茎头被覆于包皮内，成年公兔的阴茎两侧有阴囊，内藏睾丸。母兔的尿生殖孔开口于肛门下方的阴道前庭，呈宽缝状。

二 解剖特征

1. 肌肉系统

家兔全身的肌肉共有300多块，在正常体况下可占体重的35%左右。分为头部肌、躯干肌、前肢肌、后肢肌和不发达的皮肤肌5部分。家兔奔跑跳跃，主要依靠后躯发达的肌肉活动来实现。因此，家兔的腰、臀及后肢的肌肉相对发达，以适应其运动和生活习性。

2. 消化系统

家兔的消化系统包括两个部分，即消化管和消化腺。

（1）消化管 家兔的消化管较长，为其体长的12倍，食物进入消化道后能进行彻底的消化和吸收。消化管包括口腔、咽、食管、胃、小肠、大肠（盲肠、结肠、直肠）、肛门。

1）口腔。口腔作为消化管的起始部，有采食、吮吸、味觉、湿润、咀嚼和吞咽等功能。其前界为唇，两侧为颊。兔唇的特点是上唇正中线有纵裂，形成豁嘴，活动自由，使门齿外露，便于采食地上的矮草。家兔门齿发达，无犬齿，臼齿咀嚼面有宽阔的横嵴，适于研磨草料。家兔舌短而厚，有丝状乳头、菌状乳头、轮廓乳头和叶状乳头，其中后三者上皮内有味蕾。受吮吸母乳时活动的影响，11 日龄仔兔的舌相对较大，大约占消化器官总重的 7%。

2）咽。咽位于口腔和鼻腔之后，是消化道和呼吸道共同的通道。

3）食管。食管连于咽和胃之间，在颈部位于喉和气管的背侧，在胸部经胸腔穿过食管裂孔进入腹腔。

4）胃。家兔的胃是单胃，位于腹腔前部，外形呈蚕豆状，是消化道的膨大部分，有暂时储存食物、分泌胃液、进行初步消化等功能。胃黏膜能分泌含有盐酸和胃蛋白酶原的胃液，对食物进行初步消化。

5）小肠。包括十二指肠、空肠和回肠 3 部分，前接胃幽门，后接盲肠，是对食物进行消化和吸收的主要部位。十二指肠长约 50cm，分前后两段，形成一个长 "U" 形肠祥；空肠长约 230cm，形成许多肠祥；回肠较短，长约 40cm，肠管直，管壁较厚，以回盲系膜连于盲肠。

6）大肠。大肠和小肠相比，短而粗，从回盲口至肛门，包括盲肠、结肠和直肠 3 部分。大肠长约 200cm，其主要功能是吸收水分、维生素、电解质，进行微生物消化和形成粪便。家兔盲肠是一个长而粗大的盲囊，为大肠中最粗大的一段，长 50~60cm（连同蚓突），其容积占消化道总容积的 42%~49%。盲肠的游离端变细，管壁变薄，称作蚓突。盲肠壁薄，无纵肌带，内有螺旋状皱褶，称为螺旋瓣，这是家兔消化道的特征。在回肠、盲肠交接处有一壁厚、膨大、色淡的圆小囊，其内壁呈六角形蜂窝状。圆小囊黏膜富含淋巴组织，既参与营养物质吸收，又可产生大量的淋巴细胞参与机体免疫。结肠位于盲肠下长约 100cm，结肠起始部管径粗大为大结肠。大结肠管壁有 3 条纵肌带和 3 条列肠带。大结肠向后管径变细为小结肠，小结肠比大结肠稍长，有 1 条很宽的肌带和 1 条列肠带，内含粪球，小结肠先由右向左横过腹腔（横结肠），然后在左侧向后转为降结肠。直肠长 30 ~ 40cm，与降结肠无明显分界，但二者之间有"S"状弯曲，内含粪球呈串珠状。直肠末端距肛门约 1cm 处背外侧有 1 对椭圆形的直肠腺（或称肛腺），其脂样分泌物可润滑肠壁，有利于粪球排出。直肠末端以肛门开口于体外（图 2-2）。

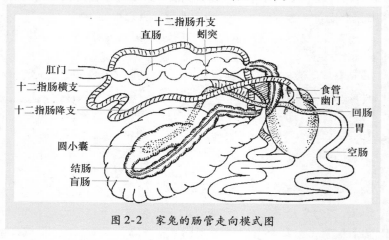

图 2-2　家兔的肠管走向模式图

（2）消化腺　消化腺能分泌消化液，经导管输送到消化道的相应部位，如唾液腺、肝脏和胰脏等。

1）唾液腺。包括成对的腮腺、下颌腺、舌下腺和眶下腺。唾液腺分泌的唾液不仅能清洁口腔、湿润食物，还含有消化酶，但消化分解能力较弱。

2）肝脏。肝脏是家兔体内最大的腺体，重 40 ~ 80g，约占体重的 3.7%，呈红褐色。肝脏参与消化、排泄、解毒及代谢等多种过程，共分为 6 叶，肝门位于肝的脏面，它是门静脉、肝动脉、肝管、淋巴管、神经等出入的地方。胆囊位于右内侧叶脏面，是储存胆汁的长形薄囊，呈暗绿色。

3）胰脏。胰脏为淡红色，由分散的小叶组成，分左叶和右叶两部分。胰脏包括外分泌部和内分泌部。外分泌部为消化腺，占胰脏的大部分，能分泌胰液，通过胰管输送到十二指肠，参与蛋白质、脂肪和糖类的消化。内分泌部称为胰岛，能分泌胰岛素和胰高血糖素，直接进入血液，调节血糖的代谢。

3. 呼吸系统

兔的呼吸系统包括呼吸道和肺。呼吸道由鼻、咽、喉、气管和支气管组成。肺位于胸腔内，分左肺和右肺，由纵隔分开。左肺较小，右肺较大。肺的表面，被覆一层光滑的浆膜，称为肺胸膜，肺胸膜把肺分成肺小叶。由肺的表面或剖面看，肺小叶呈大小不等的多角形区。

4. 泌尿系统

泌尿系统包括肾脏、输尿管、膀胱和尿道4部分。家兔肾脏左右各有1个，呈卵圆形，大小约3.5cm×2.0cm，重5~10g，位于腹腔顶部、最后2肋及前4个腰椎的腹侧，右肾靠前，左肾在后。输尿管起始于漏斗状的肾盂，左右各1条，呈白色管道，在腹腔后部背侧延伸至盆腔，于膀胱颈部背侧开口入膀胱。公兔的尿道既排尿液也排精液，又称尿生殖道，起始于膀胱颈后部，开口于阴茎头端。母兔尿道仅是排尿液的通道，开口于阴道前庭的腹侧壁上。

5. 生殖系统

（1）雄性生殖系统　　包括睾丸、附睾、输精管、尿生殖道、副性腺、阴茎、包皮和阴囊（图2-3）。公兔睾丸左右各一，呈卵圆形，长约2.5cm，宽约1.2cm，能产生精子和分泌雄性激素。睾丸的位置因年龄而异，幼兔睾丸由腹腔下降到腹股沟管，到性成熟前后，睾丸再下降到阴囊内。成年公兔的睾丸基本上是在阴囊内，偶尔也在腹股沟管内或缩回腹腔。家兔附睾很发达，位于睾丸的背外侧面，分为附睾头、附睾体、附睾尾3部分，是储存精子和精子进一步成熟的地方。输精管由附睾尾的末端起始，至膀胱颈处增粗，形成输精管膨大。左右输精管膨大在正中线处紧相邻接，其后管径变细，在精囊腹侧壁开口，此后即为尿生殖道。阴茎为交配器官，在静息状态时约25mm，勃起时全长达40~50mm。家兔阴茎的特点是前端没有形成膨大的龟头。家兔副性腺包括精囊腺、前列腺、前列旁腺和尿道球腺4种。副性腺的分泌物与精子共同组成精液。

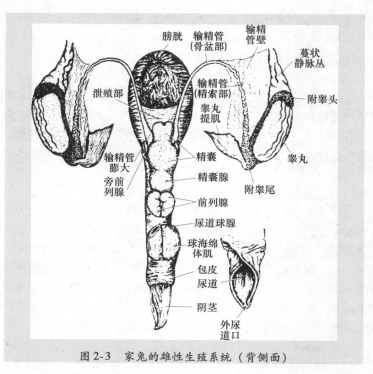

图2-3　家兔的雄性生殖系统（背侧面）

　　(2) 雌性生殖系统　包括成对的卵巢、输卵管、子宫和单一的阴道及阴门等器官（图2-4）。卵巢是产生卵子和雌性激素的器官，左右各一。卵巢大小因年龄、发育状况而异，幼龄卵巢表面光滑、体积小。成年母兔卵巢表面有凸出数量不等的透明卵泡，体积较大，长1.0～1.7cm、宽0.3～0.7cm，重0.3～0.5g；妊娠母兔的卵巢表面有暗色的数个小丘，称为黄体，为临时性的腺体，可分泌黄体酮。输卵管左、右各1条，全长9～15cm，位于卵巢和子宫角之间，能输送卵细胞，也是卵细胞与精子相遇后的受精场所。子宫是胚胎发育器官，母兔左右两个子宫完全独立，两个子宫颈并列开口于阴道底部，属双子宫类型。家兔的子宫全长可达7cm以上，无子宫角和子宫体之分。阴道是交配器官和产道，位于直肠腹侧，膀胱的背侧，接于子宫之后，长7.5～8cm。阴道后部为前庭，其腹侧壁上有尿道开口，前庭的开口形成阴门或外阴。阴门位于肛门的腹侧，长约

1cm，两侧隆起形成阴唇。阴唇在腹侧联合处有 1 个突起，称为阴蒂。家兔的阴蒂相当大，约2cm，具有丰富的感觉神经末梢、是性敏感器官。尿生殖前庭、阴门、阴唇和阴蒂共同构成母兔的外生殖器官。

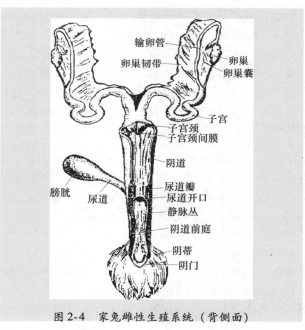

图 2-4　家兔雌性生殖系统（背侧面）

第二节　家兔的生物学特性

一　生活习性

家兔是由野生穴兔驯化而来的，虽经长期的自然选择和人工选择，家兔仍然保持着其祖先的许多习性，了解这些特点，对于更好、更科学地饲养管理家兔有着重要的指导作用。

1. 胆子小，怕惊扰

家兔是抗敌能力很弱的动物，遇外敌时几乎毫无自卫能力，故其警惕性很高。无论是在采食时，还是在休息时，两耳总是竖起，注意四周的动静。一旦发现异常情况（如动物接近、震动、声音、阴影和光亮掠过），便会精神高度紧张，以至在笼中到处奔跑和乱撞，同时往往出现一种响亮的踩脚声音。而这种踩脚声会使全兔舍或某一部分家兔同样惊慌起来。如果这种应激强度过大，将产生严重后果，如妊娠母兔发生流产、早产；分娩母兔停产、难产、死产；哺乳母兔拒绝哺喂仔兔，泌乳量急剧下降，甚至将仔兔咬死、踏死或吃掉；幼兔出现消化不良、腹泻、胀肚，并影响生长发育，也容易诱发其他疾病，故有"一次惊场，三天不长"之说。同时，家兔对于经常发生的应激因素也有一定程度的适应，如颗粒饲料机发出的工作声及夏天兔舍中安装的电风扇所发出的噪声等，会随着这种刺激次数的增加而逐渐减弱。这表明经过一段时期的适应，家兔对一定程度的噪声也是可以耐受的。

【提示】 在家兔饲养管理操作中，动作要稳而轻，尽量避免发出容易使兔惊恐的声响。在建设兔场时要远离噪源，平时谢绝参观，杜绝动物闯入，逢年过节不放鞭炮等，尽量减少和避免一切应激因素，才能发挥应有的生产潜力。

2. 夜行性和嗜睡性

野生兔体格弱小，对天敌的防御能力比较差，长期生活在特定的生态条件下，使兔形成昼伏夜出的习性。家兔至今仍保留其祖先——野生穴兔的这种习性。在养兔场中，家兔白天表现得十分安静，除喂食时间以外，常闭目休息。而在夜间家兔采食颇繁，十分活跃。据观察，家兔在自由采食的条件下，夜间采食量占日采食量的70%以上，饮水量占60%左右。另外，家兔在某种条件下很容易进入困倦或睡眠状态，在此期间痛觉减低甚至消失，这种特性称嗜睡性。家兔的嗜睡性与它野生状态的昼伏夜行有关。利用这一特点，可以进行许多小型的手术治疗。

【提示】 根据家兔的夜行性习性。在生产中一方面应该注意合理安排饲养日程，晚上喂给足够的夜草饲料和饮水；另一方面，白天应该尽量保持安静不要妨碍兔的休息和睡觉。否则，违背这一习性进行养殖生产，会事倍功半。

3. 喜干燥，怕潮湿

家兔是厌恶潮湿、喜干燥、爱清洁的动物，干燥和清洁的环境能保持家兔的健康。注意观察不难发现，家兔休息时总是善于卧在较为干燥和较高的地方，而潮湿不卫生的环境往往成为家兔生病的原因。这是因为潮湿的环境有助于多种病原微生物的滋生繁衍，特别是疥癣病和幼兔的球虫病，高湿度是其发生的必备条件。兔群一旦发生这些疾病，往往造成大批伤亡，损失非常严重。实践证明，清洁干燥的环境条件有利于兔的健康，越是生产性能高的兔种，对环境卫生要求越高。

> ◑【提示】 选择场址应该遵循干燥清洁的原则，在兔舍建造时应选择地势高燥的地方，禁止在低洼处建造兔场。平时保持笼具干燥，防止饮水器漏水；粪尿要及时清理，避免在兔舍内泼水（盛夏季节除外），以降低兔舍内的湿度。

4. 喜清洁，怕污浊

观察发现，家兔有"三点定位"的习惯，即采食饮水、排便和休息分别在3个不同的地方，而且是相对固定的。生产中，为便于操作，饲槽和饮水器一般放在笼具的前面，其位置不由家兔选择。而休息和排便的位置，家兔可以自由选择，它们往往将粪便排在污浊、潮湿和气味不良的地方（多在笼具后面的两个边角），而选择干净卫生的地方休息。除了幼兔以外，成年兔一般不会往饲槽里排便。

> ◑【提示】 当密度过大和饲槽处潮湿污浊时，易造成家兔在饲槽处排泄。

5. 群居性差，同性好斗

幼兔喜欢群居，但随着月龄的增长，群居性越来越差。性成熟后的公兔，在群养条件下经常发生咬斗现象，特别是公兔之间或者在新组织的兔群中，争斗咬伤比较严重。在配种期，只要两只公兔见面，似乎有不共戴天之仇，激烈战斗，咬得遍体鳞伤，直至分出高低。母兔性情虽然较温和，很少发生激烈的咬斗现象，但性成熟后，特别是妊娠后也善于独居。在生产中，由于性成熟前的幼兔，

第二章 家兔的形态特征与生物学特性

17

撕咬和争斗现象较少，3 月龄前的幼兔多采用群养方式，以节省笼舍，提高劳动生产效率。但 3 月龄以上的公、母兔要及时分笼饲养，一方面防止撕咬争斗，另一方面可防止早配和乱配，更重要的是能够促进幼兔的生长。根据有关对比试验显示，分笼饲养与不分笼饲养的兔，在同等生长时间段内生长速度有十分明显的差异。

6. 穴居性

尽管驯化历史已久，直到现在家兔仍然保留其原始祖先穴兔的打洞穴居的本能。即使多代没有接触地面，没有在洞内生活，但只要把它们放到野外或在地面饲养，家兔打洞的野性立即恢复，以隐藏自身并繁育后代。这一习性对现代化养兔无重要意义，但在建造兔舍和选择不同的饲养方式时，必须要考虑；否则，选择建筑材料不合适，或者设计兔场考虑不周到，会导致家兔在兔舍内乱打洞穴，造成无法管理的被动局面。

7. 啮齿性

家兔的门齿为恒齿，具有终身不断生长的特点。据测定，每月可生长 0.8～1.5cm，为保持上下门齿的吻合度，家兔会要依靠采食和啃咬硬物不断磨蚀来维持门齿的正常长度。在平时饲养管理中，如果饲料配合不合理，粗纤维含量较低或硬度不足，家兔就会啃咬笼具，使之受到破坏。

> 【提示】兔笼应坚固、耐用，做到少用木料，笼内要平整，尽量不留棱角，使家兔无法啃咬，以延长兔笼的使用年限。为了防止家兔啃咬木制或塑料笼具，可以经常给兔笼内投放一些树枝。最好将粉质混合饲料加工成硬质颗粒饲料，以利于家兔门齿的磨蚀，防止家兔啃咬笼具。

8. 耐寒冷，怕炎热

家兔被毛浓密，汗腺退化，较耐寒冷而惧怕炎热。家兔最适宜的环境温度为 15～25℃，临界温度为 5℃和 30℃。也就是说，在 15～25℃的环境中，其自身生命活动所产生的热量即可满足维持体温的需要，不需要另外消耗自身营养，此时家兔也感到最为舒服，生产性能最高。在 5℃以上和 30℃以下的范围内，家兔通过物理的或化学的调节可维持体温恒定，但超过这一界限，对于家兔是有害的，特别是高温的有害性远远超过低温。在高温条件下，家兔的呼吸加快，心跳加速，采食量减少，生长缓慢，繁殖率急剧下降，在我国南方一些省市出现"夏季不育"现象。相对高温而言，低温对于家兔的危害要轻得多。在一定程度的低温环境下，家兔可以通过增加采食量和动员体内营养的分解来维持生命活动。冬季低温环境会造成家兔生长发育缓慢和繁殖率下降，饲料利用率降低。

> ➡ 【提示】 虽然成年兔惧怕炎热而较耐寒冷，但出生后的仔兔惧怕寒冷而需要较高的温度（出生后最适温度是 33~35℃），随着日龄的增加，体温调节能力逐渐增强。因此，提高环境温度是提高仔兔成活率的关键。

9. 嗅觉、味觉、听觉灵敏，视觉迟钝

家兔嗅觉灵敏，通过鼻子可分辨不同的气味，辨别异己、性别。例如，母兔在发情时阴道释放出一种特殊气味，可被公兔特异性地接受，刺激公兔产生性欲；当把一只母兔放到公兔笼子内时，公兔并不是通过眼睛识别，而是通过鼻子闻出来的。如果将一只母兔刚刚从一只公兔笼子取出而马上放到另一只公兔笼子里，这只公兔会因为这只母兔带有另一只公兔的气味，误认为是另一只公兔进入它的"领土"而攻击这只母兔。

> ➡ 【提示】 母兔识别仔兔也是通过鼻子闻出来的，寄养仔兔时，可利用这一特点，使被寄养仔兔身上带有这只母兔的气味，母兔就误认为这是它的孩子而不虐待被寄养的仔兔。

家兔味觉灵敏，对于饲料味道的辨别力很强。在野生条件下，兔子有根据自身喜好选择饲料的能力。实践证明，兔子爱吃具有甜味和草苦味的植物性饲料，不爱吃带有腥味的动物性饲料和具有不良气味（如发霉变质、酸臭味）的饲料。平时如果添加了它们不喜爱的饲料，有可能导致拒食或扒食现象。

家兔的耳朵对于声音反应灵敏。兔子具有一对长而高举的耳朵，可以向声音发出的方向转动，并判断声波的强弱、远近。野生条件下穴兔靠着灵敏的耳朵来掌握"敌情"。兔子胆小怕惊是因为耳朵灵

敏的缘故。

⊙ 【提示】 家兔听觉灵敏给饲养带来一定的困难，生产中需时刻注意防止噪声对兔子的干扰。

家兔眼睛对于光的反应较差。虽然家兔的视角很广，可以不转头便可看到两侧和后面的物体，但其对于不同的颜色分辨不清，距离判断不明，而且看不到鼻子下面的物体。母兔分辨仔兔是否为自己的孩子，不是通过眼睛而是依赖嗅觉。同样，对于饲槽内饲料好坏的判断不是通过眼睛而是通过鼻子和舌头。

二 采食与消化特性

1. 家兔的食性

家兔属单胃食草性动物，以植物性饲料为主，无论是青草、树叶，还是作物的种子及副产品，它们都爱吃。家兔的草食性决定了家兔是一种天然的节粮型动物，不与人争粮食，不与猪、鸡争饲料。家兔采食比较挑剔，喜食植物性饲料，不喜食动物性饲料，考虑营养需要兼顾适口性，配合饲料中动物性饲料不超过 5%；喜吃粒料，不喜食粉料；喜食含有植物油的饲料，所以国外有些兔场往往在配合料中加 2% ~ 5% 的玉米油；喜食甜味的饲料。

⊙ 【提示】 在兔子的某些生理阶段，添加一些营养价值高的动物性饲料是非常必要的。例如，母兔在哺乳期又怀孕、仔兔补料、种公兔的集中配种期等。欲在饲料中加入一些家兔不爱吃的动物性饲料，可采取由少到多，逐渐适应的方法，或采取添加调味剂的方法来解决。

2. 采食行为

如前所述，家兔具有啮齿行为，不采食时经常啃咬饲槽、木头、产箱等硬物。家兔采食前先用鼻子嗅来分辨饲料是否新鲜、有无异味；采食时，两上唇上翘，露出吻合的门齿，非常灵活地摄取饲料，采食一口后，退缩回去仔细咀嚼。家兔采食饲料比较频繁，日采食次数与年龄有关，如 6 周龄每天采食约 40 次，每次消耗颗粒饲料大约 2g；而 15 周龄的生长兔，每天仅采食 25 ~ 30 次，每次耗料 7 ~

8g。家兔还有用前肢快速扒草或饲槽中饲料的习性，有时甚至将饲槽掀翻，造成浪费。

> **【提示】** 生产中，应注意防止家兔出现扒食行为，这种恶习一旦形成，很难调教。

在自由采食的情况下，家兔采食次数夜间多于白天，即在黄昏以后到黎明以前，采食频繁，采食次数占全天采食次数的60%以上，采食量约占全天采食量的70%。当家兔经常采食某种饲料逐渐形成习惯时，突然改变饲料，家兔或者拒食，或者采食量减少。事实上，在突然改变饲料的情况下，即便兔子采食量不减少，其胃肠的消化也不能很快适应，易出现消化不良，粪便变形，甚至出现腹泻或肠炎。

> **【提示】** 在日常饲养管理中，一定要注意家兔的这一特性，一般不能轻易改变饲料。如果必须改变，则应逐渐过渡。特别是当饲料原料变化比较大的时候更应如此。

3. 家兔的食粪特性

家兔会排出两种粪便，一种是粒状的硬粪，量大，粪干，表面粗糙，依草料种类而呈现深浅不同的褐色；另一种是团状的软粪，多时呈连珠状，有时达40粒，质地软，表面细腻，有如涂油状，通常呈黑色。前者多在白天排出，后者仅在夜间产生；但因为软粪直接被兔子吞食，一般是见不到的。软粪中含有较多的优质蛋白质、矿物质和维生素及一些具有生物活性的物质；硬粪所含的营养虽然没有软粪高，但它是经过微生物代谢后的产物，具有一些特殊营养，对于家兔是有益的。通过采食自己的粪便，补充了常规饲料中所缺乏的营养物质，使之得到多次循环，这也是家兔能有效地利用粗饲料的秘诀之所在。

> **【提示】** 家兔这一食粪的行为是正常的生理现象，只有当家兔生病的情况下才停止食粪。

4. 胃肠壁的脆弱性

实践表明，家兔患消化系统疾病较多，而且，家兔一旦发生腹泻或肠炎，很难救治，死亡率极高。饲料中粗纤维含量不足是造成家兔消化机能失调的主要原因。饲喂低纤维、高能量和高蛋白日粮，

第二章　家兔的形态特征与生物学特性

会使未完全消化吸收的过量碳水化合物进入盲肠，而造成了一些产气杆菌（如大肠杆菌、魏氏梭菌等）大量繁殖和过度发酵，进而破坏盲肠内正常的微生物区系和盲肠的正常内环境。那些具有致病作用的产气杆菌在发酵碳水化合物的过程中产生大量的毒素，被肠壁吸收，并破坏肠壁，使肠黏膜的通透性增高，大量的毒素被吸收入血液，造成全身性中毒。由于肠道的过度发酵，产生小分子有机酸，使后肠内渗透压增高，大量水分子进入肠道。又由于毒素的刺激，肠壁蠕动加快，造成急性腹泻，继而转化成肠炎。由此可见，粗纤维在维持家兔正常的消化机能方面发挥了其他营养物质所不可代替的作用。此外，饮食不卫生、饲料突变、腹壁受凉等因素也将引起兔子消化道内环境的改变而发生腹泻和肠炎。

5. 家兔的消化特点

（1）对粗纤维的消化　家兔消化的最大特点在于有发达的盲肠及其盲肠内微生物的消化作用。兔子盲肠有适于微生物活动所需要的环境，给以厌氧为主的微生物提供了优越的活动空间。兔在消化过程中，粗纤维保持消化物的稠度，有助于形成硬粪。盲肠微生物的巨大贡献是对粗纤维的消化，它们可分泌纤维素酶，将那些很难被利用的粗纤维分解成低分子有机酸（乙酸、丙酸和丁酸），被肠壁吸收。同时，提高了饲草中粗蛋白的利用率。但是，家兔对粗纤维的消化率是很低的，甚至不如猪。家兔对粗纤维消化低的主要原因是兔对粗纤维的消化主要在盲肠中进行，饲料通过消化道快（一般家兔在进食后 3～5h 开始排泄，而猪为 24～28h，马为 2～3 天，牛、羊为 7～8 天）和能大量采食饲料。在此期间，家兔借助快速通过的方法很快排泄难以消化的纤维，能有效地消化吸收饲料中的非纤维成分。所以，家兔具有很强的利用低质粗饲料方面的能力，具有把低质饲料转化为兔产品的巨大潜力。

> **【提示】** 粗纤维不能供给家兔有效的能源，但是必不可少，为了维持消化系统的正常功能、防止肠炎及预防食毛症等，饲粮中有一定数量的粗纤维则是非常必要的。当饲料中粗纤维含量不足时，将导致家兔消化系统功能失调，出现腹泻或肠炎而大批死亡。

（2）对饲草中蛋白质的消化　研究表明，家兔与其他草食动物相比，能更有效地利用饲草中的蛋白质。以苜蓿干草为例，家兔对其蛋白质的消化率为73.7%，马为74%，猪低于50%。这主要是因为家兔有发达的胃和盲肠，进入兔胃内的饲料有充分的时间经历机械和化学作用，进入盲肠的食糜可被微生物充分分解而被利用，一部分转为菌体蛋白，通过软粪方式被家兔采食，软粪中的微生物被家兔利用，蛋白质被再利用。

（3）对淀粉的消化　兔盲肠内纤维素分解酶的活性较低，但淀粉酶的活性较高，因而兔盲肠对日粮中淀粉、糖产生能量的能力较强。如果喂给富含淀粉的日粮，在活性高的淀粉酶作用下，能产生被细菌利用的底物，使细菌繁殖增快并产生毒素，发生腹泻。因此，对日粮中的淀粉含量应适当控制。

（4）对粗脂肪的消化　家兔对各种饲料中粗脂肪的消化率比马属动物高得多，而且可利用高脂肪含量（20%）的饲料。但据国外一些研究资料发现，饲料中脂肪含量在10%以内时，其采食量随脂肪含量的增加而提高；超过10%时，其采食量则随着脂肪含量的增加而下降。这说明家兔不适于饲喂高脂肪含量的饲料。

（5）对钙、磷比例的要求　一般畜禽对饲粮中的钙、磷比例要求很严，通常为（1.5~2）∶1。但家兔可以忍受高钙水平，如饲料中含钙量多到4.5%（正常的不到1%），钙、磷比例高达12∶1时，也不降低其生长速度，且骨骼灰分正常。但是，高磷对兔是有害的，可使家兔表现出软骨症和幼兔出现佝偻病。当饲料中磷含量达到1%时，饲料适口性降低，会造成家兔拒食。

三　体温调节特性

家兔是恒温哺乳动物，正常体温为38.5~39.3℃。为了维持这一恒定温度，主要依靠自身产热、散热和保温等过程的动态平衡来实现。家兔体内组织细胞的活动都会产生热量，其中肌肉、内脏和各种腺体产热量最多，饲料在消化道内的发酵也产生一定热量。家兔的散热途径为体表皮肤的散热、呼出气体的散热、吸入冷空气的散热、饮入冷水散热等。因家兔皮肤缺乏汗腺，且体表有很厚的毛被形成一层热的绝缘层，所以家兔体表的散热能力较差，呼吸散热是其最主要的散热途径。当外界温度升高时，家兔依靠增加呼吸次数，增加呼吸气体、蒸发水分的量来散热，借以维持体温的恒定。但是，家兔依靠增加呼吸次数散热来维护体温恒定的能力是有限的，长时间的高温会使家兔喘息不止、体温升高，进而出现热应激反应，造成生产性能下降。家兔不耐高温，但比较耐冷。最适宜家兔生活和繁殖的温度是 15 ~ 25℃，高于或低于这个温度范围都会降低其生产和繁殖性能。仔兔由于缺少被毛，没有保温层，所以耐热不耐冷；而且仔兔的体温调节能力很差，外界环境温度对仔兔的体温影响很大。因此，应根据仔兔的体温调节特点，为仔兔提供较高的环境温度，以保证仔兔的正常发育和成活率。

四　繁殖特性

家兔的繁殖过程与其他家畜基本相似，但也有其独特的方面，不了解这些生殖特点，就不能很好地掌握家兔的繁殖规律。

1. 具有很高的繁殖力

家兔的性成熟早，妊娠期短，世代间隔短，一年四季均可繁殖，窝产仔数多，是其他家畜不能相比的。以中型兔为例，仔兔生后 5 ~ 6 个月龄就可配种，妊娠期 1 个月，一年可繁殖两代。在集约化生产条件下，每只繁殖母兔可年产 8 ~ 9 窝，每窝可成活 6 ~ 7 只，一年内可育成 50 ~ 60 只仔兔。若培育种兔，一年可繁殖 4 ~ 5 窝，获得 25 ~ 30 只种兔。

2. 卵子大

家兔的卵子是目前已知哺乳动物中卵子最大的，同时也是发育最快，在卵裂阶段最容易在体外培养的。因此，家兔是很好的实验材料，被广泛用于生物学、遗传学、家畜繁殖学的研究上。

3. 刺激性排卵

母兔的卵巢内常有处于不同阶段的卵泡，可随时排出。但排卵不是自发的，需要某种条件刺激，如在公兔的交配，母兔的相互爬跨或药物刺激等的诱导下，方可将成熟的卵泡排出。一般排卵的时间多在交配后 10 ~ 12h，若在发情期内未进行交配，母兔就不排卵，其成熟的卵胞就会老化衰退，被机体吸收。

4. 两个子宫

家兔有两个互不相连的子宫，各自开口于阴道。这使母兔有时会出现双重孕现象，即第一批胎儿产出后，隔数小时，甚至几天后又产出第二批胎儿，这是两次受孕，胎儿各在一侧子宫发育的结果。

5. 没有规律性的发情周期

家兔的这一特性与其刺激性排卵的特性有关。没有排卵的诱导性刺激，卵巢内成熟的卵子不能排出，当然也不能形成黄体，所以对新卵泡的发育不会产生抑制作用。因此，家兔不存在有规律性的发情周期。在正常情况下，家兔的卵巢内总是有许多发育程度不同的卵泡，在前一批发育卵泡尚未完全退化时，后一批发育阶段的卵泡又接着发育，而在前后两批卵泡的交替发育中，体内的雌激素水平有高有低，母兔的发情症状就有明显与不明显之分。因此，即使在母兔没有发情症状时，母兔的卵巢内仍有卵泡在发育，如果进行强制配种，母兔仍有受孕的可能。这对于现代化畜牧生产来说，具有极其重要的意义。

6. 胚胎在附植前后的损失率高

家兔的胚胎在附植前后的损失率较高，为29.7%，附植前的损失率为11.4%，附植后的损失率为18.3%。对附植后胚胎损失率影响最大的因素是肥胖，对交配后9日龄胚胎的存活情况进行调查发现，肥胖者胚胎死亡率达44%，中等体况者胚胎死亡率为18%。其次是高温应激、惊群应激、过度消瘦、疾病等。在饲养过程中应引起注意。

7. 假妊娠比例高

母兔经诱导刺激排卵后并没有受精，但同样形成黄体并分泌黄体酮，刺激生殖系统的其他部分，使乳腺增活，子宫增大，状似妊娠但没有胎儿，此种现象称为假妊娠。假妊娠母兔在妊娠16天后黄体退化，表现临产行为，如衔草、拉毛做巢，甚至乳腺能挤出一点乳汁。假妊娠在某些兔群中的出现率很高，在生产中应注意观察，只要母兔在配种后16~17天出现流产症状，就可判断为假妊娠。假妊娠过后立即进行配种极易受胎。一般不育公兔的性刺激、母兔群养和仔兔断乳晚是引起家兔假妊娠的主要原因。

第二章 家兔的形态特征与生物学特性

【提示】 生产中常用复配的方法防止假妊娠。

8. 皮脂腺

家兔有 4 对与生殖有关的皮脂腺，其分泌物都具有特殊的臭味，这些气味与繁殖有着密切的关系。如公兔身上特有的气味，能引诱和促进母兔的发情，并接受交配。

9. 早、晚性活动旺盛

家兔的性活动有一定规律性。一天内，日出前后 1h、日落前 2h 和日落后 1h 性活动最强烈，此时配种率较高。掌握这一规律，便于合理安排一天的配种时间。

10. 夏季不孕

家兔的繁殖无明显的季节性，一年四季均可配种。但是，不同季节温度、湿度、光照、营养状况存在一定的差异，对母兔的发情、受胎、产仔数和仔兔成活率均有一定的影响。在炎热的夏天，持续高温和过长的光照时间，导致公兔食欲减退，性欲降低，睾丸体积缩小，精液品质下降，如精液量减少，精子浓度降低，精子活力下降，畸形率增加，从而影响受胎率。一般认为，公兔的光照时间不宜超过 12h，环境温度不宜超出 30℃。夏季对母兔的影响要比公兔小得多，母兔主要表现为发情征兆不明显，因食欲降低导致体况差，配种后受胎率低。为提高家兔繁殖力，保证一年四季均可配种，必须人为改造环境，调整日粮结构，减少饲养密度，多喂青绿饲草，增加空气流通等。

五　生长发育特性

1. 胚胎发育后期较快

家兔在胚胎期的生长发育，前期较慢，后期较快。胎儿的体重不受性别的影响，但受胎儿数量和母兔营养水平的影响。

2. 仔兔相对生长比其他家畜迅速

仔兔出生时，全身无毛，不睁眼，耳孔闭塞，不能自由活动。但是它们出生后生长发育极为迅速。3～4 日龄绒毛长出，10～12 日龄睁眼，20 日龄左右开始吃料，30 日龄被毛形成。一般品种初生体重只有 50g 左右，1 周龄时体重可增长 1 倍，4 周龄时体重相当于初生体重的 10 倍（约为成年兔的 12%），8 周龄可达成年体重的 40%。

3. 仔兔的生长速度与吮乳量有着直接的关系

一胎多仔时虽然窝重大，但个体体重较小。出生后几周内，仔兔的生长潜力很大，但仔兔生长潜力的发挥受到养分供给量的制约。仔兔生长速度在很大程度上取决于母兔的泌乳量和同窝仔兔数。

4. 幼兔年龄愈小，相对生长速度和饲料转化率愈高

在正常情况下，幼兔随着周龄和体重的增长，日增重呈上升趋势，如新西兰白兔在 8 周龄时日增重达到高峰，9 周龄以后开始变慢。3 周龄时饲料转化率为 2:1，越往后越低，8 周龄时饲料转化率为 3:1，10 周龄时为 4:1，12 周龄时在 5:1 以下。

> ◯ 【提示】 在生产中一定要根据家兔早期生长快、饲料转化率高的规律，抓好幼兔的饲养管理，尤其是肉兔的生产。

5. 家兔的生长因性别不同而不同

不同性别的幼兔，其增重速度也有差别。这种差别在 8 周龄前不明显，在 8 周龄以后到 26 周龄，可明显表现出来，在此期间，公兔的生长速度总是落后于母兔。所以，同一品种在正常的饲养管理条件下培育出来的公兔，体重总是比母兔小些。

六　换毛特性

家兔刚出生时全身赤裸，没有被毛生长，大约第 3 ~ 4 日龄被毛才开始生长，到第 30 日龄左右开始脱换，以后就进入有规律的年龄性换毛和季节性换毛时期。

1. 年龄性换毛

所谓年龄性换毛，是指幼兔生长到一定时期脱换旧毛，长出新毛的现象。这种随年龄增长进行的换毛，在兔的一生中共有两次。第一次换毛约在出生后 30 日龄开始到 100 日龄结束；第二次换毛约在 130 日龄开始至 190 日龄结束。年龄性换毛因品种、营养、气温不同而有差异。

2. 季节性换毛

所谓季节性换毛，是指成年家兔在每年春、秋季的两次换毛。春季换毛在 3 ~ 4 月，此时日照渐长，天气渐暖，家兔便脱去"冬装"换上"夏装"；秋季换毛在 8 ~ 9 月，此时日照渐短，天气渐凉，家兔便脱去"夏装"换上"冬装"。换毛的早晚和持续时间受家兔的年龄、性别、健康状况、营养水平及气候的影响。家兔换毛是复

第二章　家兔的形态特征与生物学特性

杂的新陈代谢过程，在换毛期间，需要供给家兔丰富的营养物质。

> 【提示】 家兔在换毛期间对外界气温条件变化适应能力差，易患感冒，此时应加强饲养管理，给以丰富的蛋白质饲料和优质饲草。

——第三章——
家兔的品种与引种

第一节　家兔的品种分类

目前，全世界大约有 60 多个家兔品种和 200 多个家兔品系，法国、德国是饲养家兔品种比较多的国家，约有 50~60 个品种。目前我国所饲养的家兔品种有 20 多个，其中少数是我国自己培育的，多数属于国外引入的品种。

一　按主要产品及经济用途分类

1. 肉用兔品种

肉用品种体型多为大中型，主要产品是兔肉，其次是皮。其体型和生理特点主要为头轻，体躯宽深，呈圆柱状，背腰平直，臀围大，腿宽广而长，被毛长为标准毛（长 2~4cm），生长发育快，有较好的肉用性能，繁殖性能好，饲料报酬高。如新西兰白兔、加利福尼亚兔、齐卡肉兔、塞北兔等。

2. 皮用兔品种

皮用兔品种的经济特性是以生产优质兔皮为主，同时也可提供兔肉。其特点是体型多为中、小型；被毛浓密、平整、色泽鲜艳；皮板组织致密。毛皮是制作华丽名贵裘衣的原料，在国际市场上深受欢迎，如獭兔（力克斯兔）、哈瓦那兔、亮兔等。

3. 毛用兔品种

毛用兔品种又称长毛兔。以生产兔毛为主。安哥拉兔是世界上唯一的毛用兔品种。其特点是体型中等偏小；绒毛密生于体躯及腹下、四肢、头等部位；毛质好，生长快，70天毛长可达5cm以上，每年可采毛4~5次。

4. 皮肉兼用型兔品种

皮肉兼用型兔品种的经济特性是没有突出的生产方向，介于肉用兔和皮用兔二者之间，兼顾肉与皮生产能力。如青紫蓝兔、日本大耳白兔、德国花巨兔等。

5. 实验用家兔品种

实验用家兔品种是指白色被毛、红眼睛，耳静脉清晰的家兔品种，在试验研究中，以日本大耳白兔用得较多。

6. 观赏用兔品种

观赏用兔品种是指体型外貌奇特，或被毛华丽奇特珍稀，或体格轻微秀丽，专供人们观赏的家兔品种。如公羊兔、花巨兔、袖珍小型兔、荷兰矮兔、波兰兔、喜马拉雅兔等。

二 按被毛类型分类

根据家兔被毛长短和被毛结构等方面不同的生物学特征可把家兔的所有品种分为标准毛（也称普通毛）兔品种、长毛兔品种和短毛兔品种3种类型。

1. 标准毛兔品种

标准毛兔品种也叫普通毛兔品种。该类型家兔的被毛中粗毛（枪毛）长约3.5cm，绒毛长约2.2cm，二者的长度相差悬殊。常见的肉兔和皮肉兼用兔品种，绝大多数均属于这一类型。如中国白兔、新西兰白兔、加利福尼亚兔、青紫蓝兔等。

2. 长毛兔品种

长毛类型的家兔品种，其特点是被毛较长，成熟毛均在5cm以上，最长可达17cm，粗毛和绒毛均为长毛，且粗毛比例较标准毛类型为少，如安哥拉兔等。

3. 短毛兔品种

短毛类型的家兔品种很少，其特点是毛纤维很短（毛长约1.5cm），一般为1.3~2.2cm，不仅粗毛含量少，而且粗毛和绒毛一样长，没有突出于绒毛之上的枪毛。典型的代表是獭兔。

三 按体重大小分类

1. 大型兔

成年体重达 5.0kg 以上，如德国巨型白兔、花巨兔等。

2. 中型兔

成年体重达 3.0 ~ 4.5kg，如新西兰白兔、加利福尼亚兔等。

3. 小型兔

成年体重达 1.5 ~ 2.8kg，如中国白兔等。

4. 微型兔

成年体重仅 0.7 ~ 1.45kg，如小型荷兰兔等。

四 按育成地分类

按育成地可将家兔分为中国品种和引进品种两大类。

1. 中国品种家兔

指我国自己培育出来的家兔品种，主要有喜马拉雅兔、中国白兔、虎皮黄兔、塞北兔、哈白兔、安阳灰兔、大耳黄兔、皖系长毛兔、镇海巨型长毛兔、黑优兔等。

2. 引进品种家兔

指从国外引进的家兔品种，主要有青紫蓝兔、大耳白兔、比利时兔、法国公羊兔、德国花巨兔、丹麦白兔、新西兰白兔、加利福尼亚兔、珍妮兔、西德大白兔、齐卡配套系兔、布列塔尼亚配套系白兔等；另外还有力克斯兔及英系、法系、德系、匈系安哥拉长毛兔等。

第二节   常见的家兔品种

一 肉用兔品种

1. 新西兰兔

（1）原产地与分布　原产于美国，是当代著名的中型肉用品种，广泛分布于世界各地。

（2）外貌特征　新西兰兔除白色外，还有红黄色和黑色，其中以白色新西兰兔饲养量多、分布广、生产性能好，下面将重点介绍它的特点。该兔种体型中等，成年母兔体重 4.0 ~ 5.0kg，公兔体重

4 ~ 4.5kg。头圆额宽，耳宽厚而直立，耳尖钝圆；背宽，腰肋肌肉丰满，后躯发达，臀圆，是典型的肉用体型。四肢粗壮有力，脚底有粗毛，浓密，耐磨，可防脚皮炎，很适于笼养（彩图1）。

（3）生产性能 新西兰兔繁殖力强，平均每胎产 6 ~ 8 只，胎均产仔 7 ~ 9 只。早期生长速度快是其主要特点，2 月龄体重 1.5 ~ 2kg，3 月龄体重 2.5kg 以上，饲养报酬高，肉质好，产肉力高，屠宰率可达 55%。但是，新西兰兔毛皮品质欠佳，耐粗性较差，对营养和饲料管理条件要求较高，在中等偏下饲养水平下，早期增重快的特点得不到充分发挥，在南方春夏季仔幼兔成活率低。据试验，新西兰白兔与加利福尼亚兔、比利时兔杂交能取得较好的杂种优势。

2. 加利福尼亚兔

（1）原产地与分布 原产于美国加利福尼亚州，所以又称加州兔，是一个专门化的中型肉兔品种，我国多次从美国引进，表现良好。

（2）外貌特征 加利福尼亚兔体型中等，成年公兔体重 3.6 ~ 4.5kg，母兔 3.9 ~ 4.8kg。颈粗短，耳小而直立，眼睛红色；胸部、肩部和后躯发育良好，肌肉丰满，具有肉用型品种体型特征。绒毛浓密，秀丽美观，被毛整体为白色，两耳、鼻端、四肢下部及尾部为黑褐色，具有与喜马拉雅兔相似的"八点黑"特征，其毛色深浅变化也相似。黑色部位的颜色随气温、季节、年龄和营养水平有变化。高温和夏季条件下兔毛颜色稍浅，低温和冬季颜色变深；仔幼兔和老龄兔，颜色稍浅，青壮龄兔颜色深；低营养水平较高营养水平下颜色浅。

（3）生产性能 加利福尼亚兔早期生长快，日增重高，3 月龄可达 2.5kg 以上。繁殖力强，窝产仔数平均 7 ~ 8 只，尤其是泌乳力强，母性好，仔兔育成率高，具有"保姆兔"的美誉，仔兔断乳成活率高达 90%。该品种较耐粗饲，抗病力强，肉质好，产肉率高，屠宰率高达 55% 以上，是商品兔生产中优秀的杂交母本。

3. 比利时兔

（1）原产地与分布 源于比利时弗朗德一带的野生穴兔，后由英国育种家改良选育成大型肉用型品种。比利时兔引入我国后，各地广为饲养，但主要分布于北方各省，如河北、山东、辽宁等地。

（2）外貌特征 比利时兔外貌酷似野兔，体格健壮，成年体重，中型为 2.7 ~ 4.1kg，大型为 5.5 ~ 6kg，重的可达 9kg。头型似"马头"，颊部突出，额宽圆，鼻梁隆起，颈短粗，颌下有肉髯，但不发达，眼黑色，耳较长，耳尖有光亮的黑色毛边；被毛深红带黄褐或深褐色，单根毛纤维的两端色深，中间色浅；体长而清秀，腿长，体躯离地面较高，被誉为兔族中的"竞走马"；胸腹紧凑，骨骼较细，肌肉较丰满（彩图 2）。

（3）生产性能 该品种比其他大型品种的生产性能表现好，胎均产仔 8 只左右，生长速度快，适应性强，耐粗饲，泌乳力强，断乳成活 6 ~ 7 只，40 天断乳个体重达 1.2kg，90 日龄体重为 2.5kg，屠宰率为 52% 左右。该兔胴体大，净肉量高，与本地兔杂交的纯收益较本地兔提高 80% 以上。该品种因毛色酷似野兔，深受消费者喜爱。

4. 齐卡肉兔

（1）原产地与分布 齐卡肉兔是德国 ZIKA 种兔公司经过 10 多年努力培育成的。我国于 1996 年由四川省畜牧兽医研究所引进，经适应性观察和培育，生产性能成绩接近或达到原种原产地的水平。

（2）配套系外貌特征与生产性能 该配套系由大型（德国巨型白兔）、中型（大型新西兰白兔）和小型（德国合成白兔）3 个品系构成。各系外貌特征和生产性能分别为：①德国巨型白兔（简称 G系）被毛纯白，红眼，两耳大而直立，头粗壮，体躯长而丰满。成年体重 6 ~ 7kg，35 天断乳体重 1.0 ~ 1.2kg，90 日龄体重 2.7 ~ 3.4kg，35 ~ 90 天料肉比为 3.2:1。②大型新西兰白兔（N 系）全身被毛洁白，红眼，头粗壮，耳朵短、宽、厚，体躯丰满，呈典型的肉用砖块型。成年体重 4.5 ~ 5.0kg。该兔早期生长发育快，肉用性能好，饲料报酬高。据四川省畜牧兽医研究所测定，该兔 35 日龄断乳体重 700 ~ 800g，90 日龄体重 2.3 ~ 2.6kg，平均日增重 30g，35 ~ 90 天料肉比为 3.2:1。年产 5 ~ 6 胎，每胎产仔 7 ~ 8 只。该兔对饲养管理条件要求较高。③德国合成白兔（Z 系）被毛白色，红眼，头清秀，耳短薄直立，体躯长。成年体重 3.5 ~ 4.0kg。繁殖性能好，每胎产仔8~10只，年产60只。幼兔成活率高，适应性强，耐粗饲，适宜作配套系的母本。

（3）配套模式与商品代生产性能 齐卡肉兔为三系杂交配套系，其配套示意图见图3-1。在德国，该兔商品代28日龄断乳体重650g，56日龄体重2.0kg，84日龄体重2.9~3.0kg，28~84天平均日增重40g，料肉比为2.8:1。四川省畜牧兽医研究所在一般饲养条件下测定，商品兔90日龄体重2.4~2.6kg，35~90天平均日增重32g，料肉比3.3:1，屠宰率51%~52%，达到国内领先水平。

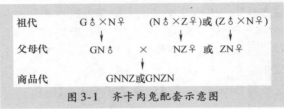

祖代　　G♂×N♀　　（N♂×Z♀）或（Z♂×N♀）

父母代　　GN♂　　×　　NZ♀　或　ZN♀

商品代　　　　GNNZ或GNZN

图3-1　齐卡肉兔配套示意图

5. 布列塔尼亚兔（艾哥）

（1）原产地与分布 布列塔尼亚兔又称法国大白兔（简称ELCO），是法国养兔专家贝蒂先生经过30多年的精心选育而成的大型肉兔配套系。20世纪90年代初，黑龙江、吉林等省从法国引进了该配套系的一部分。

（2）配套系外貌特征与生产性能 布列塔尼亚兔采用四系杂交配套，各系外貌特征和生产性能分别为：①祖代公系公兔（GP111）被毛纯白，红眼，性成熟期为26~28周龄，成年体重5.8kg以上，70日龄体重2.5~2.7kg，28~70天料肉比为2.8:1。②祖代公系母兔（GP121）被毛纯白，红眼，性成熟期121±2天，成年体重5.0kg以上，70日龄体重2.5~2.7kg，28~70天料肉比3.0:1，年产6胎，平均每胎产仔9只，全年可育成断乳仔兔50只，其中可选用种公兔15~18只。③祖代母系公兔（GP172）被毛纯白，红眼，性成熟期22~24周龄，成年体重3.8~4.2kg，性欲强，配种能力强。④祖代母系母兔（GP122）被毛纯白，红眼，性成熟期117±2天，成年体重4.2~4.4kg。每只母兔年产成活仔兔50~60只，其中可选用种兔25~30只。

(3) 配套模式与商品代生产性能 布列塔尼亚兔配套示意图见图 3-2。父母代公兔（P231）被毛纯白，红眼，性成熟期 26～28 周龄，成年体重 5.5kg 以上，28～70 天的料肉比为 2.8:1，平均每天增重 42g，屠宰率 58%。父母代母兔（P292）被毛纯白，红眼，性成熟期 117±2 天，成年体重 4.0～4.2kg，每年生产断乳成活仔兔 55～65 只，平均每胎产仔 10.2 只。商品代 35 天断乳体重 900～980g，70 天体重可达 2.5～2.6kg，35～70 天料肉比为 2.7:1，屠宰率 59%，屠体净肉率在 85% 以上。

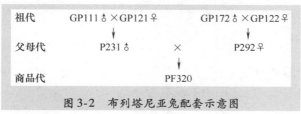

祖代	GP111♂×GP121♀		GP172♂×GP122♀
父母代	P231♂	×	P292♀
商品代		PF320	

图 3-2 布列塔尼亚兔配套示意图

6. 伊拉（Hyla）兔

(1) 原产地与分布 伊拉兔是法国欧洲兔业公司在 20 世纪 70 年代末培育成的四系杂交配套系。我国山东于 2000 年从法国引进饲养（彩图 3）。

(2) 配套系外貌特征与生产性能 伊拉兔由 9 个原始品种经不同杂交组合和选育试验，筛选出的 A、B、C、D 4 个系组成，各系独具特点。A、B 系，全身被毛为白色，唯口、鼻部、双耳、四肢末端为黑色，即加利福尼亚兔毛色，AB（A×B）为父系，成年体重 5.2kg；C、D 系全身被毛为白色，CD（C×D）为母系，成年体重 4.6kg，年产仔 60 只。ABCD（AB×CD）为商品兔，外貌特征呈加利福尼亚兔毛色，30 日龄断乳重为 800g，日增重 43.8g，70 日龄重 2.5kg，屠宰率（带肝、肾）57%，饲料转化率为 3.0:1。

二 皮肉兼用兔品种

1. 日本大耳白兔

(1) 原产地与分布 日本大耳白兔，又称日本白兔，原产于日本，是由中国白兔和日本兔杂交选育而成的优良皮肉兼用型家兔品种。

(2) 外貌特征 日本大耳白兔体型有大、中、小 3 个类型。成年体重：大型兔5~6kg，中型兔3~4kg，小型兔2~2.5kg。头大小适中，额宽，面凸；耳大，耳根细，耳端尖，耳薄，形同柳叶并向后竖立，血管明显，适于注射和采血，是理想的实验用兔；眼为粉红色；颈较粗，母兔颌下有肉髯（彩图4）；被毛纯白，紧密而柔软，皮张面积大，质地良好。

（3）生产性能　日本大耳白兔体格强健，较耐粗饲，适应性强，繁殖力高，年可繁殖5~6胎，平均产仔数8只左右，多的达12只。该品种早期生长速度快，初生重60g，2月龄重1.4kg以上；泌乳量大，母性好，肉质佳，板皮良好。缺点是骨骼较大，胴体欠丰满，屠宰率为44%~47%。

2. 哈白兔

（1）原产地与分布　又称哈尔滨大白兔，是由中国农业科学院哈尔滨兽医研究所选用哈尔滨本地白兔和上海白兔为母本，以比利时兔、德国花巨兔为父本，采用复杂育成杂交培育而成的大型皮肉兼用型兔。现已广泛饲养于东北、华北地区。

（2）外貌特征　成年公兔体重5~6kg，母兔体重5.5~6.5kg；全身被毛白色，毛纤维比较粗长；头方长，颊丰满；眼大有神，粉红色；耳长大而直立，耳静脉清晰，耳尖钝圆；公、母兔均有肉髯；体型长，前后躯匀称；四肢粗壮，脚毛较厚。

（3）生产性能　该品种耐粗饲，繁殖力强，生长发育快，产肉性能好。10周龄体重2.3kg，饲料转化率为1:3.11；90日龄屠宰率（全净膛）为53.5%左右。年产4~5胎，平均窝产仔8.83~11.5只，母兔泌乳能力强，40日龄断乳体重1.082kg。

3. 青紫蓝兔

（1）原产地与分布　原产于法国，因毛色类似珍贵毛皮兽"青紫蓝绒鼠"而得名，是著名的皮肉兼用型品种。世界各国广为饲养，引入我国后已完全适应我国的自然条件，深受生产者的欢迎。我国从南到北都有分布，尤以北京、山东、江苏、安徽、河南等省市饲养较多。

（2）外貌特征　该品种头粗短，耳厚直立，耳尖与耳背为黑色，尾底、腹下及眼圈为灰白色，体型较丰满，背部宽，臀部发达。根据体型大小可分为小型（标准型）、中型（美国型）和巨型3种类型。成年体重分别为2.5~3kg、4~5kg、6~7kg。3种类型的毛色基本相似，被毛整体为蓝灰色，耳尖和尾面为黑色，眼圈、尾底、腹下和额后三角区的毛色较淡呈灰白色（彩图5）。单根毛纤维可分为5段不同的颜色，从毛纤维基部至毛梢依次为深灰色—乳白色—珠灰色—白色—黑色。被毛通常夹有全白或全黑的枪毛。标准型毛色较深，有黑白相间的波浪纹；中型和巨型毛色较淡且无黑白相间的波浪纹。

（3）生产性能　小型（标准型）被毛匀净，色泽美观，偏向于皮用型品种。中型（美国型）繁殖性能好，生长发育较快，40天断乳重0.9~1.0kg，90天平均重2.2~2.3kg，为皮肉兼用品种。巨型体型大，肌肉丰满，是偏于肉用的巨型品种，但早期生长发育较慢，3~4月龄体重约2kg。

4. 太行山兔

（1）原产地与分布　也称虎皮黄兔，原产于太行山地区井陉县及威州一带，由河北农业大学选育而成，1985年通过鉴定，定名为太行山兔。

（2）外貌特征　太行山兔体型中等，成年体重3.5~4.0kg。体质结实、紧凑，脑门宽圆，头形清秀，背腰宽平，后躯发育较好，四肢健壮，母兔颌下有肉髯。太行山兔有两种毛色，一种为黄色，单根毛纤维根部为白色，中部黄色，尖部为红棕色，眼球棕褐色，眼圈白色，腹毛白色；另一种，被毛在黄色基础上，在背部、后躯、两耳上缘、鼻端及尾背部毛尖为黑色，这种黑色毛梢，在4月龄前不明显，随年龄增长而加深，眼球及触须为黑色。

（3）生产性能　该兔耐粗饲，适应性和抗病力都较强。4月龄左右达到性成熟，窝均产仔7~8只，初生个体重50~60g，断乳重800g，乳头一般为4对，泌乳量3 500g，仔兔断乳成活率为85%~92%。成年兔屠宰率为53.39%。皮板和被毛质量好，颜色自然美观，缝制的裘皮大衣受到国际市场的赞赏。

5. 塞北兔

（1）原产地与分布　该品种是由张家口农业高等专科学校选用法系公羊兔和比利时弗朗德巨兔为亲本，采用二元轮回杂交并经严格选育而成的大型皮肉兼用型品种。主要分布于河北、内蒙古、东北及西北等省地。

（2）外貌特征　塞北兔成年体重 5～6.5kg，体型呈长方形，被毛以黄褐色为主，也间有纯白色和干草黄色或橘黄色 3 种。头大小适中，呈方形；眼眶突出，眼大而微向内陷；下颌宽大，嘴方正，鼻梁有一黑线；耳宽大，一耳直立，一耳下垂，故称为斜耳兔，这是该品种的重要特征；颈部粗短，颈下有肉髯；肩宽广，胸宽深，背腰平直，后躯宽而肌肉丰满，四肢短而粗壮。

（3）生产性能　每胎均产仔 7～8 只，初生窝重 454g，初生个体重平均 60～70g，泌乳力（3 周龄窝重）1.828kg。6 周龄断乳窝重 4.836kg，平均断乳重 820g。7～13 周龄日增重 24.4g，14～26 周龄日增重 29.5g；屠宰率青年兔为 52.6%，成年兔为 54.5%；饲料报酬为 1:3.29。此外，该兔适应性和抗病力强，皮张面积大，皮板有韧性，坚牢度好，绒毛细密，是理想的皮肉兼用型新品种。

6. 安阳灰兔

（1）原产地与分布　安阳灰兔是在河南省安阳地区科委、农业局、外贸局和林县农业局等单位利用日本大耳兔与青紫蓝兔杂交产生的灰兔类群中选育而成，属于早熟、易肥、中型肉皮兼用品种。

（2）外貌特征　安阳灰兔体型中等偏小，周岁体重平均为 3.5kg。被毛青灰色，富有光泽，密度中等；头大中等大小，眼呈靛蓝色；耳长而宽；部分成年母兔有肉髯；背腰长，背平直而略呈弧形，后躯发达；四肢强健有力。

（3）生产性能　性成熟早，初情期在 4 月龄，6 月龄初配。每胎均产仔 8.4 只，且均产活仔 8.1 只，平均初生个体重 58.2g。3 月龄平均体重 2.1kg，4 月龄平均体重 2.7kg；2～5 月龄期间增重速度快，6～7 月龄增重速度下降，8 月龄平均月增重 30～50g；8 月龄平均体重 4.5kg，据统计，8 月龄屠宰率为 51%。安阳灰兔耐粗饲；适应性强，耐热、耐寒，适应于农村条件下饲养。

三　皮用兔品种

皮用兔品种有獭兔、哈瓦那兔、亮兔等，其中亮兔是獭兔的一个变种。目前国内外作为皮用兔大规模饲养的主要是獭兔，下面详细介绍獭兔的品种特性。

（1）原产地与分布 又名力克斯兔（Rex），于1919年由法国普通兔中出现的突变种培育而成，是著名的皮用兔品种。我国已经从前苏联、美国、德国和法国引进了原种獭兔，分别称为苏系、美系、德系、法系獭兔，在我国各地均有饲养。

（2）外貌特征 獭兔体型匀称而清秀，腹部紧凑，后躯丰满；头小而尖；眼大，不同的品系眼睛色泽不同，有粉红色、棕色、深褐色等；耳长中等，竖立呈"V"形；有些成年兔有肉髯；四肢强健。成兔体重3.5～4kg，体长38～46cm。獭兔全身被毛呈现不同的颜色，共有20多种（彩图6～彩图9），被毛短而平齐、竖立、柔软而浓密，具有绢丝光泽，见日光不褪色，保暖性强。枪毛少且不露于被毛之上，被毛标准长度为1.3～2.2cm，理想长度为1.6cm。我国獭兔现有14种标准色型，见表3-1。

表3-1　常见獭兔标准色型

毛色类型	色型特征	缺　　陷
海狸色獭兔	被毛呈红棕色或黑栗色，毛纤维基部为瓦蓝色，毛干呈深橙或黑褐色，毛尖略带黑色	被毛呈灰色、毛尖过黑或带白色、胡椒色、前肢有杂色斑纹等均为不合格
白色獭兔	全身被毛为纯白色	被毛发黄或间有杂色毛为不合格
黑色獭兔	全身被毛乌黑发亮，毛基部色较浅，毛尖部较深	被毛退化为灰褐色或铁锈色为缺陷毛色；夹有白斑或异色毛为不合格
青紫蓝色獭兔	全身被毛基部为瓦蓝色，中段为珍珠灰色，毛尖部为黑色。背部毛色较深，颈部毛色略浅于体侧部，腹部毛色呈浅蓝或白色	毛色中出现锈色、黄色、白色或四肢带斑纹者均为缺陷，呈泥土色为不合格
加利福尼亚色獭兔	除鼻端、两耳、四肢及尾部为黑色或灰褐色以外，其余部位均为白色	8个端点出现其他颜色或底毛杂有异色毛者为不合格

（续）

毛色类型	色型特征	缺　陷
红色獭兔	全身被毛为深红色，无污点，一般背部颜色略深于体侧部，腹部毛色较浅，最为理想的被毛颜色为暗红色，眼睛呈暗褐色或棕色	腹部毛色过强、变白、出现斑块或其他部位被毛变色均为不合格
蓝色獭兔	全身被毛为纯蓝色，从毛尖到毛基部色泽纯一，眼睛为蓝色或瓦灰色	被毛带霜色和杂毛为不合格
巧克力色（哈瓦那色）獭兔	全身被毛呈棕褐色，毛纤维基部多为珍珠灰色，毛尖部呈深褐色，眼睛为棕褐色或肝脏色	被毛带锈色、白色或白斑为不合格
银灰色獭兔（真灰鼠力克斯兔）	全身被毛为烟灰色（蓝至深蓝色），绒毛呈灰蓝色	毛尖变黑或变白为不合格
紫貂色獭兔	全身被毛为黑褐色，腹部、四肢呈栗褐色，颈、耳等部位呈深褐色或黑褐色，胸部与体侧毛色相似，多呈紫褐色	被毛出现其他颜色为不合格
海豹色獭兔	全身被毛呈深褐色、乌贼色，颜色介于黑色獭兔和紫貂色獭兔之间，腹部毛色较浅，略呈灰白色	被毛呈锈色或带杂色为不合格
猞猁色獭兔	全身被毛色泽与山猫颜色相似，毛基部为白色，中段为金黄色，毛尖部略带淡紫色，毛绒柔软带有银灰色光泽，腹部毛色较浅或略呈白色	毛尖或底毛发蓝，毛尖紫色太深遮盖了金黄色为不合格

毛色类型	色型特征	缺陷
紫丁香色獭兔	被毛呈粉红色或灰鸽色（淡紫色），眼睛为红宝石色	毛色带蓝或褐色为缺陷，带白斑为不合格
花色獭兔	被毛颜色可分为两类：一类全身被毛以白色为主，杂有一种其他不同颜色的斑点；另一类是全身被毛以白色为主，同时杂有两种其他不同颜色的斑点，颜色有深黑色和淡黄色、紫蓝色和淡金黄色、巧克力色和橘黄色、浅灰色和淡黄色4种。花斑表现有一定的规律，越对称越好。花斑面积一般占全身的10%~50%。花斑的要求为两耳毛色相同，鼻部有花斑，背部、体侧、臀部均带有花斑	花斑面积低于全身面积的10%或高于50%，两耳为白色或鼻端缺少花斑者，或有色部位出现其他杂色斑点为不合格

➡️ 【提示】 獭兔拥有众多的天然毛色可供人们选用。目前裘皮加工企业和经销商比较喜欢毛色个体差异较小的，销势较好的有白色、加利福尼亚色、黑色、蓝色、红（棕）色、银灰色和青紫蓝色等獭兔皮。

（3）生产性能 年产5~7胎，每胎均产仔6~10只。4~5月龄时，体重可达2.5kg左右，板皮面积可达900cm² 以上。獭兔皮是制作衣帽、围巾、衣领、鞋衬、高档玩具的名贵原料，毛皮价格昂贵。据各地反映，獭兔力克斯兔对饲养条件要求较高，适应性差，易感染巴氏杆菌病、球虫病、疥癣病等疾病。另外，如果饲养管理不当，会明显影响其生产性能，枪毛增多，被毛变长，体型变小，繁殖力下降。

四 长毛兔品种

当前，世界上用于兔毛生产的只有 1 个品种，即安哥拉兔（彩图 10）。安哥拉兔被各国引进以后，根据不同的社会经济条件，培育出若干品质不同、特性各异的安哥拉兔，在我国饲养的安哥拉兔主要有德系、法系、中系。

1. 德系安哥拉兔

（1）原产地与分布 该兔产于德国，是目前世界上饲养最普遍、产毛量最高的品系。我国自 1978 年开始引进饲养，对改良中系安哥拉兔起了重要作用。

（2）外貌特征 该兔体型较大，成兔体重 3.5 ~ 4.5kg，高的达 5kg 以上。德系安哥拉兔全身被毛为白色，眼睛为红色，头较方圆或尖削略呈长方形；耳较大，绝大部分耳端有一撮长绒毛，耳背无长毛，有些是"全耳毛"，有些是"半耳毛"；面部绒毛不一致，有的无长毛，有的有少量额颊毛，有的额颊毛丰富；头毛的类型与其主要产毛量无相关性。

（3）生产性能 德系安哥拉兔属细毛型长毛兔，被毛浓密，有毛丛结构，不易缠结。产毛量高达 0.9 ~ 1.2kg，最高可达 1.6 ~ 2.0kg，毛质好，细毛量高（95% 左右）。德系安哥拉兔繁殖力中等，年繁殖 3 ~ 4 胎，每胎均产仔 6 ~ 8 只，42 天断乳个体重 900 ~ 950g。主要缺点是繁殖性能较低，配种比较困难。初产母兔母性较差，少数有食仔恶癖等。适应性较差，公兔有夏季不育现象。

2. 法系安哥拉兔

（1）原产地与分布 法系安哥拉兔是将土耳其的安哥拉兔引种到法国后培育而成。我国于 1926 年开始饲养，1980 年以后又先后引进几批新法系安哥拉兔。江苏、浙江、安徽等省，以法系安哥拉兔为基础，已培育出我国自己的粗毛型安哥拉兔。

（2）外貌特征 该兔体型较大，骨骼较粗重，成兔体重 3.5 ~ 4kg，体重大者可达 6.5kg。全身被毛白色，头稍尖削，耳大而薄，耳尖、耳背无长毛，俗称"光板"。额毛、颊毛、脚毛也较短。

（3）生产性能 法系安哥拉兔是世界上著名的粗毛型长毛兔，一次剪毛 140 ~ 190g，年产毛量 600 ~ 800g，粗毛含量在 15% 以上，适于粗纺、制作外套时装用。繁殖力高，泌乳性好，适应性、抗病力强，年繁殖4~5胎，每胎产仔数为6~8只。

> ● 【提示】 法系安哥拉兔被毛密度差，其产毛量和体重不及德系安哥拉兔，该品系适合于拔毛方式采毛，不易剪毛。

3. 中系安哥拉兔

（1）原产地与分布 中系安哥拉兔是利用法系和英系安哥拉兔导入中国白兔的血缘杂交而成，原产于中国的上海、江苏、浙江等省市。

（2）外貌特征 中系安哥拉兔体型较小，成兔体重2.5~3kg，耳长中等，整个耳背和耳尖均密生细长绒毛，飘出耳外，俗称"全耳毛"；头宽而短，额毛异常丰盛，从侧面看，往往看不到眼睛，从正面看，也只是绒球一团，形似"狮子头"，脚毛丰盛，趾间及脚底均密生绒毛，形成"老虎爪"。骨骼细致，皮肤稍厚，体型清秀。

（3）生产性能 中系安哥拉兔的主要特点是适应性强，耐粗饲，繁殖力高。中系安哥拉兔体形小，产毛量低，仅0.3~0.5kg，被毛稀，无毛丛结构，易缠结，粗毛含量为1%~3%。年繁殖4~5胎，每胎产仔数7~8只，高者可达15只。

长期以来，我国饲养的中系安哥拉兔，不仅体型小，产毛量也较低。1980年以后，我国引进德系安哥拉兔，在纯种选育的同时，开展了德系×中系杂交选育，并引入其他兔血缘。在上海、浙江、山东等地培育出了具有中国特色的体形大、产毛量高的长毛兔种群，其产毛性能远远超过德系安哥拉兔，成为名副其实的国际明星安哥拉兔（表3-2）。

另外，自20世纪80年代中期以来，含粗毛率15%以上的兔毛一直供不应求，价格较高，在国际市场上竞争力较强。为适应这种形势，江苏、浙江、安徽等省农业科学院开始选育我国自己的粗毛型长毛兔。如苏Ⅰ系粗毛型长毛兔年产毛量达900g，最高可达1.2~1.3kg，含粗毛率达15.56%。浙系粗毛型长毛兔年产毛量960g，最高可达1.4kg，含粗毛率16%。皖系粗毛型长毛兔年产毛量800~

1 000g，含粗毛率达 15% 以上。

表3-2　明星安哥拉兔产毛量比较

产　地	性别	只数	只均体重/kg	只均刀剪毛量/g	年产毛量/g
浙江嵊县①	公	150		323.25	1 293
	母	150		380	1 520
宁波镇海②	公	150		320	1 280
	母	150		420.75	1 683
上海南汇③	公	200	4.35	382	1 528
	母	13	5.32	517	2 068
德　　国④	公	151		297.5	1 190
	母	120		351.5	1 406

①、② 为 1994 年 4 月 27 日首届长毛兔"创世杯"群体产毛量擂台赛成绩。

③ 为 1993 年 4 月 3 日长毛兔"创世杯"赛成绩。

④ 为 1986 年和 1987 年测定的成绩。

第三节　引种

目前我国一些地区存在着倒种、炒种严重、选择不当、引种盲目、良种劣养、片面追求窝数等现象，严重影响了我国兔业的健康发展。兔的引种要注意以下几个方面。

一　市场需求

从事养兔生产，首先应考虑当地的市场需求、市场现状、市场潜力和销售渠道，了解经济效益，以确定养殖家兔的经济类型。肉兔和毛兔市场较稳定，风险较小。肉兔销售渠道广，产品销售灵活，投资小，生产周期短；毛兔生产周期长，投资较大，产品易保存，经济效益高。獭兔生产周期长，销售渠道不畅，高温地区不宜养殖，市场波动大，其产品（裘皮和肉）成批量生产，具有明显的季节性。

1. 依据本地的自然和社会经济条件确定引入品种

生产性能高的品种，饲养管理条件要求也高，即良种良养，其优越的生产性能才能表现出来。引种时要考虑自己的经济状况，是否能满足较高的饲养条件，若自身的饲养条件和技术水平低，一味追求品种的优越性能，可能导致引种失败。对饲养管理条件要求由低到高的是肉兔→毛兔→獭兔，尤其是目前獭兔的饲养管理技术普及差，引种时应注意。还要考虑当地的饲料条件（产量、价格、运输等）、气候条件、技术条件等，因地制宜地选择引入品种。如目前在无霜期短、技术缺乏、又无销售网络的西北地区，不宜盲目引入长毛兔品种。另外，注意当地的风俗习惯，引种时考虑品种的颜色，不要引入当地忌讳的花色或不喜欢的毛色，否则会出现销售种兔困难或商品兔销售价格低。

2. 必须注意被引入（利用）品种形成的历史

品种是在特定的自然和社会条件下形成或培育而成的，已形成的品种具有遗传的保守性。品种形成的历史越长，风土驯化的程度越有限，引种时必须比较本地与原产地的自然条件，两地的差异越小，引种成功的可能性越大。如将高寒地区培育的大型肉兔引至我国炎热多雨的南方，会出现皮肤病，繁殖障碍，近而体重下降等现象。因此，就地、就近引种为首选原则，为防近亲，再行少量异地引种。

> 【提示】 引进良种兔必须具备以下条件：适宜的自然条件，较高的饲养条件，科学的养殖技术和丰富的养殖经验。

二 慎重选择个体

首先，体形外貌要符合品种特征，生长发育正常。每个品种都有自己明显的特征，如加利福尼亚兔是"八点黑"，否则品种不纯或退化，生长发育不正常的兔不能达到种用要求，其生产性能不能表现出来。其次，种兔应体质健壮，精神状况好，健康无病，无外寄生虫，生理指标（体温、呼吸等）正常。再次，种兔不能有明显的外形缺陷。外形缺陷是先天遗传和后天造成的，将引起家兔机能不良，选择种兔时应避免以下外形缺陷：门齿过长、垂耳（公羊兔、塞北兔等垂耳品种除外）、滑水腿（兔的两后腿、两前腿或四肢腿向外向前伸出，呈"八"字形）、乳头数过少（少于4对）、生殖器官畸形（如母兔外阴闭锁和发育不全，公兔小睾丸、单睾和隐睾等）、

第三章 家兔的品种与引种

45

短肢和短趾、后躯尖斜。

> ◯ 【提示】 引种时的个体选择是非常重要的环节，直接关系
> 到未来种群质量和生产效益的高低。

三 注意审查系谱

应清楚引入个体的血缘，公兔最好来自不同家系。加强家谱的审查，了解亲代和同胞的生产性能，引进优秀个体，防止带入遗传病和有害基因；避免近亲交配或近交系数过高，以免引起品种的退化。

四 引种年龄

种兔年龄与生产、繁殖性能有着密切关系。种兔的使用年限一般只有 3～4 年，所以老年种兔的经济价值、生产价值低。但 30 日龄内未断乳的仔兔因适应性和抗病力较差不宜长途运输，死亡率高，引种时也要注意。因此，引种年龄一般以 3～5 月龄的青年兔，或者体重在 1.5kg 以上的青年兔为最好，该阶段的兔子生活能力强，可以减少运输途中的损失，到达目的地后能较快地适应环境，且投资较合理。

五 选择好引种季节

家兔怕热、怕冷、怕湿，应选不冷不热不湿的季节引种，既保证引种的安全，做到发病减少、应激反应小、死亡少，又可尽快转入正常生产。我国广大地区以春秋引种较好，尤其在春季引种能使尽快采食青草，更符合国情。若在夏季引种，只能夜间起运，白天在阴凉处休息；冬季引种要注意保暖，以防感冒。

六 引种数量

初养兔户，一般开始引种数量不宜过多，以 6～10 只为好（2～3 组，公、母比例为 1∶2～1∶3），待取得经验后再逐步扩大。引种不仅花费昂贵，且风险较大，一旦引种成功，应迅速扩群，自繁自养，既可保证兔群的健康，又可保持血统纯正。如果当地已饲养较多的中国白兔或其他兔种，则应充分利用当地母兔，以引进良种公兔为好，以利于改良原有兔种和减少资金外流。

七　严格检疫

为了防止疾病传入，提高种兔的成活率，种兔必须经过防疫检查，确认健康无病时方可引种和外运。起运前要有当地畜牧主管部门的检疫证明书，以确保质量并减少运输途中的麻烦。

八　种兔的运输

运输兔的笼要坚固耐用，旧笼使用前应清洗干净，并用消毒液，如氢氧化钠溶液、生石灰水、来苏儿等消毒。3 月龄以上的公、母兔应分笼调运，以避免早配，打架好斗的兔子应及时调笼隔离；运输密度以平均每兔占有 0.05～0.082m² 为宜，如无分隔设备，切忌密度过大。

运输时间为 1 天时可不喂料和饮水；运输 2 天可饲喂少量干草、胡萝卜和土豆，并少量饮水；运输 3 天以上，给少量的干草、胡萝卜、土豆，另外，给少量精料，并注意饮水。

> ◐【提示】运输途中不宜大量饲喂青绿多汁饲料，以免引起腹泻。

九　引种后的管理

引入的种兔到达目的地后，要及时分散，单笼饲养，同时要防止其暴饮暴食，以免引起胃肠道疾病。要根据当地饲料条件和饲养习惯，逐渐改变饲料类型和操作日程，切忌突然改变而引起应激反应。要随时观察引入种兔的健康状况，发现异常或病兔应及时隔离，加强护理和治疗。同时还要做好防鼠、防兽等工作。引入品种要长期使用，应妥善保存这些优良基因资源，加强保种和选育工作，防止品种的迟化，若选育工作搞得好，还可进一步提高其生产性能。

> ◐【提示】严禁从存在兔传染病和其他可以传染家兔的畜禽传染病的地区及饲养场引入或购进种兔、饲料和用具等。对从外地购买或调入的种兔，要单独饲养，隔离观察 15 天以上，经本场兽医检验合格，才能入群混养。

——第四章——
家兔的繁育技术

第一节　家兔的生殖生理

一　家兔的性成熟与适配月龄

1. 性成熟

到达性成熟期的母兔能接受公兔配种和排卵，生殖道能完成受精并具有着床的适宜状态，能维持胎儿生长发育直到分娩，并具有良好的保姆性和泌乳能力；公兔性成熟时能产生成熟的精子。家兔的品种不同，饲养管理条件不同，个体不同，其性成熟的迟早有一定的差异。小型品种母兔3.5~4月龄，公兔4~4.5月龄，即达性成熟。大、中型品种稍晚些，中型4.5~5.5月龄，大型6~7月龄达性成熟。通常母兔性成熟要比公兔早1个月左右。相同品种或品系，在优良饲养条件下，生长发育较快，其性成熟也较早。公、母兔达到性成熟后，虽然已能配种繁殖，但因身体各部器官仍处于发育阶段，过早承担配种繁殖任务不仅会影响公、母兔本身的生长发育，造成早衰；而且配种后母兔受胎率低，产仔数少，所产仔兔身体瘦弱，母兔乳汁少，仔兔成活率也低。

2. 适配月龄

任何家畜都一样，性成熟都早于体成熟。以体重而言，性成熟时，家兔的体重只相当于成年体重的50%左右。因此，配种过早，势必会影响自身和下代的生长发育。当然，配种也不能过迟，否则也会影响家兔的生殖机能和终身繁殖能力。配种过迟，家兔身体发胖，性机能降低，公兔性欲长期得不到满足，就会产生自淫现象，影响健康，甚至失去种用价值；母兔则会出现长期不发情。生产中，确定母兔的适配年龄主要是根据体重与月龄来决定，一般适配母兔达到成年体重的75%以上时即可配种。适配月龄则根据不同品种而异，不同类型、不同品种家兔的性成熟和适配月龄如表4-1、表4-2所示。

表4-1 不同类型家兔的性成熟与适配月龄

类型	成年兔体重/kg	性成熟月龄	适配月龄	适配月龄时体重
大型兔	5 以上	5 ~ 6	6	配种时的体重为成年体重的70%
中性兔	3.5 ~ 4.5	3.5 ~ 4.5	5 ~ 6	
小型兔	2 ~ 3	3 ~ 4	4 ~ 6	

表4-2 不同品种家兔的性成熟与适配月龄

品种	性成熟月龄	适配月龄	品种	性成熟月龄	适配月龄
新西兰兔	4 ~ 6	5.5 ~ 6.5	加利福尼亚兔	4 ~ 5	6 ~ 7
荷兰兔	3 ~ 5	4.5 ~ 5.5	日本白兔	4 ~ 5	6 ~ 7
西德长毛兔	5 ~ 8	6 ~ 10	哈尔滨白兔	5 ~ 6	7 ~ 8
比利时兔	4 ~ 6	7 ~ 8	塞北兔	5 ~ 6	7 ~ 8
青紫蓝兔	4 ~ 6	7 ~ 8	太行山兔	4 ~ 5	5.5 ~ 6

二 家兔的发情与发情周期

1. 发情表现

发情是母兔由于卵巢内的卵泡发育成熟所引起的母兔性欲兴奋和有交配欲望的生理现象。

（1）行为表现 母兔活跃不安，爱跑跳，乱刨笼底板，脚用力踏笼底板作响。食欲降低，常在饲槽或其他用具上摩擦下颚，俗称"闹圈"。性欲强的母兔还主动接近和爬跨公兔，甚至爬跨自己的仔兔或其他母兔。当公兔爬跨时，母兔站立不动，臀部抬起，举尾，以迎合公兔交配。

（2）生殖道变化 卵巢在发情前2~3天，卵泡发育迅速，卵泡内膜增生，卵泡液分泌增多，卵泡壁变薄并突出于卵巢表面。阴道上皮充血，阴蒂充血和勃起；来自子宫颈及前庭大腺分泌的黏液增多；子宫颈松弛，子宫充血，输卵管蠕动和纤毛颤动加强。发情初期，外阴黏膜潮红，肿胀，湿润；发情中期，黏膜成大红色，肿胀和湿润更明显；发情后期，黏膜呈黑紫色，肿胀和湿润逐渐消失；而在休情期，外阴黏膜为苍白、干燥和萎缩状态。

2. 发情周期

性成熟之后的母兔，总是处于"发情—休情—发情—休情……"这种周而复始的变化状态。两次发情的间隔时间称作发情周期，每次发情的持续时间称作发情持续期。母兔发情有周期性，但规律性差。母兔的发情周期一般认为是 8～15 天，发情持续期为 3～5 天。

3. 家兔的发情特点

（1）发情无季节性 家兔属于无季节性繁殖动物，一年四季均可发情、配种和繁殖。但要注意，室内养兔或四季温差不大时，母兔可安排四季配种，常年产仔。在粗放管理下或四季温差较大时，兔以春、秋季发情征候明显，而在夏、冬季则表现为性欲低、发情征候不明显、配种受胎率低和产仔数少。

（2）发情不完全性 母兔发情表现为 3 个方面，即精神变化、交配欲及卵巢变化和生殖道变化，并非总能在每个发情母兔的身上出现，可能只是同时出现一个或两个方面，这就是母兔发情的不完全性。如有的母兔虽然外阴黏膜具有典型的发情症状，但没有交配欲，与公兔放在一起时匍匐不动；有的母兔发情时食欲正常；有的发情母兔外阴黏膜不红不肿等。

【提示】 生产者应仔细观察每只母兔的表现（精神、生殖道变化），及时配种，才能保证较高的配种率和产仔数。

（3）产后发情 母兔分娩后当天即有发情表现，配种后即可受胎，受胎率达 80%～90%。母兔产后发情也受到其他一些因素的影响。比如，营养状况良好的母兔产后发情的比例高，配种受胎率和产仔数高；而那些营养不良的母兔产后多无明发情表现，即便配种，受胎率和产仔数也不高。

（4）断乳后发情　母兔在哺乳期间发情多不明显，即经常出现不完全发情。而且越是在泌乳高峰期，越不容易出现发情。但母兔在仔兔断乳后 2～3 天普遍很快表现出发情症状，此时配种后受胎率较高。

三　家兔的交配行为

公、母家兔的性行为是一个复杂的生理过程，大体经过求偶、交配、射精等过程。比如，在人工辅助交配时，将母兔放入公兔笼后，即可见到公兔嗅闻母兔的尿液和外阴部，做出嬉弄姿态和发出特异呼声等求偶行为。然后公兔即追逐母兔，并试伏母兔背上，或以前足揉弄母兔腹部，同时做交配动作。如果母兔正在发情，则略逃数步，即卧下让公兔爬在背上，待公兔做交配动作时，即抬高臀部举尾迎合。当公兔将阴茎插入母兔阴道后，公兔臀部屈弓，迅速射精。此时，公兔常伴随射精动作，"咕咕"尖叫一声，后肢蜷缩，臀部滑落，倒向一侧，至此交配完毕。数秒钟之后，公兔爬起，再三顿足，表明已顺利射精，即可将母兔送回原笼。

四　家兔的繁殖利用年限与年产胎数

家兔的繁殖能力与年龄有关。一般而言，1～2.5 岁的繁殖能力较强，此后，随着年龄的增长，繁殖能力逐渐下降。一般情况下，种公兔利用 2～3 年，个别的利用 4 年；母兔一般利用 2～2.5 年，个别利用 3 年以上。在采取频密繁殖技术的兔场，种公兔的利用年限一般控制在 2 年以内，种母兔仅利用 1 年。超过繁殖利用年限，种兔性活动机能衰退，配种受胎率低，胚胎死亡率高，后代生活能力差，过长地延长种兔的利用年限从经济上是不合算的。

母兔的年产胎数与种兔的年龄、环境条件（特别是温度条件）、营养水平及保健措施有关。从理论上说，家兔的繁殖力强，妊娠期 1 个月，产后又可立即配种，一年可以繁殖 12 胎。但一味追求年繁殖胎数而不顾其他具体情况，特别是母兔的身体营养状况，其结果是繁殖得越多，死亡率越高。因此，生产实践中，应适当控制家兔繁殖。目前，在我国多数养兔场，家兔的年繁殖胎数应控制在 6 胎以内。

第四章　家兔的繁育技术

第二节　家兔的选种技术

一　家兔生产性能的评定

1. 体质外貌鉴定

家兔的体质和外貌与生产力有一定的关系，是家兔生长发育、健康状况的标志，也是选种的基本内容之一。

（1）体质　家兔基本上可分为 4 种类型，即结实型、细致型、粗糙型和疏松型。根据头部形状，大致可以说明兔的体质类型。大头一般为粗糙型，小头、清秀的为细致型，头型大小与身体各部分比例相称为结实型。肉用兔要求头型较小，体躯紧凑，背腰平而宽广，后躯发育良好，粗糙结实型和细致结实型体质最理想。皮用兔主要产品是兔皮，以结实型体质为好，粗糙、细致或疏松型的体质都不适宜。毛用兔主要产品是兔毛，结实型或细致结实型体质最好，过于粗糙、细致或疏松的体质都不适宜。

（2）外貌　种兔应体质强壮，健康无病，发育良好，体形结构和外貌特征符合生产类型和品种特征，无遗传病和外形缺陷。头部是鉴定家兔品种的重要部位，头形和耳朵形状及大小是重要的品种特征。头大小应与体躯协调，一般公兔的头粗重，母兔的头清秀。眼大、明亮，眼球颜色应符合品种要求。如白色长毛兔眼球为粉红色，青紫蓝兔为茶褐色，中国白兔为红色。颈部粗细与体躯协调，与头和胸结合自然。胸宽而深，背腰宽广，凹背和凸背的为严重缺陷。腹部容积大，不下垂，不松弛，呈"饱满腹"。臀部宽而圆，肌肉丰满。四肢强健有力，伸展灵活。皮肤富有弹性，被毛浓且光泽好，毛色符合品种特征。母兔乳头为 4 对以上且排列整齐。

2. 生长发育的评定

家兔生长发育的好坏，对于家兔成年后的体重和体型大小、体躯结构、生产性能都有很大的影响。家兔生长发育的评定重点是测定家兔不同生长阶段的体重和体尺。

（1）体重　品种不同对体重的要求也不同，一般对皮用兔和肉用兔来说，体重越大越好；而对毛用兔来说，由于体重大产毛率不一定高，所以应和产毛率结合起来一块考虑。测定体重的方法是直接用衡器称取家兔的重量。称重应在早晨饲喂以前空腹进行，而且应当连称 2 天，以克为单位取其平均数。常用的体重指标有：初生重、断乳重、3 月龄重、4 月龄重、6 月龄重和 1 周岁重。1 周岁以后，每年需测定 1 次。

（2）体尺 测量体尺的项目，依使用目的的不同而不同。作为一般的选种测定项目时，通常只测定体长、胸围 2 项，必要时加测头长、头宽、耳长、耳宽、肩高、腰高、腰宽、腰围等项目。

1）体长。体长是从鼻端至坐骨端的直线长度（图 4-1），用来表示家兔体躯长度的发育情况。测定时可用直尺直接测定这两点的长度。

2）胸围。胸围是在肩胛后缘绕胸廓一周的长度，用软尺度量（图 4-1）。它表达了胸部的容积和发育状况。用软尺测量时应松紧适度，不可过松或过紧。

体尺的测量一般从 3 月龄开始，可与称重同时进行，每次测量时应该对同一部分连续测量 2 ~ 3 次，然后将测得的数据计算出平均数，以代表该次测量的结果，这样可一定程度地减小误差。毛用兔体尺测量也应在剪毛后进行。体长、胸围测量，均以厘米为单位，精确到 0.1cm。

体长测量　　　　　　　　　　胸围测量

图 4-1　家兔体长、胸围测量示意图

3. 繁殖性能的评定

繁殖性能是指家兔繁殖后代的能力，包括产仔性能和哺育性能两方面。产仔性能用产仔数、产活仔数和初生窝重来评定，哺育性能用仔兔成活率、泌乳力和断乳窝重等来评定。

（1）**产仔数**　指母兔的实产仔兔数，包括活仔、死胎、畸形胎儿。

（2）**初生窝重**　指初生时该窝所有活仔兔的总重量。

（3）**产活仔数**　指称量初生窝重时活仔兔数。初产母兔取连续3胎的平均数计算。

（4）**断乳活仔兔数**　指断乳时存活的仔兔数。寄养出去的仔兔不计在内。

（5）**断乳仔兔成活率**　指到断乳时成活的仔兔占所产活仔兔数的百分比。

（6）**泌乳力**　用3周龄仔兔的增重表示，包括寄养仔兔。初产母兔按连续3胎的平均数计算，以克为单位，取其整数。

（7）**断乳窝重**　指断乳时全窝仔兔的总重量，其中包括寄养仔兔。

（8）**母兔的繁殖习性与母性状况**　母兔的繁殖习性与母性状况对于提高母兔的繁殖性能也很重要，这些性能包括：是否有习惯性流产、产前是否会拉毛营巢、是否有在产箱外产仔的恶癖、是否产仔后不给仔兔哺乳、有无残食仔兔的现象等。

（9）**公兔的繁殖性能**　评定公兔的繁殖性能主要看公兔的体格是否强壮，性欲是否旺盛，配种能力强不强，精液品质好不好。

> 【**提示**】无论是公兔还是母兔，在评定其繁殖性能时，应对其产生后代的数量、品质等各方面进行综合考虑。

4. 产肉性能的评定

（1）**生长速度**　常用统计期兔日增重表示。其公式为

生长速度（g/天）＝统计期内兔增重÷统计期饲养天数

（2）**饲料消耗比**（料肉比）饲料消耗比是指从断乳到屠宰前每增加1kg体重消耗饲料的千克数。在达到一定体重时，肉兔消耗的饲料越少，获得的经济效益越多。其公式为

饲料消耗比＝断乳至屠宰期间所消耗的标准饲料数量÷（屠宰前活重－断乳重）

（3）**胴体重**　胴体重可分为全净膛重和半净膛重。全净膛重系

指家兔宰后，除去血、毛皮、内脏、头和脚的胴体体重量。半净膛重则是保留心、肝、肾等可食内脏的胴体重量。

（4）**屠宰率**　系指胴体重占宰前活重（停食 12h 以上的活重）的百分比。其公式为

$$屠宰率 = 胴体重 \div 宰前活重 \times 100\%$$

通常情况下，屠宰率是以全净膛胴体重计算，良好的肉用兔的屠宰率在 55% 左右。如果以半净膛计算时，须加以注明。

5. *产毛性能的评定*

（1）**产毛量**　产毛量是指长毛兔 1 年所产兔毛的总重量。以克为单位。有实际年产毛量和估测年产毛量 2 种计算方法。青年兔的实际年产毛量为第一次剪毛至满 1 年时的产毛总量。成年兔的年产毛量一般是统计每年 1 月 1 日至 12 月 31 日的总产毛量。估测年产毛量是以 8 月龄（养毛期为 90 天）时 1 次剪毛量的 4 倍来估测的。

（2）**产毛率**　指 1 年估测产毛量占同期体重的百分率。

（3）**毛料比**　为统计期内饲料消耗量与统计期内剪毛量的比。

（4）**优质毛率**　指在同一次剪毛中，特级毛与一级毛的重量占该次剪毛总重量的百分比。该百分比越大，说明其中优质毛越多。

（5）**粗毛率**　指在同一次剪毛中，粗毛（包括两型毛）的重量占该次剪毛总重量的百分比。对粗毛率的要求，应当依国内外市场需求而定。

（6）**结块率**　指在同一次剪毛中，已经结块的毛的重量占该次总剪毛量的百分比。由于结块毛属于等外毛，结块率高会大大降低兔毛的整体等级，因此结块率越低越好。

6. *皮用性能的评定*

（1）**皮张面积**　一般由前肩（或颈中部）至尾根量取皮张长度，由中腰或两肷处量取宽度，长度乘以宽度得出面积，以平方厘米计。皮张面积是决定其价值的重要因素。

（2）**皮张厚度**　一般以两体侧中部的厚度作为皮张厚度的代表。

（3）**皮张质地**　皮板质地要洁白、致密、均匀、厚薄适中。

（4）**毛被**　毛的长度、密度、均匀度与兔皮外观和价值有密切关系，要求被毛密度大，毛长适中，表面整齐，粗细毛比例适中，

绒毛丰厚，毛被弹性好。

（5）颜色 被毛颜色要求统一美观，光泽好但不刺眼。有花斑及杂色毛者降低商品等级。一般以白色较好，因为可以染成各种颜色而具有广泛用途。

二 选种方法

1. 个体选择

主要根据家兔本身的质量性状或数量性状在一个兔群内个体表型值的差异，选择优秀个体，淘汰低劣个体。这种方法适用于一些遗传力高的性状选择，因为遗传力高的性状，在兔群中个体间表现型的差异明显。选出表现型好的个体，就能比较准确地选出遗传上优秀的个体。如70日龄的生长速度和饲料报酬，这两个性状的遗传力在0.4以上，采用个体选择法就能获得较好的选择效果。选择时对于不同用途的家兔，应有不同的要求重点。肉兔主要选择体形外貌符合品种特征和肉用体形、生长快、育肥时间短、产肉性能好、耗料少、成活率高、繁殖力强的个体留作种用。毛兔除按常规选种要求外，主要的选择性状是产毛量和毛的品质，体重和产仔数要求达到各系标准即可，不宜过高追求，因为体重过大，往往导致毛料比增大，从而提高生产成本；产仔过多，会影响母兔的产毛量。獭兔选种除考虑体形大小、生长速度、体质情况外，重点是毛皮质量，如毛的密度、平整度、毛长度等和色泽。

2. 系谱选择

系谱即为种兔的家谱，系谱记录个体本身及其祖先的出生日期、体尺、体重、生产成绩及遗传缺陷。系谱一般记录了3~5代，离个体越远的祖先，对育种的影响越小，系谱上的资料来自于日常工作的各种记录，如产仔数，各时期的体尺、体重、日增重等。系谱选择是通过查阅和分析各代祖代的生产性能及其他材料，估计该种兔的近似种用价值，了解该种兔的血缘情况，为选配提供参考。研究表明，影响家兔品质最大的是父母代，其次是祖代，再次是曾祖代。考察系谱的重点是父母代的品质和各代的品质趋势。逐代品质性状改进与提高，则选这个个体，其后代可能为好的，因为遗传性稳定。反之，逐代品质性状递减，则该个体应淘汰。

【提示】 选择种兔时系谱只能作为选择的参考，应与其他选择方法结合使用。

3. 后裔鉴定

后裔鉴定就是通过后裔测定，将不同个体的子女表型值进行高低对比，从而确定该个体是否选留的方法。这种鉴定法证实了所选出的种兔是否能够把遗传品质真实稳定地传给下一代。

【提示】 在后裔鉴定时应提供相应的饲养管理条件，不宜根据个别劣质的后裔就对种兔作出否定的结论。正确的方法是必须对体形、体质、生长、发育速度、育肥能力、饲料利用、生活力和抗病力等多种性状进行综合考查后再作结论。

4. 指数选择法

家兔选择工作中，很少只选择一个单一性状，而是常常同时选择几个性状，将要选择的几个性状根据其遗传力、经济重要性及性状间的表型相关和遗传相关，进行适当的加权而制定一可以相互比较的数值，即选择指数；再根据每个个体指数的高低选择种兔，这种选种方法称指数选择法。

三 不同生产类型家兔的选种要求

1. 肉用兔的选种要求

（1）体质外形 被选个体应具有该品种或品系的特征，体型大小适中，体躯呈圆柱形或方砖形，体质结实，健康无病，无严重缺陷（如驼背、背腰下凹、狭窄、尖臀、八字腿、牛眼）。头要求粗短而紧凑，眼大有神，胸宽深，背腰平直，中躯短，臀部宽而圆，后躯丰满，大腿宽广多肌肉，四肢端正，强壮有力。公兔雄性特征明显，性情活泼，睾丸发育良好，大小对称。母兔中后躯发育好，性温顺，母性好，无恶习，正常乳头为 4 对以上，泌乳力高。

（2）生长育肥 体重、体长、胸围、腿臀围达到或超过本品种标准。良种肉用兔一般要求 75 天体重达 2.5kg，肥育期日增重 35g以上，饲料报酬在 3.5:1 之内。屠宰率在 50% 以上，胴体净肉率在82% 以上，后腿比例占胴体的 1/3。

第四章　家兔的繁育技术

(3) 繁殖性能 窝产仔数 7 只，年产仔数 40 只，配种率为 80%，30 日龄断乳个体重 500g 以上。凡在 9 月至第二年 6 月连续 7 次拒配或连续空怀 3 次者不宜留种；连续 4 胎产仔数不足 20 只的母兔也不宜留种；断乳窝重小、母性差的应淘汰。公兔要求配种能力强，精液品质好，受胎率高，性欲旺盛。凡隐睾、单睾、阴茎或包皮糜烂，射精量少，精子活力差的公兔不宜留种（表4-3）。

表4-3 常见肉用兔品种的种用指标

品 种	成年体重/kg	成年体长/cm	成年胸围/cm	窝产仔数/只
新西兰兔	4.0	48	34	6.0
加利福尼亚兔	4.0	50	34	6.5
比利时兔	5.5	55	36	6.0
日本大耳白兔	5.0	57	37	6.0
法国公羊兔	4.7	52	34	4.5
德国花巨兔	5.5	57	36	4.5

2. 毛用兔的选种要求

(1) 体质外形 体形匀称，体质结实，发育良好，四肢强健。头清秀，双眼灵活有神，耳壳大，门牙洁白短小，排列整齐。体大颈粗，背腰宽广，体中躯较长，臀宽，皮肤薄且弹性好。骨骼细而结实，肌肉匀称但不发达。被毛浓密，分布均匀，毛长，各类型毛纤维细匀度好，被毛光泽性好，有弹性，不缠结。

(2) 产毛性能 年剪毛量0.9kg，毛纤维长度为4.6cm，被毛不缠结，优质毛百分率高，粗毛比例适中（粗毛含量在10%以内；粗毛型，粗毛含量大于18%），料毛比小，毛的生长速度快。几年剪毛量低于群体均值者不宜留种。如法系安哥拉兔协会安哥拉兔外貌鉴定标准见表4-4。

(3) 繁殖性能 种公兔要求性欲旺盛，精液质量好。种母兔要求乳房发达，乳头数为 4 对以上，排列均匀，粗大柔软，不含瞎乳头，后胯宽，性温顺。凡八字腿、牛眼、剪毛后 3 个月内被毛有结块者不宜留种。

表4-4　法系安哥拉兔协会安哥拉兔外貌鉴定标准

项　目	要　求	评　分
体形	呈圆柱形	5
头和耳	双耳直立呈"V"字形，耳尖毛丛整齐	5
体重	平均体重大于3.75kg	10
毛品质	根据被毛的长度和枪毛量	30
产毛量	根据群体的实际剪毛量评定	40
被毛	全身白色，同质，密度大	10

3. 皮用兔的选种要求

（1）体质外形　被选个体要求体型大，成年兔体重3.2kg以上，发育匀称，体质健康结实，头小眼大，耳长中等呈"V"字形，眼球颜色符合本品种特性，后胯丰满，中躯紧凑，四肢强健，行动敏捷。被毛细致、浓密、柔软而有弹性，毛纤维分布均匀、平整、美观、牢固、光泽性好，毛色符合品种，皮质好，毛长1.6（1.3～1.8）cm，针毛全身分布均匀，长度与绒毛相同。公兔睾丸匀称，性欲旺盛；母兔要求阴户和乳头发育良好，性机能旺盛。国外獭兔的体型评分标准如表4-5所示。

表4-5　国外獭兔的体型评分标准

国别	品　系	毛色	被毛	体型	四肢	眼睛	耳朵	体重	体质	合计
英国	海狸色獭兔	25	40	12	11	7	5	—	—	100
	青紫蓝獭兔	35	30	5	5	5	5	—	15	100
	其他獭兔	25	30	25	5	5	5	5	—	100
美国	海狸色獭兔	20	50	5	—	3	2	10	10	100
	其他獭兔	10	40	35	4	2	3	—	5	100
德国	海狸色獭兔	20	40	20	5	—	—	5	10	100

（2）最低生产性能指标　成年兔体重3.2kg，体长43cm，胸围29cm，窝产仔数为7只，5月龄体重2.8kg，板皮面积950cm²，毛纤维长1.6～1.8cm，被毛致密，口吹毛纤维间隙不大于0.1cm，整齐美观。

第三节 家兔的配种技术

一 配种前的准备工作

1. 制订配种计划

为了防止乱配种和近亲繁殖，须有计划地使用种公兔。配种计划要根据选育目标和生产目的而制订。

2. 整理种兔群

合理的公母比例，不但可以保障兔群的繁殖力不受影响，而且还可以降低饲养成本，增加养兔效益。一般情况下，兔群规模越小，公兔比例稍大；兔群规模越大，公兔比例相应缩小。一般适度规模的养兔场（50~100只基础母兔）公母比例为1:(8~10)。品种多，公兔比例应稍大，采用人工授精的兔场，可以大大减少公兔饲养的数量。对于年老兔（3年以上），体弱有病、生产性能低、泌乳力差、母性不强的兔，都不能留作种用；凡是瘦弱和患病的种兔，特别是患有生殖道疾病、皮肤病（如疥癣、皮霉菌病）及其他传染病时，不能参加配种。长途运输之后、病愈不久、注射疫苗等，不能马上配种。

3. 加强种兔管理

配种准备期除一般饲养管理外，还应注意以下几项：①适当增加种兔运动量；②保证充足的光照；③适当增加公兔动物性饲料的喂量，如蚕蛹、鱼粉、血粉或鱼肝油等；④在缺青绿饲料的季节，须保证维生素A、E的供给。冬季可补加发芽大麦、胡萝卜等；⑤毛用兔在交配前2~3天，剪去公兔生殖器官周围的长毛，以免妨碍交配的顺利进行；⑥安排繁殖计划时，适当避开换毛期；⑦搞好清洁卫生，配种前公兔笼内应无粪便、无污物，笼内的食盆、水槽都要移至笼外，并进行彻底消毒。配种前还要检修好笼底板；⑧有些母兔由于营养条件、体质健康状况、气候条件、饲养管理技术等因素影响，长期不发情或拒绝与公兔交配，可采取适当方法进行催情。

二 选配

选配就是有目的、有计划地决定公母兔的交配，选配的任务就是尽量选择亲和力好的公、母兔交配，以保证产生优良的后代；另外，选配还可以避免兔群因混交乱配造成品质退化。选配时，应根据制订的目标，综合考虑种兔的品质、血缘和年龄关系等进行选配。一般在生产中，要尽量避免近交；种公兔的品质应优于母兔，以利充分发挥优良公兔的作用；应选择亲和力好的公、母兔组对配种，及时对交配结果进行总结。

1. 同质选配

同质选配就是选择生产性能或其他经济性状相同的优良公、母种兔交配，目的就是将这些优良性状在后代中保持和巩固，使优秀个体数量增加，群体品质获得提高。如为了提高长毛兔的兔毛密度，就应选择毛密度性能好的公、母兔交配，使所选性状的遗传性能稳定下来。在育种实践中，当出现理想类型之后，可采用同质选配，使其尽快固定下来。为了提高同质选配的效果，选配时以一个性状为主。高遗传力的性状，如体形外貌，则同质选配的效果较好；低遗传力的性状，如产仔数，其效果较差。

⚠ 【注意】 采用同质选配时应避免选择在品质上有相同缺点的公母兔进行交配。

2. 异质选配

分为两种情况：一种是选择具有不同优良性状的公、母兔进行交配，以期获得兼顾双亲优良性状的后代。如选择生长速度快的种公兔与产仔性能好的母兔交配；另一种是选择同一性状但优劣程度不同的公、母兔交配，以优改劣，提高后代的生产性能。例如，用产毛量高的公兔改良产毛量低的母兔。以优改劣的选配要有明确的针对性，只有改良者具有被改良者所缺乏的优良性能时，这种改良才有效。异质选配的主要作用是集合了双亲的优良性状，增大了后代的变异性，增加了基因型类型，增强了后代的适应性和生活力。因此，为了打破兔群的停滞状态，通过性状的重组获得理想型，在品种培育的初期，需要应用异质选配。

➡ 【提示】 在选配实践中，同质选配和异质选配两种方法很难截然分开，有时两种并用，有时交替使用，互相促进。

第四章 家兔的繁育技术

3. 年龄选配

就是根据交配双方的年龄进行选配的方法。因为年龄与家兔的遗传稳定性有关，同一只家兔随着年龄的不同，所生后代品质也往往不同。因此，家兔的交配，应以年龄的不同而进行选配。实践证明青年公、母兔交配所生后代，生活力和生产力较高，遗传性能比较稳定。在兔的繁殖中，要发挥壮年兔的核心作用，适宜和不适宜采用的模式见表4-6。

表4-6　家兔按年龄选配的模式比较

适宜采用的模式	不适宜采用的模式
青年♂×壮年♀	青年♂×青年♀
老年♂×壮年♀	老年♂×青年♀
壮年♂×壮年♀	青年♂×老年♀
壮年♂×青年♀	老年♂×老年♀
壮年♂×老年♀	

注：♂代表公兔，♀代表母兔。

4. 亲缘选配

考虑交配双方亲缘关系远近的选配称作亲缘选配。如交配双方有亲缘关系，就叫做近亲交配，简称近交；反之叫非亲缘交配，更确切地说称为远亲交配，简称远交。生产中一般将7代以内有亲缘关系的交配称为近交，超过7代，其共同祖先的影响很小，称为远交。

近交的遗传效应是使基因纯合，提高兔群的纯度，可使家兔的优良性状固定下来，其生产性能和体形外貌表现一致，同时使有害隐性基因暴露，以便淘汰不良个体。近亲繁殖是育种工作中一种重要的手段，使用得当，可以加快遗传进展，迅速扩大优良种兔群的数量，但是使用不当，会出现近交衰退现象。为了避免近交造成的不良后果，一般近交仅限于品种或品系培育时使用，商品兔场和繁殖场都不宜采用。采用近交时，必须同时注重选择和淘汰，保证良好的营养条件、环境条件和卫生条件，以减缓或抵消近交的不良后果。

> **【提示】** 为了避免不必要的近交衰退，在种兔场内必须保持有一定数量的基础群，尤其是公兔数量。一般种兔场至少应有10只左右的种公兔，而且应保持有较远的亲缘关系。必要时还可输入同品种、同类型而无亲缘关系的公母兔进行血液更新，来丰富种兔场的遗传结构。

三　发情鉴定

鉴别母兔是否发情，常用的方法就是根据家兔行为、外阴部黏膜的色泽变化与湿润情况来判断。母兔发情表现为神情不安，食欲下降，有时则衔草营巢；在抚摸母兔背时，母兔贴卧地面，并把身体伸展，尾部颤抖，外阴红肿、湿润。家兔属刺激性排卵动物，存在着发情不一定排卵、排卵不一定发情的现象，任何时期都可以配种繁殖。但据实际观察，在没有任何发情表现而采用强制交配时，其受胎率极低。一般在发情中期，母兔外阴部可视黏膜潮红、湿润时配种，其受胎率最高，产仔数也较多。因此，生产中一般根据母兔外阴黏膜的变化规律确定配种时机，俗话说"粉红早，黑紫迟，大红配种正当时"。

四　配种方法

家兔的配种方法有3种，即自然交配、人工辅助交配和人工授精。

1. 自然交配

自然交配也称为自由配种方法。自然交配是一种很原始而落后的配种法。即在散养情况下，将公、母兔（或按一定比例）混养在一起，在母兔发情期间，任凭公、母兔自由交配。这种方法省工省力，母兔发情后可及时配种，能防止漏配。母兔在一个发情期可多次交配，受胎率和产仔数一般较高。但其缺点很多，如公、母兔混养，不易控制疾病，特别是生殖系统疾病，可通过公兔的交配，感染全群；无法进行选种选配，极易造成近亲繁殖，使品种退化；不能知道母兔准确的妊娠时间，很难掌握母兔的分娩日期，往往造成接产不及时而影响仔兔成活率；公兔整日追逐母兔交配，配种次数过多，体力消耗过大，公兔易衰老，配种只数少，利用年限短，不能充分发挥良种公兔的作用；公兔与公兔之间容易相互斗殴咬伤，影响配种，严重者失去配种能力；未到配种年龄、身体尚未发育成熟的公、母兔，过早配种妊娠，不但影响自身生长发育，而且胎儿也发育不良。

> ● 【提示】 家兔自然交配利少弊多，随着养兔业的发展，应尽量加以控制。

2. 人工辅助交配

人工辅助交配就是将公、母兔分开饲养，在母兔发情时，再放入公兔饲养的笼中或公兔的活动场所让其自然交配，交配完毕后把母兔捉回来放回原处，并做好记录。人工辅助交配的优点是，能有计划地选种选配，避免近亲繁殖；能合理安排公兔配种次数，延长种兔使用年限；能有效地防止疾病传播，提高兔群的健康水平。不足之处是，费工费力，劳动强度大，需要有一定经验的饲养人员及时进行发情鉴定并安排配种。应用人工辅助交配应该注意以下几个问题。

(1) 注意公、母兔比例 采用人工辅助交配的方法，公、母兔的比例可以为 1:8～1:10。要求公兔的生产性能突出、遗传品质优良、性欲和交配能力强、精液品质好、母兔受胎分娩率高。

(2) 控制配种频率 1 只体质健壮性欲强的公兔，在 1 天之内可交配 1～2 次，并在连续交配 2 天之后要休息 1 天。但若遇到母兔发情集中，也可适当增加配种次数或延长交配日数。但不能滥交，应加以控制，以免影响公兔健康和精液品质。

(3) 准确鉴定母兔发情，及时配种 在养兔实践中，广大群众根据母兔发情规律、性欲和外阴部的红、肿、湿的变化特点，总结出"粉红早，黑紫迟，大红正当时"的宝贵经验。即在母兔发情最旺盛、外阴部黏膜呈大红时进行配种，便可获得较高的受胎率和产仔率。

(4) 配种要在公兔笼中进行 若将公兔放在母兔笼中，公兔因环境的改变，容易影响其性欲活动，甚至不爬跨母兔。若 1 只母兔用 2 只公兔交配时，要在第一只公兔交配后，把母兔送回原地，经过一段时间（15min 以上），待异性气味消失后，再送入第二只公兔笼中进行交配，以防第二只公兔嗅出母兔身上有其他公兔气味时，不但不能顺利配种，反而还可能把母兔咬伤。更不能用 2 只公兔同时给 1 只母兔配种，以防公兔因互相争夺母兔而咬架，影响种兔的健康。

（5）配种时间安排 春秋两季最好安排在上午 8 ~ 11 点，夏季利用早晨和傍晚，冬季选择在比较温暖的中午进行。一般应掌握种兔在配种半小时以后饲喂和饲喂半小时以后再配种，以保证其食欲和消化机能正常。

（6）检查公兔精液质量 对种公兔的精液品质须定期进行质量检验，及时淘汰生产性能低、精液品质不良的公兔。

（7）防止精液倒流 交配成功之后，应在母兔的臀部猛击一掌，使之肌肉紧张，防止精液倒流。经过 10 ~ 20min 后，轻稳地用一手抓颈皮，另一只手托臀部，将母兔送回原笼。配种之后如发现母兔排尿，应予以补配。

（8）适当辅助 如果发情母兔爬伏不动，不接受交配，则可用左手抓住母兔的两耳及肩部皮肤，右手伸到母兔腹下，将其后躯托起，配合公兔配种；如果母兔尾巴拒不上举，则可用一根细绳一端拴住母兔的尾巴尖部，将绳子沿母兔背部绕过，由固定兔耳及颈部皮肤的左手控制，将母兔尾巴轻轻上拉，露出外阴；右手伸到母兔腹下托起其后躯，迎合公兔配种。采取这两种方法，配种很容易成功。

（9）注意母兔的择偶性 在配种过程中，母兔对公兔有时有强烈选择性，发情母兔在笼中奔跑，逃避公兔，不接受交配。在这种情况下，应当把母兔调换给其他公兔配种。

（10）及时填写配种记录 以便诊断妊娠时间。

3. 家兔人工授精

人工授精是加快兔的繁殖和改良兔品种的一项有效措施，它可有效地提高优良种公兔的利用率。人工授精每采一次精液，可配 8 ~ 10 只母兔，受胎率达 80% ~ 90%，种兔利用率提高几十甚至上百倍，能减少种公兔的饲养数量，使优良种兔的后代很快达到一定数量，可大大加快育种工作的进程，提高经济效益。人工授精避免了公、母兔生殖器官的直接接触，因此可防止生殖器官疾病的传播和一些寄生虫的侵袭。此外，人工授精还可以克服公、母兔因个体差异过大而无法交配或异地饲养不便运输而不能交配等困难。

（1）采精前的准备

1）采精器（假阴道）的制作与安装。精液的采集需要特定的器械——采精器，又称假阴道，主要由外壳、内胎和集精杯3部分组成。下面介绍一种简易的兔采精用的假阴道。①制作材料：50mL大注射器、2mL小注射器各1个（新旧均可），1.5mL灭菌 Eppendorf（EF）管，刻刀，大手术剪，橡皮筋，中号气球（长10cm），胶塞（500mL注射用生理盐水瓶），酒精灯，铅笔，刻度尺。②制作方法：第一步，将一次性50mL注射器活塞及推杆一起拿掉，然后用大剪刀剪去两端，只剩下中间的圆筒部分约9cm，用刻刀在管桶的壁上钻一个小孔（全长1/3处较好），直径不要超过6mm，然后用大剪刀的单侧刃小心扩孔，孔要圆，孔径7mm。然后用剪刀修剪两端平滑，再用酒精灯轻度烘烤直至两端平滑、略鼓，去除棱角和毛刺，冷却待用。第二步，取出2mL注射器的橡胶活塞，其尖部向上，用小剪刀在锥形表面剪一小口（1～2mm），接着用剪刀的单刃刺入直至将其刺穿，使破损处与橡胶活塞背面中央的孔相通。将锥面旋转180°，在对侧也剪破表面并用剪刀刺透。然后将活塞装入第一步挖出的孔中（先调试，孔径逐次扩大直至活塞能够装入）。第三步，取3号气球1个，剪去其顶端（破口长度约1cm），然后装入大注射器内，将气球两端开口翻出并套在注射器的管桶外，铺均匀尽量少起褶皱，然后用橡皮筋缠绕数圈直至勒紧。第四步，取下大注射器的活塞，在中部挖孔直至1.5mL EF管去盖以后的管体正好能塞紧到孔中。然后把带EF管的活塞接在上一步安装在大注射器的一端（任意一端都行）。至此，假阴道主体就安装好了。第五步，试水。另取一支不带针头的注射器（新旧均可），从单向阀处注入自来水和气体，检测是否漏水，无漏水漏气的可拆卸作进一步清洗，烘干备用。成品的整体效果见图4-2。

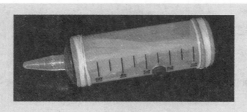

图 4-2　安装好的假阴道

2）输精器的准备。输精器常用 1mL 卡介苗注射器接 12～14cm 小号人用导尿管作为输精器，或用 5mL 连续注射器代用，下段接人用的导尿管，也可用羊的输精器代替。

3）台兔的准备与采精兔的训练。初次采精一般用健康发情的母兔作为台兔。对经过训练的采精公兔可以用一张鞣制好的兔皮盖在持采精器的手臂上作为采精台。或以竹板、木板制作的框架，上面钉麻袋，再盖上兔皮作为假台兔（图 4-3）。初次采精的公兔需要进行训练，应选择健康发情的母兔让公兔爬跨，但不让交配，如此反复几次，公兔可在采精时爬跨。用假台兔采精时，也可以用此方法。

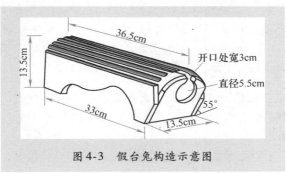

图 4-3　假台兔构造示意图

4）配制精液稀释液。采集的精液经特制的稀释液稀释后，才能用于输精。加稀释液的目的是为了扩大精液量，增加输精母兔只数，提供精子营养从而延长精子存活时间，便于精液保存和运输。家兔常用精液稀释液的种类及配制方法见表 4-7。

表 4-7　家兔常用精液稀释液的种类及配制方法

稀释液种类	配制方法
0.9% 生理盐水	直接用注射生理盐水
5% 葡萄糖溶液	无水葡萄糖 5.0g，加蒸馏水 1 000mL；或直接使用 5% 葡萄糖溶液
11% 蔗糖稀释液	蔗糖 11g，加蒸馏水 100mL
葡萄-柠檬酸钠稀释液	葡萄糖 4g，柠檬酸钠 0.58g，加蒸馏水至 100mL
葡萄糖卵黄稀释液	无水葡萄糖 7.5g，新鲜卵黄 1 ~ 3mL，青霉素、链霉素各 10 万国际单位，蒸馏水定容至 100mL
蔗糖乳糖稀释液	蔗糖、乳糖各 5g，加蒸馏水至 100mL
蔗糖卵黄稀释液	蔗糖 11g，卵黄 1 ~ 3mL，青霉素、链霉素各 10 万国际单位，蒸馏水定容至 100mL

●【提示】　配制稀释液时药品称量要准确；用具要清洁、干燥，事先灭菌消毒；所用试剂要新鲜、纯净。溶解后隔水煮沸 15min，冷却后加入卵黄和抗生素（卵黄是很好的防冷保护剂）。稀释液最好现用现配，不要久存。

（2）**家兔采精**　目前，兔的采精方法主要有手握假阴道法、按摩法、电刺激法、台兔采精法等。这里介绍两种操作方便、效果较好的采精方法。

1）手握假阴道法。采精前，种公兔定期与母兔接触，以提高其性欲。7 ~ 10 天后，用假阴道调教配种，调教期间，公母兔要隔离调养，采精员要多接触种公兔。采精时，将母兔放入公兔笼内让公兔爬跨，采精人员用左手抓住母兔双耳及颈皮，注意不让其自然交配，大拇指与食指夹住集精瓶，右手把假阴道置于母兔两后肢之间的阴门处，使其与地面呈 30°角。握假阴道时，食指最好超过假阴道口，感觉公兔阴茎挺出的方向，小指紧握集精杯以防脱出。待公兔爬跨母兔时，假阴道口对准阴茎伸出的方向，以迎合阴茎伸入假阴道内，射精后公兔会发出"咕咕"的叫声，后肢蜷缩向一侧倒下，表示射精结束，此时应立即将假阴道口朝上，以防精液倒流，放气减压，使精液流入集精杯，然后取下集精杯，对精液进行检查（图4-4）。

图4-4　家兔采精示意图

【提示】　公兔对温度很敏感，采精器内胎的温度过高或过低都影响采精效果，并对以后的采精产生不良影响（形成热恶癖，如果温度稍低一点公兔则不射精）。一般来说，1支采精器1次只能采集1只公兔的精液。

2）台兔采精法。公兔经过用发情母兔采精训练之后，不论在公兔笼或者采精台上，见到台兔就能爬跨交配。在日常采精操作中，一般先把台兔抓到公兔笼内，先让公兔与台兔调情片刻，以引起性欲。其采精方法和步骤与手握假阴道采精法相同。

【提示】　在炎热季节，采精在早晨凉爽时较好，严寒季节以在中午前后温暖时为宜。根据公兔的特点，每周以采精2~3次较为合适。采精次数过多时，精子密度小，精液品质下降，影响受胎效果。

（3）家兔精液品质检查　成年公兔每次射精量为1mL左右（0.5~2mL），每毫升含精子1.5亿~5.6亿。兔精液品质的好坏，对受胎率影响很大，因此，在输精前必须检查精液。采出精液后，立即放在18~25℃的室温中观察。正常的精液呈乳白色、不透明，有的略带黄色，多有特殊的腥味，pH为6.8～7.5，呈略偏弱碱性。如果肉眼也能见精液中的精子呈云雾状翻滚，表示精子活力很强，密度大。不正常的精液呈清水样或红色、黄色。黄色有臭味，说明精液中有尿液；红色的说明生殖器官有炎症，出血混杂，清水样的为无精子。在显微镜下，精子活力在0.6以上，作直线运动的精子多，为好的精液；活力弱的精子运动缓慢、左右摇摆或颤动（表4-8）。

表4-8　精液品质鉴定项目、方法及结果判断

项 目	方 法	正 常	异 常	备 注
精液气味	鼻闻	腥味、无异味	臭味	有臭味的精液，废弃
精液颜色	眼观	乳白色或无色	淡黄色或浅红色	黄色是混有尿液，废弃；红色是混入血液，废弃
pH	精密试纸或光电比色计	接近中性，pH 6.8～7.5	pH 过大或过小	pH 过大表示公兔生殖道可能患有某种疾病，其精液不可使用。精液中患有尿液，会使精液 pH 值变为碱性，废弃
精子形态	眼观，显微镜下观察	云雾状、蝌蚪状	精子畸形，如双头、双尾、无尾等	畸形精子超过20%，废弃
精子密度	显微镜下观察	密，精子间的空隙小于3个精子	精子间的空隙在3个精子以上	密度小于1个精子以下为密级；空隙1～2个精子为中级；空隙2～3个精子为稀级。精子间的空隙在3个精子以上的精液应废弃
精子活力	显微镜下观察	精子活力高，作直线运动	精子不动或非直线运动	直线运动的精子100%为1分，每减少10个百分点扣0.1分，活力低于0.6分的精液应废弃

（4）**家兔精液的稀释与保存**　兔一次能射精0.5~2.0mL左右，精液中精子密度很大，每毫升精子中有2亿~10亿个精子。为了增强精子的生命力、延长精子存活时间、便于保存和运输、更好地发挥优良种公兔的作用，增加配种头数，因此采精后要立即稀释。稀释倍数要根据精子的活力、密度来决定，一般为4~10倍，保证每毫升精液约有1 000万个活力旺盛的精子即可。稀释精液时应坚持等温稀释、缓慢操作的原则，这样可使精子免受"冷击"（因迅速冷却可引起精子休克），在精液与稀释液温度相同的情况下，将稀释液沿集精杯内壁慢慢加入精液中，混合均匀后做一次活力检查。

精液的保存方法有鲜液常温保存法和低温保存法。鲜液常温保存法是将采出来的新鲜精液，放到与精子相同温度的器皿里保存。这种方法，精子存活时间只有几小时。低温保存法是把精液保存在冰箱或内放冰块的广口保温瓶中。在0~4℃的情况下保存，存活时间可达45h，但在降温时应以每分钟降温0.5~1℃为宜，切不可降温过快。

> ●【提示】　精液稀释保存时不可将几只公兔的精液混合后共同稀释，以免出现凝集现象，使精液品质下降，降低种母兔受胎率。精液的保存环境以阴暗、干燥为佳，保存期间的温度应恒定。

（5）**输精**　家兔属于刺激排卵动物，在输精前要用切断输精管的公兔交配试情，以刺激母兔排卵。也可在普通公兔腹部蒙上一块布，让它爬跨母兔，刺激排卵。试情后，3~5h输精。一般是当日早饲后输一次精，晚饲前再输一次精。规模化生产时，一般是采用注射促排卵2号（LRH-A-2），每只兔5~10μg，或用人绒毛膜促性腺激素（HCG）50单位，都可达到促使母兔发情的效果，刺激排卵后应该立即进行输精。输精时，用经过消毒、稀释液冲洗过的输精器吸取精液0.3~0.5mL，左手抓住母兔的背臀部，使臀部略向上，右手翻开阴唇，然后将输精器轻轻插入母兔阴户内，慢慢向背上方旋动，当伸入约6~7cm深处时，待越过尿道口后，再将精液输入两子宫颈口附近，使其流入子宫。但也不宜插入过深，否则易造成母兔一侧子宫妊娠（图4-5）。输精后，轻轻拍一下母兔屁股，使精液深深地被吸入，防止逆流。在发情期间一般输精 1 ~ 2 次，输入的有效精子数大约在 1 000 万 ~ 3 000 万个即可。

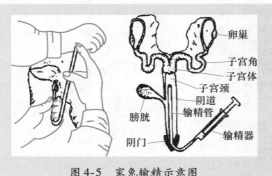

卵巢
子宫角
子宫体
子宫颈
阴道
输精管
膀胱
阴门
输精器

图 4-5　家兔输精示意图

【提示】 将输精器插入阴道时较困难，不能硬插，以免伤害母兔生殖道；切忌插入尿道口。输精深度应根据母兔的体型而定。如果过深，有可能插入一侧子宫颈或损伤阴道壁。一般每输精 1 次要更换 1 支输精器，以防疾病传染或种兔血缘混杂。

五　配种制度

为提高家兔的受胎率和产仔率，在家兔生产中常采用下列配种制度。

1. 重复配种

是指同一只母兔和同一只公兔进行 2 次交配，两次交配间隔时间 6 ~ 8h。在正常情况下，公兔与母兔一次交配即可受孕，但有些公兔的精子未到达受精部位便失去受精能力，有些较长时间未配种的公兔精液品质差，只配一次不能确保妊娠。又由于家兔是刺激性排卵动物，第一次交配可刺激母兔排卵，再进行第二次交配，可提高母兔受胎率。

2. 双重配种

是指母兔连续和两只公兔进行交配，两次交配时间不超过 20 ~ 30min。两只公兔先后与同一只母兔交配，不同的精子相互竞争，增加卵子在受精过程中的选择性，可提高母兔的受胎率。在进行双重配种时，应在第一次配种后马上将母兔放回原笼，相隔一段时间，待母兔身上的公兔气味消失后，再与另一只公兔交配，以免引起争斗致伤。

⚠ **【注意】** 双重配种只能用于商品兔生产，不能用于种兔生产。

3. 频密繁育

现代家兔生产要求每只母兔每年提供40～50只仔兔，按传统繁殖法，仔兔40～45日龄断乳，然后进行配种，那么，一年只繁殖4胎左右，难以实现上述目标。为加快繁殖速度，可采用频密繁殖法。频密繁殖又称"血配"，即产后1～2天配种，仔兔21～28日龄断乳，每年可繁殖8～10胎。也可采用半频密繁殖法，产后10～15天配种，仔兔30～35天断乳，每年可繁殖5～6胎。由于采用频密繁殖法，哺乳与妊娠同时进行，所以应选用体质健壮的母兔，并充分满足母兔的营养需要，遇上严寒酷暑应采取保暖和降温措施。

➡ **【提示】** 采用频密繁殖法，母兔使用年限会缩短1.0～1.5年，应注意后备种兔的培育和种兔的更新。

第四节　家兔的妊娠与分娩

一　妊娠与妊娠期

母兔妊娠后，除出现生殖器官的变化外，全身的变化也比较明显。如母兔新陈代谢旺盛，食欲增加，消化能力提高，营养状况得到改善，毛色变得光亮，膘度增加，后腹围增大，行动变得稳重、谨慎，活动减少等。家兔的妊娠期平均为30～31天，但其妊娠期的长短因品种、年龄、个体营养状况、健康状况、胎儿数量等情况的不同而异，变动范围为27～34天。通常体型大、年龄大、胎儿数少、营养和健康状况好的母兔妊娠期长。妊娠期不足27天为早产，超过34天则为异常妊娠。早产及异常妊娠所产下的胎儿均较难成活。

有时母兔经交配后没有受精，或已经受精，但在附植前后胚胎死亡，将会出现假妊娠现象，即出现类似妊娠母兔的假象，如出现乏情，拒绝公兔配种，食欲增加，乳腺发育，衔草筑窝等。造成假现象的外因可能是不育公兔的性刺激，或母兔的子宫炎、阴道炎等；其内因可能是排卵后，由于黄体存在，黄体酮分泌，促使乳腺激活，子宫增大，从而出现假妊娠现象。假妊娠一般维持 16～18 天，结束后配种受胎率很高。在生产实践中，假妊娠现象有时高达 20%～30%，不仅延长了产仔间隔，也会降低种兔的利用率，给养兔生产带来一定的损失。为此，应从做好以下几项工作方面：第一，要养好种公兔，采用重复配种或双重配种法配种，减少母兔因配种刺激后排卵而未能受精的现象。第二，繁殖母兔应用单笼，防止母兔相互爬跨，不随意捕捉和抚摸等人为刺激。第三，发现假妊娠母兔可注射前列腺素促使黄体消失，对生殖系统有炎症的病例应及时治疗。第四，母兔假妊娠结束后立即配种，受胎率极高。

> ◎【提示】 假妊娠现象在一些兔场并不少见，尤其是秋季为高。为减少假妊娠，应根据造成假妊娠的原因而采取相应的预防措施，特别是防止公兔夏季受到高温影响，配种时采用复配或双重配。

二 胚胎发育

母兔经交配或人工授精，卵子和精子在输卵管前端靠近卵巢 1/3 段处结合成为受精卵，在交配后 72～75h 胚胎进入子宫，约 7～7.5 天胚膜与母体子宫黏膜相连，共同形成盘状胚胎。因此，摸胎检查应在配种后第八天以后才能进行，以免发生流产。从组织胚胎学的角度看，母兔的妊娠期分为 3 个阶段，即 1～12 天为胚期，13～18 天为胚前期，19 天至分娩为胎儿期。前两个时期以细胞分化为主，胎儿的绝对增重很少，而胎儿期增重迅速，仔兔出生体重的 90% 是在胎儿期生长的，妊娠后期对营养的需要较多。据研究，在正常排卵情况下，胚胎死亡率约占附植胚胎数的 7%。其中，在妊娠 8～17 天之间死亡者占 66%，在 17～23 天之间死亡者占 27%。子宫内胚胎死亡率的高低与妊娠母兔的营养水平和环境有关。配种初期，超常的高营养水平下，第九天的胚胎死亡率为 44%，而低营养水平，其胚胎死亡率仅 18%。妊娠兔生活环境杂乱，如有动物和其他强噪声刺激、经常追赶、捕捉妊娠兔，将明显增加胚胎死亡率。

在配种或人工授精后，及早进行妊娠诊断，对于保胎、减少空怀、增加兔产品和提高繁殖力有重要意义。家兔妊娠诊断方法有多种，常用的有外部观察法、摸胎法，近年来有黄体酮放射免疫法、超声波检查法和血小板诊断法等。

1. 外部观察法

由于母兔发情周期为 8～15 天，所以生产中应在配种后 8 天起观察母兔发情情况，检查是否受胎。母兔妊娠后，食欲增强、采食量增加，行为安静，外阴黏膜苍白、干缩。妊娠后 15 天体重明显增加，毛色光亮润泽，腹围增大，十几天后，散养的母兔开始打洞，作产仔准备，这些都可能是妊娠的征兆。

2. 检查性复配

在第一次交配 5～7 天后进行一次复配试验，若母兔拒绝交配，沿笼逃窜，并发出"咕咕"叫声，说明已经受孕，如果母兔仍乐意交配，就表示没有受孕。但实践中也有个别母兔出现特异情况，受孕母兔乐于交配，未受孕母兔拒绝交配的现象。

> 【提示】 复配法不能区分母兔拒配的原因（空怀的未发情母兔也往往拒配），有时容易导致妊娠母兔受到刺激而流产。

3. 称重检查法

母兔配种前称重 1 次，交配后 15 天后再称重 1 次，如果交配后体重有明显增加，说明已经受孕；如果变化不明显，表示没有受孕，两次称重时间应安排在早上未饲喂前进行。

4. 摸胎法

此法较准确，是生产上用得最普遍的方法。一般在交配后 10～12 天即可进行，有经验的人在 8～9 天即能摸胎确定。具体方法是：将母兔提出笼外，左手抓着两耳及颈后皮肤使之安静。右手作"人"字形，沿腹壁后部两旁轻轻摸索。若整个腹部柔软如棉花状，则没有妊娠。若可摸到轻轻滑动的肉球，说明已经受孕。肉球大小根据妊娠天数而异，妊娠 10 天左右，如兔粪粒大小，15 天左右如蛋黄大小，20 天可触到胎儿的头部，25 天后有活动表现（图4-6，表4-9）。

第四章 家兔的繁育技术

75

初学者容易把 10 天左右的胚泡与粪球相混淆。其实两者有明显的区别：兔的粪球多为扁椭圆形，表面较粗糙，没有弹性，在腹腔分布面较广，无一定位置，并与直肠宿粪相接；而胚胎的位置比较固定，呈球形，多数均匀地排列在母兔腹部后侧，而且多数均匀地排列在腹部后侧两旁，指压时光滑而有弹性，与直肠宿粪球无关。

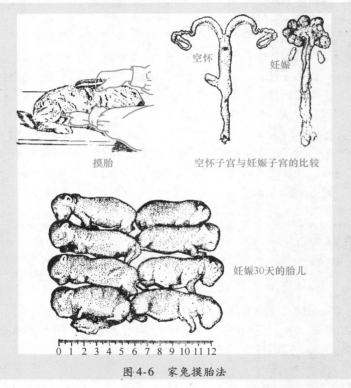

空怀

妊娠

摸胎

空怀子宫与妊娠子宫的比较

妊娠30天的胎儿

0 1 2 3 4 5 6 7 8 9 10 11 12

图 4-6　家兔摸胎法

表 4-9　摸胎不同日龄胚泡的特点

妊娠天数	胚泡直径/cm	胚泡形状	胚泡质地	胚泡位置
13～15	1.5～2（中小型兔） 2～2.5（大型兔）	圆	弹性强	腹后部
20	3～4	椭圆	弹性变弱	腹中部
30	6～7	长	头体分明	充满腹腔

5. 黄体酮水平测定法

黄体酮是着床前胚胎存活和维持妊娠的必要激素，在血液、乳汁中均存在。用放射免疫法测量，初步确定以血孕酮含量 7ng/mL 为妊娠的判断标准，高于 7ng/mL 者为妊娠，低于者为未孕。最早能判断妊娠的时间是配种后第六天。此法设备要求高，只适用于大型兔场。

6. 血小板测定法

据资料报道，妊娠以母兔配种前和配种后 48h 血小板数下降率超过 30% 为判断标准，确诊率为 86%。这是目前一种超早期妊娠诊断方法。

四 母兔不孕的原因及防治措施

实践中常遇到一些母兔交配后而不受孕的情况，给家兔繁殖工作带来一定困难。经综合分析，有如下几方面的影响因素。

1. 生理缺陷

先天性生理上的原因，如阴道狭窄、性激素分泌失调等，都可造成不孕。此类母兔经治疗仍无法痊愈者，应提前淘汰。

2. 营养不良

营养缺乏或营养过剩所致，如母兔过瘦，特别是长期缺乏某些营养物质，如维生素 A、E 及蛋白质、微量元素等，也将导致不孕。母兔过于肥胖，卵巢表面脂肪沉积，使卵泡发育受阻或使成熟的卵泡不能破裂排卵，过度肥胖造成内脏器官蓄积脂肪，输卵管壁增厚，口径变窄，使精卵结合受阻，造成不孕。对此类情况可加喂青绿饲料，饲喂全价饲料，科学管理，待母兔恢复后再进行配种。

3. 公兔精液品质差

因气候、饲料、场地、疾病等影响，可引起公兔精液品质低或无精子。有些公兔长期不用，或交配过频，也会使精液品质下降。

经显微镜检查精液品质，精液品质不良的公兔应停止作为种用。

4. 管理不当

笼舍场地安排设计不合理，缺乏运动，家兔长期晒不到太阳，舍内空气不流通，氨、硫化氢等异常，气味太大，也会造成公兔精液品质不良；公、母兔长期得不到接触，致使母兔性活动减弱，均可造成不孕。

5. 其他疾病

因管理、卫生、消毒工作跟不上，使母兔患螺旋体病、子宫炎、输卵管炎、卵巢囊肿、阴道炎、梅毒、子宫肿瘤、李氏杆菌病、沙门氏菌病等，都可造成不孕。采取对症治疗或手术后，能够恢复的，可作为繁殖用；如果仍然只配不孕，则应及时淘汰。

五 家兔的分娩与护理

胎儿在母体内发育成熟之后由母体内排出体外的生理过程，叫分娩。产前必须做好接产准备工作，将消毒过的产箱放入母兔笼内，里面放些柔软而干净的垫草，让母兔熟悉环境，防止将仔兔产在箱外。

1. 母兔分娩预兆

分娩前的母兔，会出现生理上和行为上的一系列变化，主要表现为：母兔临产前3～5天，乳房肿胀，可挤出少量白色较浓的乳汁；肷部出现凹陷，尾根和坐骨间韧带松弛，外阴部肿胀出血，黏膜潮红湿润；食欲减退或停食，精神不安；在分娩前1～3天便开始叼草做窝（也有一些初产母兔没有这些行为）；临产前数小时用嘴将胸部乳房周围的毛拉下营巢；分娩前2～4h频繁出入产箱。

2. 母兔分娩过程及注意事项

分娩前2～3天，管理人员可为家兔准备好柔软的、经过消毒后的垫草，任它叼去做窝。初产母兔不会衔草、拉毛营巢者，管理人员可代为铺草、拉毛做窝，以启发母兔营巢做窝的本能。母兔分娩多选择环境安静的夜间，也有的在凌晨或白天分娩。但经过长期培育的现代兔种白天分娩的比例有逐渐增加的趋势。如果母兔正值白天分娩，可用一条麻袋或草帘盖在母兔的笼子上面，以保持较暗的环境，防止强光直射；并保持环境安静，禁止陌生人围观和大声喧哗，更不能让其他动物闯入。母兔在分娩时，表现为精神不安，四足刨地，顿足，弓背努责，排出胎水，最后呈犬卧姿势，仔兔便顺次连同胎衣一起产出。母兔边产仔边将仔兔脐带咬断。吃掉胎衣，同时舔干仔兔身上的血迹和黏液。一般每隔 1 ~ 3min 产出 1 只，产完 1 窝需 20 ~ 30min。但也有个别母兔，呈间歇性产仔，产出部分后便停下来，2h 甚至数小时后再产下一批仔兔。分娩结束后，母兔常会跳出产箱找水喝。因此，需事先准备好清洁的温水或淡盐水、米汤让母兔喝足，以防因口渴一时找不到水喝而吃掉仔兔。母性强的会回到产仔箱内哺乳仔兔。在母兔产完仔兔之后，若发现仔兔过少时，应检查母兔的腹部内是否还有仔兔。如果所产的仔兔是留作种用，在母兔哺乳前要称窝重和个体重，以做母兔繁殖性能和育种的档案。

> ⚠️ **【注意】** 母兔在分娩时，应保持环境安静，避免打扰和惊动。如遇惊动，母兔可能会停止分娩，跳出产箱，造成难产或死胎，拒绝哺乳造成初生仔兔得不到哺育而死亡，也给后期管理工作带来不便。

母兔一般都会顺利分娩，不需助产，个别母兔出现异常妊娠时，应采取相应措施。如果妊娠期超过 31 天不产仔，或因种种原因造成产力不足，而不能顺利分娩，可人工催产或用激素催产。用人工催产素（垂体后叶素）注射液，肌内注射 3 ~ 4 单位，约 10min 左右便可分娩。如果是因胎位不正所造成的难产，不能轻易采用激素催产，应先调正胎位后再用激素处理。因胎儿过大等原因造成的难产，如有必要可进行剖宫产手术。

3. 母兔产后护理

母兔产完仔后，会自动跳出产箱，采食、饮水或休息。这时应及时取出产箱，清点仔兔，取出死仔兔，称重记数，并清除箱内污物换上干净垫草，放回母兔拉下的兔毛及仔兔。有条件的可将产仔箱放在能防鼠和保温的产仔室里，让母兔好好休息。另外对母兔要饲喂适口性好，容易消化的饲草，勤观察母兔的吃食、精神及排粪、尿是否正常。多数母兔第一次哺乳在产后 1h 内。母性强的母兔一边产仔，一边哺乳。6h 之内仔兔仍未有吃到初乳时，需查明原因，采取相应措施进行人工辅助哺乳，如果是因母兔乳头不够，可进行寄养或人工哺乳；母兔如患有乳房炎症，则要及时治疗。

⚠️ 【注意】 检查仔兔，换垫草或放回母兔的毛时手上不能带异味，如用香皂洗手等。

第五节 提高家兔繁殖率的技术措施

一 影响家兔繁殖力的因素

家兔是一种繁殖力很高的经济动物，但由于种种因素的影响，往往使得家兔的繁殖力不能充分发挥，家兔繁殖力的主要受以下因素的影响。

1. 种兔年龄老化

实践证明，种兔的年龄明显地影响其繁殖性能。1~2岁的公母兔随着年龄的增长，繁殖性能提高，2岁以后，繁殖性能逐渐下降，3岁后繁殖能力明显减弱，配怀率低、产仔少、仔兔成活率低，一般不宜再作为种用。

2. 品种与个体之间的差异

不同的品种与个体之间的繁殖力存在着显著差异，如肉用兔、皮用兔、皮肉兼用兔的繁殖力一般均高于毛用兔，过肥或过瘦的个体繁殖力都较低。

3. 营养水平

营养水平过低或营养不全面，对家兔的繁殖力也有影响。若营养不良，家兔体质减弱，公兔射精量少，精子数少，精子活力差，畸形精子多，精液品质差，母兔则不发情，哺乳母兔的乳汁分泌少。若营养过剩会引起兔体过于肥胖，使公兔性欲减退；过肥的母兔卵巢结缔组织沉积了大量脂肪，影响卵细胞的发育，排卵率降低，造成不孕。所以，公、母兔的营养水平应该适中，尤其在配种期，兔体应掌握在不肥不瘦的体况。长期缺少青绿饲料，缺乏维生素A、E等也会影响繁殖力，尤其是维生素A缺乏时，生殖器官上皮角质化，母兔不容易怀孕或早期流产。缺乏蛋白质、维生素、锌、锰、钙、磷、铜等，会引起生殖机能紊乱，降低繁殖力。

4. 环境温度

温度对家兔繁殖的影响极大,家兔生活的临界温度为 5～30℃,适宜温度为 15～25℃。环境温度超过 30℃,即引起家兔食欲下降、性欲减低。持续高温可使公兔睾丸产生的精子数减少,甚至不产生精子或使精子死亡、变形。高温对公兔性欲的影响是较短暂的,但对精液品质的影响要在 2 个月左右的时间才能反映出来。因为精子从产生到成熟和排出需要 1～2 个月时间。这就是家兔特别是长毛兔、大型肉兔在金秋时节(9～10 月)配种难的主要原因。高温对母兔的影响也很明显,如发情周期延长,发情持续期缩短,性欲减退,使妊娠后期的母兔流产等。

环境温度低于 5℃就会使家兔性欲减退,影响繁殖。致病微生物往往伴随着温度和湿度对家兔的繁殖产生影响。因为家兔喜干厌湿、喜净厌污,潮湿污秽的环境,往往导致病原微生物的滋生,引起肠道病、球虫病、疥癣病的发生,影响家兔健康,从而影响家兔的繁殖。仔兔和断乳幼兔尤其怕冷,往往冻僵、冻死或者生长发育减慢。

5. 疾病

影响家兔繁殖的疾病包括遗传性生理缺陷和生殖系统的常见病。如母兔阴道狭窄,公兔的隐睾和单睾等。隐睾或单睾不能使公兔产生精子,或者产生精子的能力较差,配种不能使母兔受胎或受胎率不高等。又如母兔难产后引起阴道炎、子宫炎或子宫留有死胎,子宫肌瘤、公兔睾丸炎都会明显影响母兔的繁殖性能。

6. 光照

母兔每天光照 16h 发情率和受胎率最高,光照不足则受胎率和产仔率较低;如果光照超过 16h 种公兔的精子数和睾丸重量也显著下降。

7. 噪声

强烈的噪声、突然的声响能引起家兔死胎或流产,甚至由于惊吓使母兔吞食、咬死仔兔或造成不孕。

8. 使用不当

母兔长期空怀或初配年龄过早过迟,往往产生卵巢机能减退,妊娠困难。公兔长期不配种或繁殖季节使用过度,都会造成性欲减退或配种无效。

二 提高家兔繁殖力的措施

1. 强化种兔的选种，注意种兔群结构合理

严格按选种要求选择符合种用标准的公、母兔作种；要避免近亲交配，科学组对搭配。公母兔应保持适当的比例，一般商品兔场和农户，公母比例为 1∶8 ~ 1∶10，种兔场纯繁以 1∶5 ~ 1∶6 为宜。在配种时要注意公兔的配种强度，合理安排公、母兔的配种次数。一般种兔群中老年、壮年、青年兔的比例以 2∶5∶3 为宜。

2. 提供合理的营养

公兔饲粮中蛋白质水平应保持为 14% ~ 15%。特别要注意维生素 A、E 及微量元素锌（油饼、糠麸、酵母、动物性饲料及幼嫩植物中含有锌）的供给。空怀兔和妊娠前期的母兔，以中等营养水平，保持不肥不瘦体况为好，保证蛋白质和维生素，尤其是维生素 A、E、D 的供给。对于繁殖期的种兔，每千克饲料中维生素 A 应达到8000 国际单位以上，维生素 E 应在 40mg 以上。长年提供胡萝卜或大麦芽等富含维生素的青绿饲料，可提高受胎率和产仔数。

3. 科学配种

繁殖用公、母兔体况肥瘦要适中，过肥的公兔性欲降低，过肥的母兔卵泡难以排出，屡配不孕。公、母兔编排笼位时不能距离太远，应使公、母兔双方能经常嗅到异性气味，以达到刺激性欲的目的。配种时应该把发情母兔放到公兔笼中，交配完毕再把母兔送回到母兔笼中；因为在陌生的环境里配种，会影响公兔的性欲，引起公兔拒绝配种。根据资料报道，一天内，中午 12 点配种受胎率最低，只有 50%；傍晚次之；半夜 24 点配种受胎率最高，可达 84%，有条件者应在晚上 9 ~ 11 点配种。为增加进入母兔生殖道内的有效精子数，可采用重复配种或双重配种，以提高母兔的受胎率和产仔数。一般不宜在盛夏配种繁殖；为减少夏季不孕现象对年产仔数的影响，提倡在立秋前 1 个月左右抢配一批兔，立秋后产仔，成活率较高。

4. 促进母兔发情、提高受胎率

在实际生产中会遇到有些母兔长期不发情，拒绝交配而影响繁

殖。对此，除加强饲养管理外，还可采用激素、试情等人工催情方法。

(1) 异性诱导催情法 将不发情的母兔放入公兔笼内，通过公兔的追逐、爬跨刺激，促使母兔脑下垂体产生卵泡激素，经挑逗15～20min后送回原笼，过8～10h后，母兔出现发情时即可交配，且容易受胎。一般是早上催情，傍晚交配，也可多次反复进行，每隔0.5～1h把母兔放入公兔笼内1次，2～3h以后，母兔即可发情而接受交配。

(2) 信息催情法 先将公兔从公兔笼内拿出，把不发情或不愿接受交配的母兔与将该公兔互相交换笼位，经过一夜，在第二天清晨饲喂前，把母兔放到原来的兔笼内与公兔交配。由于母兔在公兔笼内嗅到公兔的气味，诱发母兔性欲，再经过公兔追逐、爬跨、调情，就能接受交配。

(3) 按摩催情法 轻轻地抓住母兔抚摩背部，使之安静，然后轻轻按摩阴部，当外阴部出现发情表现时，即可交配。

(4) 药物催情法 将2%的稀碘酊涂在母兔的外阴部，可以刺激发情。

(5) 激素催情法 激素催情用的药物采用耳静脉注射或肌内注射。①不发情、不愿接受交配或配后不孕的母兔注射绒毛膜促性腺激素，每只肌内注射50国际单位，能诱发排卵（注意连续使用会产生抗体）；垂体促黄体素每千克体重0.5～0.7mg（这两种激素不要长期连续使用，可与其他激素交替使用，以增加预期效果）。②视母兔体重，耳静脉注射促排卵2号5～10μg/只。③肌内注射瑞塞脱0.2mg/只，立即配种，受胎率可达72%。

5. 创造良好的环境，保持适当的光照强度和光照时间

为种兔提供合适的温度，夏天由于温度较高易引起公兔暂时性不育，因此夏天高温季节时想尽一切办法把兔舍温度降到30℃以下，防止高温引起家兔暂时性的不育。冬春季节，兔舍每10m² 装置15W电灯1只，增加光照时间2～4h，可促使母兔发情，提高受胎率，把光线差的笼位调换到光线好的笼位，或放到运动场上，可增加母兔性腺活动，有利于受胎。做好保胎接产工作，怀孕期间不喂霉烂变

质、冰冻和打过农药的饲料，防止惊扰，不让母兔受到惊吓，以免引起流产。

6. 正确采取频密繁殖法

频密繁殖又称配血窝或血配，即母兔在产仔当天或第二天就配种，泌乳与怀孕同时进行。采用此法，繁殖速度快，但由于哺乳和怀孕同时进行，易损坏母兔体况，种兔利用年限缩短，自然淘汰率高，需要良好的饲养管理和营养水平。因此，采用频密繁殖生产商品兔，一定要用优质的饲料满足母兔和仔兔的营养需要，加强饲养管理，对母兔定期称重，一旦发现体重明显减轻时，就应停止血配。在生产中，应根据母兔体况、饲养条件，将频密繁殖、半频密繁殖（产后7～14天配种）和延期繁殖（断乳后再配种）3种方法交替采用。

7. 及时检查

配种后及时检胎，减少空怀。种兔实行单个笼养，避免假妊娠。

——第五章——
家兔的营养需要及饲料配合

第一节　家兔的营养需要

家兔为维持生命和生产所需的主要营养物质有能量、蛋白质、矿物质、维生素和水等，这些营养物质均来源于饲料。

一　能量需要

能量是一切生命活动的基础。饲料中的能量蕴藏在营养物质之中，家兔营养物质的代谢必然伴随着能量代谢，能量水平在家兔饲养标准中占有很重要的地位。由于能量可以转化为热，因此，在营养学中常以热的计量单位来衡量能量。家畜所需的饲料能量一般用代谢能来衡量，饲料代谢能常用卡/千克（cal/kg）、千卡/千克（kcal/kg）计算。1 000 卡 = 1 千卡（大卡）；1 000 千卡 = 1 兆卡。国际上，一般以焦耳（J）或千焦（kJ）、兆焦（MJ）为能量单位，1卡 ≈ 4.184 焦耳。饲料中的能量主要由碳水化合物、脂肪、蛋白质三大营养物质提供，其能值分别为：17.36kJ/kg、39.33kJ/kg、23.64kJ/kg。其中，碳水化合物在植物性饲料中占 70% 左右，是家兔能量的主要来源。

在实际生产中，日粮能量水平对家兔的生长和生产有着重要的意义。家兔在日粮营养平衡条件下，随日粮能量水平的不同，可在一定范围内通过调节采食量，以满足自身的能量需要。据测定，生长兔和种用兔每千克代谢体重需消化能 0.92 ~ 1.00MJ，泌乳母兔需1.26MJ，泌乳高峰期（哺乳期的前 15 ~ 20 天）则需 1.51MJ。为保证肉家兔的能量需要水平，每千克配合饲料含消化能应在 9.21 ~ 13.81MJ 范围内。当日粮能量水平过低时，会导致家兔的健康恶化，能量利用率降低，体脂分解多导致酮血症，体蛋白分解多而致毒血症。若日粮中能量水平过高，谷物饲料比例过大，则会增加大肠的负担，出现异常发酵，其后果轻则引起消化紊乱，重则发生消化道疾病。在生产中，适当控制日粮能量水平，可推迟后备母兔性成熟月龄，对其以后的繁殖机能有益。如果日粮中能量水平偏高，家兔会出现脂肪沉积过多而肥胖，对繁殖母兔来说，体脂过高对雌性激素有较大的吸收作用，从而损害繁殖性能。公兔过肥会造成配种困难等不良后果。对毛用兔，过高的能量供给不仅造成浪费，而且对毛的产量和质量会产生一定程度的不良影响。

> ● 【提示】 要针对家兔的不同品种、不同生理状态控制合理的能量水平，保证家兔健康，提高生产性能。

二 蛋白质需要

蛋白质是生命活动的物质基础，其作用不能由其他物质所代替。蛋白质是构成家兔机体的主要成分，是机体组织再生、修复的必需物质，是兔产品的重要原料，还可作为能源物质。当饲料中蛋白质的数量和质量适当时，可改善日粮的适口性，增加采食量，提高蛋白质的消化率。家兔蛋白质的需要量为：生长兔、哺乳母兔每千克风干日粮中含粗蛋白质 16% ~ 18%；生产、妊娠母兔每千克风干日粮含粗蛋白质 14% ~ 16%。当蛋白质不足或质量差时，将影响整个日粮的消化、利用，严重的可导致兔体抗病力、体重下降、生长停滞、受胎率降低、产生弱胎和死胎。但如果饲料中蛋白质过多，不仅造成浪费，而且使蛋白质在胃肠道内引起细菌的腐败过程，产生大量胺类，增加肝、肾脏的代谢负担，热量消耗增加。

> ⚠ 【注意】 合理搭配饲料在能保障蛋白质营养供应的同时，也能避免兔蛋白质营养的过剩。

氨基酸是蛋白质的构成单位，蛋白质由 20 多种氨基酸组成。其中有 10 种氨基酸在家兔体内不能合成，或合成数量不能满足正常需要，须要从饲料中来摄取，这类氨基酸称为必需氨基酸，主要为蛋氨酸、赖氨酸、色氨酸、苯丙氨酸、亮氨酸、异亮氨酸、缬氨酸、苏氨酸、组氨酸和精氨酸。资料表明，不同生产目的的家兔对必需氨基酸的需求量不一样。毛兔以产毛为主，兔毛中含硫氨酸和精氨酸比例较高，因此，胱氨酸、蛋氨酸、精氨酸对毛兔来说是必需的。肉兔以产肉为主，对赖氨酸的需要量相对较高，因此，赖氨酸是肉兔生长所必需的。所以，进行饲料搭配时，应根据不同用途的家兔进行不同的饲料搭配，以满足家兔产品生产的需要。

三 碳水化合物需要

碳水化合物是兔体内的主要能量来源，包括糖类和粗纤维两大类。糖类消化后以葡萄糖的形式被吸收，在体内经糖代谢提供家兔生命活动所需要的能量。多余的葡萄糖则转化成糖原储备起来，或作为合成体脂肪和非必需氨基酸的原料。同时糖类也是泌乳母兔合成乳糖和乳脂的重要原料。家兔对粗纤维的消化率较低，但需要粗纤维来填充胃肠。粗纤维能刺激胃肠道的蠕动和胃液的分泌，有利于饲料的消化和粪便的排出，减少胃肠道疾病的发生。有研究表明，饲料粗纤维含量低于 6% 会引起家兔腹泻，添加 10% 会消除腹泻。但粗纤维含量过高，日粮营养浓度下降，加上体积膨大的影响，可以导致家兔能量摄入不足，同时降低其他营养物质的吸收，生产性能下降。大量的试验数据表明，家兔日粮中较适宜的粗纤维含量为 10% ~20%，以 12% ~16% 较为理想，成年兔可以适当高些，生长兔日粮粗纤维含量应低些。

四 脂肪需要

脂肪也是构成机体组织的重要成分，是家兔生产和修复组织不可缺少的物质；脂肪也是供给家兔热能和储备能量的主要物质，储积的脂肪还具有隔热保温、支持保护脏器和关节的作用。某些维生素如维生素 A、D、E、K 只有溶解于脂肪中才能被吸收和在体内代谢。脂肪缺乏，将会出现这些维生素的缺乏症。另外，脂肪也是畜产品的组成成分，如兔乳中含 13.2% 的乳脂，兔毛中含 0.48% 的油脂等。当日粮中严重缺乏脂肪时，家兔表现为生长受阻，性成熟晚，睾丸发育不良，受胎率低，产畸形胎儿，皮肤干燥，掉毛，瞎眼症

第五章
家兔的营养需要及饲料配合

等症。但脂肪过多，会造成食欲减退，消化不良、过肥和不孕等。家兔日粮中添加适量的脂肪，可以提高适口性，减少粉尘，增加被毛光泽，特别是在加工颗粒料时加入少量脂肪，会增加产出量。家兔日粮中脂肪适宜量为2%～5%，配合饲料中脂肪用量不宜超过5%。若饲料中脂肪过量，会使兔体摄入的脂肪过多造成能量过剩而引起兔的腹泻。若脂肪添加量超过饲料总量的10%时，会引起饲料报酬降低，日增重下降、腹泻等。

> **【提示】** 家兔能较好地利用植物性脂肪，对于动物性脂肪的利用率较差。因此，日粮中一般添加植物性脂肪。

五　矿物质需要

矿物质是家兔机体重要的组成成分，也是机体不可缺少的营养物质，含量占机体的5%左右。根据机体内含量的不同，矿物质分为常量元素和微量元素两大类。常量元素是指占家兔体重0.01%以上的元素，主要有钙、磷、钾、钠、氯、镁和硫，占兔体矿物质总量的99.95%。微量元素是指占家兔体重的0.01%以下的元素，主要包括铁、锌、铜、钼、锰、钴、硒、碘等，共占兔体矿物质总量的0.05%。矿物质元素调节家兔机体内的酸碱平衡、维持正常的渗透压，在正常生命活动中起着重要的作用。任何一种矿物质在家兔体内都有其特定的生理功能，其缺乏或过量都会引起兔体机能紊乱。

1. 钠、氯、钾

钠、氯和钾在维持机体细胞外液的渗透压中起重要作用。钠、氯主要存在于体液和软骨组织中，对家兔的生理功能起着重要的作用。食盐是钠和氯的化合物，这两种元素可调节体液的酸碱平衡和维持渗透压。此外，氯还参与胃液的形成。若体内长期缺乏食盐，会使幼兔消化机能减退，生长迟缓；成年兔食欲不振，被毛粗乱，还可出现异嗜癖；极度缺乏时，会发生肌肉颤抖、四肢运动失调等症状，最后衰竭而死亡。但食盐用量不可过多，特别是当饮水受到限制时，否则会发生食盐中毒。

家兔对钾的需要量取决于其生理状态和生产水平，生长兔对钾的需要量为日粮干物质的0.60%，妊娠和泌乳母兔为0.90%。兔的日粮组成中若不缺少优质饲草则不至于缺钾，一般无需额外补充。

2. 钙和磷

钙和磷是家兔体内含量最多的矿物质，占体内矿物质总量的65% ~ 70%，其中99%以上的钙存在于骨骼中，余下的钙存在于血液、淋巴液和其他组织中。骨骼中的磷占全身总磷的80%左右，其余的磷分布于各组织器官和体液中。钙是构成骨骼的重要成分，参与维持肌肉和神经的正常生理功能，促进血液凝固，并且是多种酶的激活剂。磷不仅参与骨骼的形成，在碳水化合物和脂肪代谢，维持细胞膜的功能和机体酸碱平衡方面也起着重要作用。日粮中钙、磷与维生素D的水平，可影响到家兔的钙、磷代谢，无论缺乏钙、磷或维生素D，均可导致家兔骨组织中钙和磷沉积不足，从而诱发骨骼疾病，使幼兔患佝偻症，成兔患骨软化症。另外，家兔缺钙还会导致眼球水晶体白浊、痉挛。缺磷则主要表现为厌食、生长不良。家兔对钙磷比例的要求不严，具有忍受高钙的能力（因为泌尿系统是排钙的主要途径）。当日粮中含钙量高达4.5%，钙磷比为12∶1时，仍不影响仔兔的生长发育。但当日粮中含磷量达1%时，饲料适口性显著下降，家兔甚至拒食。饲养实践中，日粮中含钙0.40%与含磷0.30%即可满足家兔正常生长对钙、磷的需要。妊娠和哺乳母兔的钙、磷需要量较高。妊娠母兔日粮中钙与磷分别含有0.80%、

第五章 家兔的营养需要及饲料配合

0.50%，即可充分满足胎儿生长发育的需要；哺乳母兔日粮中应含有钙1.10%和磷0.80%。

3. 锌

锌的缺乏或不平衡会干扰染色体的正常结构，导致公兔的性器官发育迟缓或停止，繁殖机能减退或丧失。母兔缺锌会出现体重减轻、食欲下降、嘴周围肿大、下颌及颈部毛湿而无光泽等症状，同时母兔拒绝交配、不排卵，妊娠母兔流产率高。生长兔缺锌可以导致生长发育缓慢，脱毛、皮炎，被毛失去光泽和弹性。日粮中含锌50mg/kg即可满足生长兔的需要，含锌70mg/kg可满足泌乳母兔的需要。块根块茎类饲料中含锌贫乏，而酵母、糠麸、油饼和动物性饲料中含有大量的锌。

4. 镁

家兔缺镁会导致过度兴奋而痉挛，生长兔生长不良，并出现食毛癖。日粮中含镁0.03%即可满足生长兔的需要，含有镁0.04%可满足妊娠和哺乳母兔的需要。

> ⚠ 【注意】 镁的补充剂为各种无机镁如硫酸镁、碳酸镁、氧化镁等。但要注意，补加过量的硫酸镁会引起腹泻。

5. 硫

目前，无机硫对维持家兔健康和生产是否必须尚无定论。但当家兔日粮中含硫氨基酸不足时，添加无机硫酸盐可提高兔生产性能，促使蛋白质沉积。缺乏硫可抑制兔肠道微生物的组成和功能，影响纤维素的消化。日粮中含硫0.04%，即可确保兔对硫的需要。另据报道，饲料中加入1%~2%硫黄，对于促进家兔增重，预防球虫病有一定的作用。家兔的毛中含硫最多，对于毛兔，日粮中含硫氨基酸低于0.4%时毛的生长受到限制，当提高到0.6%~0.7%时可提高产毛量15%~27%。

6. 铁

家兔缺铁的典型症状是低色素红细胞性贫血，表现为体重减轻，食欲减退，倦怠无神，黏膜苍白。兔的肝脏有很大的贮铁能力，故一般不易发生缺铁症状。为保证兔对铁的正常需要，生长兔和妊娠母兔日粮干物质中的含铁量均为 50mg/kg，哺乳母兔为 100mg/kg。

7. 铜

家兔缺铜会使血红细胞的寿命缩短，铁的吸收利用率降低，而造成家兔贫血，体重减轻，生长受阻，典型症状是脊柱下垂，被毛变为灰色。过量钼会造成铜的缺乏，故在钼的污染区，应增加铜的补饲。

⚠ **【注意】** 秸秆中含铜很少，大量应用秸秆喂兔时必须注意补铜。但要注意铜过量会发生累积性中毒。

8. 锰

家兔缺锰时，会导致骨骼发育异常，如弯腿、脆骨症、骨短粗症等，还会影响正常的繁殖机能。锰的需要量为每千克日粮 2.5 ~ 8.5mg，其补充形式一般为硫酸锰。

9. 钴

钴是维生素 B_{12} 的组成成分，缺乏时会使幼兔生长停滞，成兔消瘦贫血。缺钴一般多发生在土壤缺钴的地区，补饲可用硫酸钴、氯化钴、氧化钴、碳酸钴等，为保证正常的生长发育，可以在成年兔、哺乳兔及生长兔日粮中经常添加 0.1 ~ 1.0mg/kg 的钴。

10. 硒

缺硒引起的症状与维生素 E 不足相似，如生长停滞、繁殖机能紊乱、白肌病、睾丸萎缩等。

➡ **【提示】** 硒本身是有毒元素，过量添加会造成中毒。除中国东北及西北部分地区已发现土壤和饲料中缺硒并造成家畜缺硒症外，多数地区饲料中的含硒量可满足家兔的需要。

11. 碘

碘是一种地方性缺乏的元素，饮水及饲料中的碘不足可引起甲状腺肿大，甲状腺素分泌量减少，基础代谢降低，母兔产弱胎或死胎，仔兔生长发育受阻。碘的需要量为每千克日粮 0.2mg。鱼肝油、鱼粉及碘化钾、碘化钠等都是碘的良好来源，使用加碘食盐即可满足需要。

> 💡 【提示】 碘过量（250～1 000mg/kg）可引起仔兔死亡率增加。

六 维生素需要

维生素是维持正常机体生理活动和生长、繁殖所必需的营养物质。绝大多数维生素在体内不能合成，必须由饲粮提供。家兔对维生素的需要量甚微，但其作用极大，起着调节和控制新陈代谢的作用，保证细胞结构和机能正常。

> 💡 【提示】 家兔对维生素缺乏非常敏感，饲料中某些家兔体内所必需的维生素供应一旦缺乏，就会使机体中必需的酶合成受阻，正常的生理机能被破坏，新陈代谢紊乱，影响营养物质的吸收，健康水平下降，体质衰弱，导致种种疾病，甚至引起死亡。

1. 脂溶性维生素

脂溶性维生素，包括维生素 A、D、E、K。这类维生素与脂肪同时存在，如果条件不利于脂肪的吸收时，维生素的吸收也受到影响。脂溶性维生素可在体内储存，较长时间缺乏时才会出现临床症状。

（1）维生素 A 又称抗干眼病维生素。家兔维生素 A 的需要量为每千克饲料 6 000～12 000 国际单位。维生素 A 只存在于动物性饲料中，植物性饲料中不含维生素 A，只含有维生素 A 源——胡萝卜素，尤其是青绿饲料、胡萝卜和黄玉米中含量较多，胡萝卜素在小肠及肝脏中可转变成维生素 A，家兔的转化能力很强。在实际生产中，如能长期保证青绿多汁饲料的供给，一般不会发生缺乏症。但在舍饲规模化养殖条件下，特别在小型颗粒饲料机加工颗粒料时，由于高温的作用，也可使添加的维生素 A 受到损失，从而可能造成维生素 A 缺乏。维生素 A 缺乏会导致家兔上皮细胞过度角质化，引起视力减退、夜盲症；还会导致肺炎、肠炎、流产、胎儿畸形、幼兔生长停滞、发育不良、骨骼发育异常而压迫神经，造成运动失调、痉挛性瘫痪。

> **【提示】** 维生素 A 与胡萝卜素都不稳定，易被氧化，当饲料受热、受潮、发霉或储存时间较长时，大多数氧化失效。生产中，维生素 A 缺乏症较多见，应特别注意。但补充维生素 A 过量会引起不良反应，表现为生长障碍、皮肤营养障碍、上皮增厚、自然性骨折等。

（2）维生素 D 又称抗佝偻病维生素。家兔维生素 D 需要量为每千克日粮 900～1 000 国际单位。动物性饲料中含有较多的维生素 D，植物性饲料和酵母中含有麦角固醇，兔皮肤中含有 7-脱氢胆固醇，经紫外光照射可分别转化为维生素 D_2 和维生素 D_3，对兔均有营养作用。在集约化养殖条件下，如果不注意维生素 D 的供给，家兔很容易发生缺乏症。维生素 D 不足，机体钙磷平衡受到破坏，从而导致与钙、磷缺乏类似的骨骼病变，如软骨病、关节肿大、母兔产后瘫痪、仔兔佝偻病等。为防止维生素 D 缺乏，除在饲料中补加以外，让家兔多晒太阳，饲喂天然干草，也可获得一定的维生素 D。维生素 D 过量也会引起家兔的不良反应。

（3）维生素 E 又称抗不育维生素。每千克饲料中 50mg 维生素 E 可满足兔的需要。一般青绿多汁饲料和优质干草中都含有较丰富的维生素 E，而蛋白饲料中较缺乏。家兔对维生素 E 缺乏非常敏感，其作用不能被硒协同和代替。在炎热季节，饲料中添加维生素 E 对家兔的抗热应激具有重要作用。饲料中缺乏维生素 E 时，会导致兔肌肉营养性障碍即骨骼肌和心肌变性，运动失调，瘫痪，还会造成脂肪肝及肝坏死，繁殖机能受损，新生兔死亡，母兔不孕。

> **【提示】** 一般谷物饲料及青饲料都含有较多的维生素 E，但在饲料的储存、加工过程中维生素 E 损失较大，其中尤以高温高湿、酸败脂肪、微量元素、霉变等因素可加剧维生素 E 的氧化。

（4）维生素 K 又称抗出血维生素。家兔肠道能合成维生素 K，合成的数量一般能满足生长兔的需要，但种兔在繁殖时必须添加维生素 K。维生素 K 的一般添加剂量为每千克体重 1～2mg。当日粮中维生素 K 缺乏时，会引起妊娠母兔的胎盘出血、流产等。

第五章 家兔的营养需要及饲料配合

◯ 【提示】 当家兔患有消化道疾病、在饲料中大量投喂抗生素类、磺胺类药物时，维生素 K 的合成受到影响；植物性饲料中的双香豆素（豆科牧草含量高）可妨碍其吸收，患肝球虫病时影响其吸收和利用等，出现以上情况时应注意补充。

2. 水溶性维生素

水溶性维生素主要是 B 族维生素和维生素 C，均可由家兔肠道中的微生物合成，通过食粪可足够获得，一般成年家兔不会缺乏。此外，植物性饲料也是水溶性维生素的来源。

◯ 【提示】 对于高产家兔，特别是妊娠后期和哺乳期的母兔，没有食粪的仔兔，以及患有消化道疾病和处于应激状态的家兔，应该适当补充水溶性维生素。

（1）维生素 B_1 又称硫胺素、抗神经炎维生素。由于家兔消化道能合成相当数量的维生素 B_1，故其缺乏症较少发生。但当日粮中含有结构与维生素 B_1 相似的颉颃物时，就会发生维生素 B_1 缺乏症，表现为生长受阻，运动失调，后肢瘫痪，痉挛，昏迷直至死亡。

◯ 【提示】 维生素 B_1 同其他水溶性维生素一样，是低毒的。但是对家兔静脉注射维生素 B_1 可以抑制其呼吸中枢而导致死亡，大剂量口服也可产生同样的后果。

（2）维生素 B_2 又称核黄素。家兔体内能合成足够的维生素 B_2，故不易缺乏。维生素 B_2 缺乏时，生长性能降低，母兔繁殖性能下降。为了更好地发挥生长潜力，建议每千克生长兔日粮中添加 6mg 维生素 B_2。

（3）维生素 B_3 又称泛酸。家兔饲料中泛酸来源广泛，且体内能合成，因此很少发生缺乏症。为保证最大的生长速度，建议在生长家兔的日粮中每千克添加 20mg 维生素 B_3。

（4）维生素 PP 又称烟酸、尼克酸。抗癞皮病因子。烟酸缺乏则表现为食欲下降或丧失，下痢消瘦，生长受阻，被毛粗糙（癞皮病）。家兔与其他家畜一样，在体内可利用色氨酸转化为烟酸。日粮中缺乏烟酸时，添加色氨酸可以防止烟酸缺乏症。家兔的消化道中也能合成烟酸，一般不易缺乏。但添加180mg/kg的烟酸可以明显提高兔的生长速度。

（5）**维生素 B₆** 又称吡哆醇。当吡哆醇缺乏时，家兔生长缓慢，易患皮炎，神经系统受损，表现为运动失调，严重时痉挛。家兔在盲肠中能合成维生素 B_6，但当生产水平高时，需要量也高，应在日粮中补充维生素 B_6。每千克饲料中加入 40μg 维生素 B_6 可预防缺乏症。

（6）**维生素 B₇** 又称生物素。维生素 B_7 广泛存在于各种饲料中，兔的肠道也能合成，一般情况下不易缺乏。但合成的生物素易被某些氨基酸复合体转化为不能吸收的形式，从而发生缺乏症，如皮炎、脱毛、痉挛等。

（7）**维生素 B₁₁** 又称叶酸。家兔的饲料中叶酸来源广泛，且肠道微生物能合成足够的叶酸，一般情况下不易缺乏。但当口服磺胺类药物时，可抑制合成叶酸的微生物生长，引起缺乏症。叶酸缺乏时，家兔发生巨红细胞性贫血，使生长受阻。

（8）**维生素 B₁₂** 又称抗恶性贫血维生素。一般植物性饲料中不含维生素 B_{12}，但家兔本身在钴含量充足的情况下能合成满足需要。但生长兔日粮中应添加，添加剂量为每千克日粮 0.01mg。当维生素 B_{12} 缺乏时，家兔生长缓慢，贫血等。

（9）**维生素 C** 又称抗坏血酸、抗坏血病维生素。当缺乏维生素 C 时，贫血、凝血时间延长，影响骨骼发育和对铁、硫、碘、氟的利用；生长受阻，新陈代谢障碍。家兔体内能合成满足生长需要的维生素 C。有资料报道，在夏季高温环境下，适量添加维生素 C 可以有效减轻热应激的反应。

> ● 【提示】 夏季高温、运输及转群应激、营养不平衡、疾病等情况下需要的维生素 C 量明显增加，必须额外补充。

七 水

水是机体消化吸收的介质，既参与细胞的化学反应，又是调节体温的重要物质，是家兔赖以生存的重要因素。饥饿时，家兔可消耗体内的糖原、脂肪和蛋白质等来维持生命，甚至失去体重的 40% 仍可维持生命。但家兔体内损失 5% 的水，就会出现严重的干渴现象，食欲丧失，消化能力减弱，抗病力下降。损失 10% 的水时，就会引起严重的代谢紊乱，生理过程遭到破坏。由于缺水引起的代谢紊乱可使家兔健康受损，且生产力遭到严重破坏。仔兔生长发育迟缓，增重缓慢，母兔泌乳量降低，兔毛生长速度下降等。当家兔体内损失 20% 的水时，即可引起死亡。据报道，家兔每千克体重需水 12 ~ 16g/天。水的来源是饮水、饲料水和代谢水，而饮水是家兔体内水的主要来源。家兔饮水量受年龄、生理状态、季节和饲料种类的影响。幼兔、妊娠母兔和哺乳母兔的需水量大，高温季节家兔对水的要求高，饲料中粗纤维、蛋白质和矿物质含量多，需水量大，饲料中的水分含量大，水的需要量少。

> **【提示】** 水是家兔维持生命绝对不可缺少的物质，在生产中，家兔的需水量不能精确定量，最可靠的方法是自由饮水。供水时应保证水的卫生，符合饮用水标准和保持适宜的温度。

第二节 家兔常用饲料的特点及其加工调制

一 青绿饲料

青绿饲料是指富含水分和叶绿素的植物性饲料，包括各种新鲜野草、野菜、天然牧草、栽培牧草、青饲作物、菜叶、水生饲料、幼嫩树叶、非淀粉质的块根、块茎、瓜果类等。青绿多汁饲料适当搭配精料补充料，既可满足兔的能量需要，又可满足兔的蛋白质、矿物质和维生素需要，比全部用全价配合饲料饲养家兔的成本低，经济效益高，最适合于我国广大农村情况，便于推广。

1. 青绿饲料的营养特点

青绿饲料鲜嫩可口，水分含量高，栽培或野生的陆生青饲料含水量为 70% ~ 85%，水生青饲料含水量为 90% ~ 95%。因此，青绿饲料中干物质含量少，营养浓度低，消化能仅为 1.25 ~ 2.51MJ/kg。青绿多汁饲料粗蛋白质的含量较丰富，品质较好新鲜状态下，禾本科和蔬菜类饲料含粗蛋白质 1.5% ~ 3%，豆科青饲料含粗蛋白质

3%～5%；按干物质计算，前者粗蛋白质含量13%～15%，后者高达18%～24%。同时，青绿多汁饲料的蛋白质品质较好，含必需氨基酸较全面，生物学价值高，尤其是叶片中的叶绿蛋白，对哺乳母兔特别有利。青绿饲料是家兔生产上维生素营养的良好来源，特别是胡萝卜素、B族维生素含量丰富，但缺乏维生素D。青绿饲料中富含家兔所需的矿物质，在干物质中，钙、磷及微量元素含量比较平衡。青绿多汁饲料幼嫩多汁，适口性好，消化率高，还具有轻泻、保健作用，是家兔的主要饲料。

⚠ **【注意】** 单纯以青绿饲料为日粮不能满足家兔的能量需要，需要搭配饲喂。

2. 常用青绿饲料

（1）天然牧草 草原、山场及平原田间地头自然生长的野杂草类，主要有禾本科、豆科、菊科和莎草科四大类，除少数几种毒草以外，都是家兔的好饲料。我国禾本科牧草主要有芦苇、羊胡子草、黑麦草等；豆科牧草有苜蓿等；菊科牧草有野艾、苦蒿等；莎草科牧草有莎草等，其中经济价值较高的是禾本科和豆科牧草。天然牧草中豆科牧草营养价值最高；禾本科粗纤维含量高；菊科类牧草家兔不爱吃；莎草科味淡，质地坚硬，饲用价值不如禾本科、豆科及其他牧草，幼嫩者含硝酸盐多。天然牧草中，有很多具有药用价值，如蒲公英催乳，马齿苋止泻、抗球虫，青蒿抗毒等，对生产无公害绿色兔产品具有重要意义。农村家庭养兔，利用廉价的天然牧草喂兔，补饲少量的精料，可以降低饲养成本，获得较高效益。

（2）栽培牧草 主要是豆科和禾本科类。豆科主要有苜蓿、三叶草、紫云英、苕子等。此类饲料营养价值高，适口性好，粗蛋白质含量高，钙含量也高（在1.2%左右）。禾本科主要有苏丹草、象草及禾本科作物，其碳水化合物含量比较丰富，粗蛋白质含量较低，粗纤维变化大，但比天然牧草低，是家兔良好的饲料来源。大中型兔场应该种植不同收获期的牧草，以轮供方式解决夏秋全部或部分青饲料。

家兔的营养需要及饲料配合

⚠️ 【注意】 栽培牧草应适时收割，否则饲用价值降低。

（3）青饲作物 常用的有玉米、高粱、谷子、大麦、燕麦、荞麦、大豆等。一般在结籽前或结籽期刈割喂用。其特点是：产量高，幼嫩多汁，适口性好，营养价值高，适于直接饲喂和青贮。

（4）蔬菜类饲料 在冬春缺青季节，一些叶类蔬菜可作为家兔的补充饲料。蔬菜类饲料包括各种菜叶、根茎、瓜果，如白菜叶、菠菜、萝卜、油菜叶、牛皮菜、胡萝卜缨等。这类饲料幼嫩多汁，水分含量高，营养浓度低，维生素丰富，具有清火通便作用。但这类饲料保存时易腐烂变质，堆积发热后硝酸盐被还原成亚硝酸盐，造成家兔中毒，作为缺青季节的补充料，每只兔日喂 100 ~ 200g 即可。

⚠️ 【注意】 我国广大农村喜欢用菜叶喂兔，但堆放时间长，保管不当，会发霉腐败，或者在锅里加热，或煮后焖在锅里过夜，都会促使细菌将硝酸盐还原为亚硝酸盐，可导致家兔中毒。另外，水分含量高达 90% 以上的蔬菜类饲料饲喂过多，易引起家兔消化道疾病；饲喂时，应将其晾蔫。

（5）幼嫩树叶 利用树叶喂兔也是解决青绿饲料供应的一个途径。家兔最喜欢采食的枝叶有槐树叶、桑树叶、榆树叶、茶树叶等。它们营养丰富，适口性好，特别在缺青季节采集，是家兔的良好饲料。适时采集的树叶，营养价值可以与豆科牧草媲美。

➡️ 【提示】 幼嫩树叶饲料含有较多的蛋白质与维生素，尤以嫩鲜叶最优，青嫩叶次之。需要指出的是，树叶含有单宁，并随季节变化和叶的粗老而增加。单宁有苦涩味，不适时采摘的树叶会影响兔的采食量。

（6）水生饲料 水生饲料主要指"三水一萍"，即水浮莲（水莲花、水白菜等）、水葫芦（凤眼莲、小荷花、水绣花等）、水花生（水苋菜、喜旱莲子草等）与绿萍（红萍、满江红等）。这类饲料的水分含量特别高，达 95% 左右，干物质含量少，营养价值很低，作为饲料不是很理想，应用时要与其他饲料搭配。

⊃ 【提示】 水生饲料易被寄生虫感染，生喂易发生寄生虫病。用这类饲料喂兔，应洗净、晾干，定期给家兔驱虫，最好经青贮发酵或煮熟后再喂。

3. 青绿饲料的加工调制

青绿饲料含水分高，宜现采现喂，不宜储藏运输，必须制成青干草或干草粉，才能长期保存。干草的营养价值取决于制作原料的种类、生长阶段和调制技术。一般豆科干草含较多的粗蛋白质，有效能值在豆科、禾本科和禾谷类作物干草间无显著差别。在调制过程中，时间越短养分损失越小。在干燥条件下晒制的干草，养分损失通常不超过 20%，在阴雨季节制的干草，养分损失可达 15% 以上，大部分可溶性养分和维生素损失。在人工条件下调制的干草，养分仅损失 5%～10%，所含胡萝卜素多，为晒制的 3～5 倍。调制干草的方法一般有两种，地面晒干和人工干燥。人工干燥法又有高温和低温两法。低温法是将青草在 45～50℃温度下室内停放数小时，使其干燥；高温法是将青草在 50～100℃ 的热空气中脱水干燥 6～10s，即可干燥完毕，一般植株温度不超过 100℃，几乎能保存青草的全部营养价值。

二 粗饲料

粗饲料主要给家兔提供粗纤维，是指干物质中粗纤维大于 18% 的一类饲料，主要包括：干草、秸秆、荚壳、干树叶及其他农副产品。

1. 粗饲料的营养特点

粗饲料的营养特点是，体积大重量轻，养分浓度低，但蛋白质含量差异大，总能含量高，消化能低，维生素 D 含量丰富，其他维生素较少，含磷较少，粗纤维含量高，较难消化。这类饲料来源广、数量多、价格低廉，在我国的饲养条件下，特别是在冬、春季，粗饲料往往是养兔户的主要饲料资源。

2. 常用粗饲料

（1）青干草 青干草是天然或人工牧草刈割后经干燥制成的饲

草。营养价值优于秸秆。青干草颜色淡绿，气味芳香，适口性好，是家兔的优质粗饲料，可分为禾本科、豆科及其他科青干草。青干草的营养价值取决于制作原料的种类、生长阶段与调制技术。就原料而言，豆科牧草的蛋白质质量和数量均好于禾本科牧草，而能量则基本相近。禾本科青干草与豆科青干草的主要区别在于禾本科青干草蛋白质含量低，钙含量不足，而胡萝卜素等维生素含量优于豆科。禾本科草以草地野生为主，及时收割和妥善干制、储藏和加工，是获得廉价优质青干草的关键。禾本科牧草为农村家庭养兔主要的粗饲料，可占日粮的30%左右。豆科青干草的特点是蛋白质含量高，纤维素含量低，钙含量丰富，饲用价值高，豆科青干草以人工栽培为主。在我国各地以苜蓿为主，草木樨种植面积也较多。苜蓿草粉和三叶草粉可占兔日粮的45%～50%。在调制方式上，采用草架和棚内干燥及人工干燥的干草质量好于地面晒制的。特别是采用高温人工干燥，几乎可以保存青草全部营养成分。

（2）稿秆和秕壳料　稿秆和秕壳是指农作物收获籽实后留下的副产物。稿秕饲料粗纤维含量高（30%～45%），粗纤维中木质化程度高；粗蛋白质含量低，平均只有2%～8%，且蛋白质品质差；粗灰分多，其中硅酸盐占比例大，钙、磷等营养价值高的矿物质含量少。总之，此类饲料营养价值低，适口性差，营养价值低，消化率也低，在家兔日粮中用量不宜超过10%。

　3. 粗饲料的加工调制

　　粗饲料质地坚硬，含纤维素多，其中木质素比例大，适口性差，利用率低，通过加工调制可使这些性状得到改善。

　　（1）物理处理　物理处理就是通过机械、水、热力等物理作用，改变粗饲料的物理性状，从而提高饲料利用率。具体方法有：①切短。切短粗饲料可使之有便于家兔咀嚼，且易与其他饲料配合使用。②浸泡。将切短的秸秆分批在桶中浸泡（每100kg温水中加入5kg食盐），24h后取出，可使秸秆软化，提高适口性，便于采食。③蒸煮。将切短的秸秆于锅内蒸煮1h，闷2～3h，可软化纤维素，增加适口性。④热喷。将秸秆、荚壳等粗饲料置于饲料热喷机内，用高温、高压蒸气处理1～5min后，立即放在常压下使之膨化。热喷后的粗饲料结构疏松，适口性好。

（2）化学处理 化学处理就是用酸、碱等化学试剂处理秸秆等粗饲料，分解其中难以消化的部分，以提高秸秆的营养价值。具体方法有：①氢氧化钠处理。将2%的氢氧化钠溶液均匀喷洒在秸秆上，经24h处理可使秸秆结构疏松，并可溶解部分难消化物质，而提高秸秆中有机物质的消化率。②石灰液钙化处理。按每100kg秸秆用1kg石灰、1～1.5kg食盐，加水200～250kg搅匀配好，把切碎的秸秆浸泡5～10min，然后捞出放在浸泡池的垫板上，熟化24～36h后即可饲喂。该方法较氢氧化钠处理更简便，成本低。③碱酸处理。把切碎的秸秆先放入1%的氢氧化钠溶液中，浸泡好后，捞出压实；过12～24h再放入3%的盐酸中浸泡。捞出后把溶液排放即可饲喂。④氨化处理。用氨或氨类化合物处理秸秆等粗饲料，可软化植物纤维，提高粗纤维的消化率，增加粗饲料中的含氮量，改善粗饲料的营养价值。⑤微生物处理。就是利用微生物产生纤维素酶分解纤维素，以提高粗饲料的消化率。

三 能量饲料

能量饲料指干物质中粗纤维含量在18%以下，粗蛋白质含量在20%以下，消化能含量在10.5MJ/kg以上的饲料。这类饲料主要包括谷实类、糠麸类、脱水块根块茎及其加工副产品等。

1. 能量饲料的营养特点

这类饲料的基本特点是无氮浸出物含量丰富，可以被家兔利用的能值高，对家兔主要起功能作用；含粗脂肪7.5%左右，且主要为不饱和脂肪酸；蛋白质中赖氨酸和蛋氨酸含量少；含钙不足，一般低于0.1%；含磷较多，可达0.3%～0.45%，但多为植酸盐，不易被消化吸收；缺乏胡萝卜素，但B族维生素比较丰富。这类饲料适口性好，消化利用率高，在家兔饲养中占有极其重要的地位。

2. 常用能量饲料

（1）玉米 是我国主要饲料用粮。玉米能量价值高，其中提供能量的物质主要是以淀粉为主的无氮浸出物，一般含量都在70%～80%，其消化率可达90%以上，是禾本科籽实中含量最高的饲料。其粗蛋白质含量为7%～9%，在蛋白质的氨基酸组成中赖氨酸、蛋

第五章　家兔的营养需要及饲料配合

氨酸和色氨酸不足，蛋白质品质差。大多数玉米粗纤维含量都低于2.5%。粗脂肪含量较高，平均为3%～6%，脂肪中必需脂肪酸含量丰富。含钙仅为0.02%，含磷约0.3%。黄色玉米多含胡萝卜素，白色玉米则很少。各品种的玉米含维生素D都少，含硫胺素多，核黄素少。在家兔日粮中玉米可以加至20%～35%。

> ⚠ **【注意】** 玉米粉碎后因失去保护作用，极易吸水、结块和霉变，脂肪酸氧化酸败，产生真菌毒素，家兔很敏感，在饲喂时应注意。所以，玉米应该以原粮储存，用时粉碎。

（2）高粱 去壳的高粱其营养成分与玉米相似，主要成分是淀粉，粗纤维含量少，可消化养分高。粗蛋白质含量约8%，品质较差，赖氨酸、精氨酸、组氨酸和蛋氨酸缺乏。脂肪含量低于玉米，钙少磷多，除烟酸含量较多外，其他维生素含量不高。由于高粱中含有单宁，且高粱的颜色越深含单宁越多，而使其适口性降低。饲喂时应限量，在配合饲料中深色高粱不超过10%，浅色高粱不超过20%。断乳兔日粮中加入5%～10%有助于预防腹泻。

（3）大麦 有普通大麦和裸大麦。普通大麦营养价值比裸大麦低，其能量价值大约只有玉米的90%，粗脂肪含量与小麦近似，但短链脂肪酸含量较高，用于肉兔后期有利于提高肉品商品质量。大麦不仅是良好的精饲料，而且由于生长期短，分蘖力强，适应性广，再生力强，可以刈割青饲。在家兔日粮中一般占20%左右。

> ➡ **【提示】** 大麦种粒可以生芽，是良好的维生素补充料。

（4）小麦 小麦能量价值略低于玉米，粗蛋白质含量比玉米高。小麦中含有一种面筋蛋白，具有弹性，磨细的小麦在兔口腔和胃中都容易形成糊状，影响适口性和在胃中的消化。

（5）麦麸 包括小麦麸和大麦麸。麦麸的粗纤维含量较多，为8%～12%；脂肪含量较低，消化能较低，属低能饲料；粗蛋白质含量较高，可达12%～17%，质量也较好。含丰富的铁、锰、锌及B族维生素、维生素E、烟酸和胆碱。钙少磷多，比例悬殊（1:8），且多为植酸磷。大麦麸能量和蛋白质含量略高于小麦麸。麦麸质地蓬松，适口性好，具有轻泻性和调节性。麸皮在兔日粮中含量可占10%～15%。家兔产后喂以适量的麦麸粥，可以调养消化道的机能。

⚠️【注意】 麦麸吸水性强，若大量干饲时易造成便秘，饲喂时应注意。

（6）米糠 为稻谷的加工副产品，一般分为细糠、统糠和米糠饼。细糠是去壳稻粒的加工副产品，由果皮、种皮、糊粉层及胚组成。统糠是由稻谷直接加工而成，包括稻壳、种皮、果皮及少量碎米。米糠饼为米糠经压榨提油后的副产品。细糠没有稻壳，营养价值高，与玉米相似，但由于含不饱和脂肪酸较多，易氧化酸败，不易保存。统糠粗纤维含量高，营养价值较差。米糠饼的脂肪和维生素减少，其他营养成分基本保留，且适口性及消化率均有所改善。

（7）块根、块茎及瓜类 这两类饲料包括胡萝卜、甜菜、菊芋、甘薯、马铃薯、南瓜等，因富含淀粉，干物质中消化能值较高，而归入能量饲料。其营养特点是水分含量为70%～90%，淀粉质含量高，粗纤维、粗蛋白质含量低，矿物质钾、氯含量多，钙和磷含量极少，配制日粮时要注意补充食盐以调整钠和钾的比例。该类饲料适口性好，易消化，因干物质含量少，每千克消化能1 600～4 000kJ，属大容积饲料，必须与精料搭配饲喂，才能满足家兔的能量需要。这类多汁饲料蛋白质含量仅1%～2%，蛋白质品质不好。除胡萝卜外，其他薯类缺乏胡萝卜素。

⚠️【注意】 使用块根、块茎及瓜类饲料喂兔要先洗净、剔除黑斑或腐烂部分，切细再与其他饲料搭配饲喂。

3. 能量饲料的加工调制

能量饲料常常因为籽实类饲料的种皮、颖壳、内部淀粉粒的结构及某些精料中含有不良物质而影响了营养成分的消化吸收和利用。所以这类饲料喂前也应经过一定的加工调制，以便充分发挥其营养物质的作用。

（1）粉碎 粉碎是最简单、最常用的加工方法。经粉碎后的籽实便于咀嚼，增加饲料与消化液的接触面，使消化作用进行比较完

全，从而提高饲料的消化率和利用率。

（2）浸泡　将饲料置于池子或缸中，按1：（1~1.5）的比例加入水。谷类、豆类、油饼类的饲料经过浸泡，吸收水分，膨胀柔软，容易咀嚼，便于消化，而且浸泡后某些饲料的毒性和异味便减轻，从而提高适口性。

> ⚠ **【注意】**　需掌握好浸泡时间，浸泡时间过长，养分被水溶解造成损失，适口性也降低，甚至变质。

（3）蒸煮　马铃薯、豆类等饲料含有不良物质而不能生喂，必须蒸煮以解除毒性。同时蒸煮还可以提高适口性和消化率。

> ➡ **【提示】**　蒸煮时间一般不超过20min，时间过长可引起蛋白质变性和某些维生素被破坏。

（4）发芽　谷实籽粒发芽后，可使一部分蛋白质分解成氨基酸。同时糖分、胡萝卜素、维生素E、C及B族维生素的含量也大大增加。此法主要是在冬、春季缺乏青饲料的情况下使用。方法是将准备发芽的籽实用30~40℃的温水浸泡一昼夜，可换水1~2次，后把水倒掉，将籽实放在容器内，上面盖上一块温布，温度保持在15℃以上，每天早晚用15℃的清水冲洗1次，3天后即可发芽。在开始发芽但尚未盘根以前，最好翻转1~2次，一般经6~7天，芽长3~6cm时即可饲喂。

（5）制粒　家兔具有啃咬坚硬食物的特性，这种特性可刺激消化液分泌，增强消化道蠕动，从而提高对食物的消化吸收。将家兔配合饲料制成颗粒，可使淀粉熟化；大豆和豆饼及谷物中的抗营养因子发生变化，减少对家兔的危害；保持饲料的均质性。所以可显著提高配合饲料的适口性和消化率，提高生产性能，减少饲料浪费；便于储存运输，同时还有助于减少疾病传播。

四　蛋白质饲料

蛋白质饲料是指干物质中粗纤维含量在18%以下，粗蛋白质含量在20%以上的饲料。包括植物性蛋白质饲料、动物性蛋白质饲料、单细胞蛋白质饲料。

1. 植物性蛋白质饲料

这类饲料是实际生产中最主要的蛋白质饲料来源，其蛋白质品质明显比能量饲料中的蛋白质好。能量饲料中相对比较缺乏的赖氨酸，而在蛋白饲料中则比较丰富。所以能量饲料与蛋白饲料配合使用，不但能提高粗蛋白质水平，而且能提高蛋白质质量和生物利用效率。常用的植物性蛋白饲料以饼粕为主。饼粕类是豆类籽实及饲料作物籽实制油后的副产品，压榨法制油后的副产品称为油饼。溶剂浸提法制油后的豆产品为油粕。常用的饼粕有大豆饼粕、花生饼粕、棉籽（仁）饼粕、菜籽饼粕、胡麻饼、向日葵饼、芝麻饼等。

（1）大豆饼粕　是我国目前最常用的蛋白质饲料。其消化能和代谢能高于其籽实，粗蛋白质含量为42%～47%，赖氨酸含量高且与精氨酸比例适宜，但蛋氨酸含量不足。与其他饼粕相比，异亮氨酸含量高，且与亮氨酸比例适当；色氨酸、苏氨酸含量也较高。这些均可添补玉米的不足，因而以大豆饼粕与玉米为主搭配组成的饲料效果较好。大豆饼粕中含有生大豆中的不良物质，在制油过程中，如加热适当，可使其受到不同程度的破坏。如果加热不足，得到的饼粕为生的，不能直接喂兔。因此，在使用大豆饼粕时，要注意检测其生熟程度。一般可从颜色上判定，加热适当的应为黄褐色，有香味；加热不足或未加热的颜色较浅或灰白色，没有香味或有鱼腥味；加热过度的呈暗褐色。一般在兔饲料中加入5%～10%。

> ➡ 【提示】　在以大豆饼粕为主要蛋白饲料的配合饲料中要适当添加蛋氨酸。

（2）棉籽（仁）饼粕　棉籽脱壳后制油形成的饼粕为棉仁饼粕，粗蛋白质含量为41%～44%，粗纤维含量低，能值与豆饼相近似。不去壳的棉籽饼粕含蛋白质22%左右，粗纤维含量高，为11%～20%。带有一部分棉籽壳的为棉仁（籽）饼粕，蛋白质含量为34%～36%。棉仁饼赖氨酸和蛋氨酸含量低，精氨酸含量较高，硒含量低。因此，在配合饲料中使用棉仁饼时应注意添加赖氨酸，最好与精氨酸含量低、蛋氨酸及硒含量较高的菜籽饼配合使用。

家兔的营养需要及饲料配合　第五章

> **●【提示】** 棉籽饼粕中含有棉酚，棉酚在棉籽饼粕中以结合和游离两种形式存在。游离棉酚是细胞、血液和神经毒物，毒性强，能使家兔血液凝血酶原减少，饲养时应引起高度重视。未经去毒的棉籽饼粕在家兔配合饲料中用量宜控制在5%～7%之间。

(3) 花生饼粕 为花生仁榨油后的副产品，有甜香味，适口性好，饲用价值较高仅次于豆饼。去壳的花生饼粕能量含量较高，粗蛋白质含量为44%～49%，能值和蛋白质含量在饼粕中最高。带壳的花生饼粕粗纤维含量为20%左右，粗蛋白质和有效能相对较低。有的带壳花生饼含粗纤维高达15%以上，饲用价值较低。花生饼的氨基酸组成不佳，赖氨酸和蛋氨酸含量较低，赖氨酸含量仅为大豆饼粕的52%，精氨酸含量特别高，在配合饲料中使用时应与含精氨酸少的菜籽饼粕、血粉等混合使用。一般花生饼占日粮的5%～15%。花生饼粕中含残油较多，在储存过程中，特别是在潮湿不通风之处，容易酸败变苦，并产生黄曲霉毒素。蒸煮或干热均不能破坏黄曲霉毒素，其毒性很强，易导致家兔中毒。该毒素在兔肉中残留可使人患病。

> **●【提示】** 发霉的花生饼粕千万不能饲用，在储存和饲喂时应特别注意。

(4) 菜籽饼粕 是油菜籽制油后的副产品，有效价值较低，适口性较差，含粗蛋白质36%左右。蛋氨酸含量较高，精氨酸含量较低。这种饼粕粗纤维含量较高，平均在13%左右，可高达15%以上。不同加工工艺生产的菜籽饼粕，营养价值变化很大。目前，用压榨加浸提工艺生产的饼粕，营养物质受热损害严重，蛋白质、氨基酸的消化率明显降低。最突出的是赖氨酸的生物利用效率有时低到40%左右，在生产中应特别注意。蛋氨酸损失也比较严重。菜子饼粕中含有较高的芥子苷，在体内水解产生有害物质，造成家兔中毒。同时，日粮中加量太多还会影响适口性。菜籽饼粕可采用坑埋法、水洗法、加热钝化酶法、氨碱处理等方法降低其毒性，以增加饲喂量，提高利用率。

■ 【提示】 没有经过去毒处理的菜籽饼粕一定要限制饲喂量。一般家兔配合饲料中，菜籽饼粕的用量不宜超过7%。

(5) 葵籽饼粕 其营养价值决定于脱壳程度如何。脱壳的葵籽饼粕粗纤维含量低，粗蛋白质含量为28%～32%，赖氨酸不足，蛋氨酸含量高于花生饼、棉仁饼及大豆饼，铁、铜、锰含量及B族维生素含量较丰富。葵籽饼粕基本上不含抗营养物质。作饲料利用仅受蛋白质质量、粗纤维含量高低影响。

(6) 芝麻饼 不含对家兔有不良影响的物质。含粗蛋白质40%左右，蛋氨酸含量高达0.8%以上，赖氨酸含量不足，并富含铜、铁、锰、锌等微量元素。芝麻饼的适口性好，价格较低，在河北、河南及山东省一带数量较多，是獭兔良好的蛋白饲料。但是，由于香油多为个体户生产，在制饼过程中不同程度地混入一些糠麸或锯末，降低了营养价值。芝麻饼用量一般占日粮的5%～12%。

2. 动物性蛋白质饲料

主要包括鱼类、肉类和乳品加工副产品及其他动物产品，如蚕蛹、鱼粉、肉骨粉、血粉等。其营养特点是：粗蛋白质含量高，且氨基酸较平衡，生物学价值高；钙、磷比例较合理，利用率也高，且其比例适合家兔需要；富含微量元素。同时，还含有比较丰富的营养未知因子。这类饲料糖含量很低（除乳制品外），粗脂肪含量较高，一般不含粗纤维。

■ 【提示】 家兔喜欢采食植物性蛋白质饲料，在幼兔、母兔日粮中适当搭配动物性蛋白质饲料有利于促进幼兔生长、提高母兔的繁殖力。但这类饲料价格较贵，在考虑成本的前提下，可对其进行限量使用。

(1) 鱼粉 是由不宜供人食用的鱼类及渔业加工的副产品制成，是优质的动物性蛋白质饲料。含粗蛋白质55%～75%，含有全部的必需氨基酸，生物学价值高。鱼粉中的矿物质元素量多质优，富含钙、磷、锰、铁及碘等。鱼粉中含有丰富的维生素A、E及B族维生素。鱼粉鱼腥味浓，用作蛋白质补充料不够理想，多用会影响适口

第五章 家兔的营养需要及饲料配合

性，适宜用量为2%～5%。

> ➡ 【提示】 未经热处理生产的鱼粉或鱼干不宜作为饲料，以防疾病传播。热处理后，若未经过榨油，则不宜久贮，应及时使用。

（2）肉骨粉 是由不适于食用的畜禽躯体、骨骼、胚胎等，经高温、高压、灭菌、脱脂干燥制成。粗蛋白质含量中等，约50%；氨基酸质量受加工温度、原料影响较大，赖氨酸和蛋氨酸含量明显比鱼粉低。在家兔日粮中用量控制在5%～10%之间。

> ➡ 【提示】 肉骨粉在饲料中不宜单一作为蛋白质补充料，而与其他蛋白质饲料混合使用效果较好。

（3）血粉 由畜禽的血液制成。血粉的品质因加工工艺不同而有差异。经高温、压榨、干燥制成的血粉溶解性差，消化率降低。直接将血液放入真空蒸馏器干燥制成的血粉，溶解性好，消化率高。血粉中粗蛋白质含量很高（在80%以上），但品质不佳，赖氨酸含量高达7%～8%，缺乏蛋氨酸、异亮酸和甘氨酸。富含铁，但适口性差，消化率低，喂量不宜过多。血粉在家兔日粮中用量一般控制在3%左右比较适宜。

（4）蚕蛹 是一种优质的蛋白质饲料。一般粗蛋白质含量都在50%以上，氨基酸比较平衡。缺点是非蛋白氮含量较高，脂肪含量高，一般都在10%以上，且具有特殊异味，在日粮中用量控制在2%～8%之间。

（5）羽毛粉 是家禽屠宰后的羽毛经高压水解后的产品，也称水解羽毛粉。羽毛粉含粗蛋白质80%以上，必需氨基酸比较完全，含胱氨酸特别丰富，但赖氨酸、蛋氨酸和色氨酸含量较少。羽毛粉虽然粗蛋白质含量较高，但多为角质蛋白，消化利用率低，不宜多喂。羽毛粉在兔日粮中可加入1%～3%，对减轻或缓解兔食毛症时有较好效果。如果与血粉、骨粉配合使用，可平衡营养，提高效果。

　3. 单细胞蛋白质饲料

　单细胞蛋白质饲料是指一些单细胞或具有简单构造的多细胞生

物的载体蛋白形成的蛋白质含量较高的饲料，主要包括饲料酵母、石油酵母和藻类。该类饲料含有蛋白质 40%~60%，并且含有较高的维生素、矿物质和其他生物活性物质，可以作为蛋白质的补充饲料。饲料酵母常用啤酒酵母制成，粗蛋白质含量为 50%~55%，氨基酸组成全面，富含赖氨酸，蛋白质含量和质量都高于植物性蛋白质饲料，消化率和利用率也高。饲料酵母含有丰富的 B 族维生素，因此，在兔的配合饲料中使用饲料酵母可以补充蛋白质和维生素，并可提高整个日粮的营养水平。但饲料酵母有苦味，适口性差，一般在家兔日粮中的用量不宜控制在 2%~5% 之间。

五　矿物质饲料

一般天然饲料中所含的矿物质，基本上能满足家兔的需要，特别是以大量豆科牧草为日粮时更不易缺乏。但以禾本科牧草为主饲料时，常需补充矿物质。常用的矿物质饲料以补充钙、磷、钠、氯等常量元素为主，微量元素以添加剂的形式补充。

1. 食盐

即氯化钠。家兔以植物性饲料为主，其中钾多钠少，不能满足需要。食盐对于提高家兔食欲，促进营养物质的消化吸收和维持体液平衡起到重要作用。日粮中添加 0.3%~0.5% 的食盐能够满足家兔需要，高于 1.0% 对家兔的生长有抑制作用。

> ➡ 【提示】　食盐使用时细度以通过 30 目筛为宜，一定要混匀，否则易产生中毒。对于使用含盐量较高的鱼粉或酱油渣等饲料，应减少食盐的加入量。

2. 钙补充料

（1）碳酸钙　用石粉精制而成，含钙量 37%~38%，是补充钙质的优质饲料，但要注意铅、砷的含量不得超过卫生标准规定。

（2）石粉　是粗制的碳酸钙饲料，含钙量 34%~38%，其他尚含少量铁、碘、镁。有的石粉含氟和砷，如果超过饲料卫生标准则不能使用。合格石粉一般占兔日粮的 1%~3%。

（3）贝壳粉　由软体动物的外壳加工而成，主要成分为碳酸钙，含钙量 34%~38%。新鲜贝壳含有有机质，应进行加热处理，粉碎

后饲用。

(4) 蛋壳粉 由蛋壳经灭菌、干燥、粉碎而成，含钙量30% ~ 37%。蛋壳在晒干粉碎前应经高压消毒，清除传染病原。

(5) 骨粉 是由动物杂骨经热压、脱脂、脱胶后干燥、粉碎制成的，其基本成分是磷酸钙。钙、磷比为2:1，是钙、磷平衡的矿物质饲料。骨粉中含钙30% ~ 35%，含磷13% ~ 15%，在日粮中用量为1% ~ 2%。

> ⚠ **【注意】** 要防止使用掺假的骨粉，以免给生产带来损失。未经脱脂、脱胶和灭菌的骨粉易酸败变质，并有传播疾病的危险，应特别注意。

(6) 硫酸钙 硫酸钙俗称石膏，颜色灰黄色至灰白色，高温高湿可潮解结块，含钙量20% ~ 21%，含硫16.7% ~ 17.1%。

3. 磷补充料

生产中单独含磷的饲料使用不多，一般和钙或钠同时补充，主要有磷酸钙氢钠、骨粉、磷酸钙、磷酸氢钙、过磷酸钙和脱氟磷酸钙等。骨粉是很好的钙、磷补充剂。磷酸氢钙的钙、磷比例为3:2，接近家兔的需要。过磷酸钙中的磷的含量超过钙，重点补磷。使用磷酸盐矿物质饲料时要注意其中含氟含量不得超过0.2%，否则会引起家兔发生氟中毒。

> ⚠ **【注意】** 有的产品含磷不足，而含氟超标，在购买磷酸钙盐时要注意质量是否符合标准。

4. 其他矿物质饲料

(1) 膨润土 是一种有层状结晶构造的含水铝硅酸盐矿物质，含有动物生长所需的铁、磷、钾、铝、铜、锌、锰、钴等20余种元素，具有营养、吸附、置换等功能。家兔日粮中添加1% ~ 3%的膨润土，能明显提高家兔的生产性能，减少疾病的发生。

(2) 麦饭石 属钙碱性岩石系列，能吸附有害有毒物质。麦饭石中含有27种动物正常生长所需的元素，其中11种为主要元素，16种为微量元素，是酶、维生素、激素的组成成分。家兔日粮中适宜添加量为 1% ~3% 。有试验证明，兔配合饲料中添加 3% 的麦饭石，增重提高 23.18% ，饲料转化率提高 16.24% 。

（3）稀土　稀土是化学元素周期表中镧系元素和其他元素共 17 种的总称。其价格低廉，使用方便，对畜禽的繁殖、生长及生产有明显的促进作用。每千克家兔日粮中添加 250mg ，饲料转化率提高 21.44% （P<0.01），且被毛光亮。

六 饲料添加剂

添加剂是指为提高饲料利用率，保证或改善饲料品质，促进动物生产，保证其健康需要而掺入饲料的少量或微量的营养性或非营养性物质。近年来，随着饲料工业的迅猛发展，饲料添加剂的研究逐步深入，其在养殖业中的应用效果也越来越明显。

1. 氨基酸添加剂

家兔日粮多由植物性饲料组成，易缺乏蛋氨酸和赖氨酸，可通过在日粮中额外添加来满足家兔的需要，添加量依饲料中氨基酸含量而定。在家兔饲料中添加 0.1% 的蛋氨酸，可以提高蛋白质利用率 2% ~3% ，一般饲料中的添加量为 0.05% ~0.1% 。饲料中一般添加 L-赖氨酸量的 0.05% ~0.1% 。

2. 维生素添加剂

虽然家兔对维生素的需要量很少，但所起的作用极为重要。作为饲料添加剂使用的维生素有 A、D、E、K_3、B_1、B_2、B_6、B_{12}、烟酸和胆碱等。集约化饲养家兔，配合饲料中应注意添加维生素，特别是青草不足的情况下。目前生产上常用的为复合维生素添加剂，添加量一般为 70 ~100mg/kg 配合饲料。

> ⚠ 【注意】 使用维生素添加剂应注意活性单位及保存期，其添加量要注意家兔的需要和饲料或日粮对维生素稳定性的影响。

3. 微量元素添加剂

常用微量元素盐作为家兔的微量元素添加剂，如铁、铜、锰、锌、硒、碘、钴等微量元素的硫酸盐类、碳酸盐类、氧化物、有机化合物等。该类添加剂能促进家兔的生长发育，加速兔毛生长，保持兔毛光泽，同时对种兔的繁殖也具有重要作用。

⚠ 【注意】 使用微量元素添加剂时应注意 3 个问题：①化合物中活性元素含量；②化合物中活性元素的可利用性；③添加剂化合物的规格要求。有条件的兔场可以自配矿物质添加剂。

4. 驱虫保健剂

在集约化规模养殖中，除传染性疾病外，对家兔危害最大的病为球虫病。一旦发生，常会造成巨大的经济损失。近年来研究出一些抗球虫药，添加于饲料中可防治家兔球虫病，常用的有氯苯胍、氯羟吡啶、地克珠利等。

5. 抗菌促生长剂

该类添加剂具有有效防治细菌性疾病和促进动物快速生长的作用。常用的有：杆菌肽锌，建议添加量为 40mg/kg 配合饲料；喹乙醇，建议添加量为 20 ~ 40mg/kg 配合饲料；黄霉素，建议添加量为 5mg/kg 配合饲料。

➡ 【提示】 市场上销售的杆菌肽锌预混剂，含量仅 10% 左右，使用时应按有效含量添加。

除此之外，添加剂的种类还有酶制剂（主要为纤维素类分解酶）、微生态制剂（用动物体内有益微生物经特殊工艺而制成的活菌制剂），以及利用中草药和大蒜生产的添加剂，这些添加剂还有待进一步开发和应用。

第三节　家兔的饲养标准

饲养标准是用以表明家兔在一定生理阶段，为达到所从事某一生产的水平和效率，每只每日供给的各种营养物质的种类和数量，或每千克饲粮各种营养物质的含量或百分比。它有安全系数，并附相应的饲料营养价值表。家兔在不同生长时期和不同生理状况下，对各种营养的需要量是不同的，根据饲养标准配合日粮，能经济有效地利用饲料，充分发挥家兔的生产潜力。目前，国外不少国家对于不同种家兔均拟有饲养标准，但我国还没有制订自己的饲养标准。结合我国养兔实际生产情况，有关专家研究制订了建议营养量（表5-1 ~ 表5-3）。

表 5-1 我国家兔营养供给量建议表

营养指标	生长兔		妊娠兔	哺乳兔	成年产毛兔	生长肥育兔
	3~12周龄	12周龄后				
消化能/(MJ/kg)	12.12	11.29~10.45	10.45	10.87~11.29	10.03~10.87	12.12
粗蛋白质(%)	18	16	15	18	14~16	18~16
粗纤维(%)	8~10	10~14	10~14	10~12	10~14	8~10
粗脂肪(%)	2~3	2~3	2~3	2~3	2~3	3~5
钙(%)	0.9~1.1	0.5~0.7	0.5~0.7	0.8~1.1	0.5~0.7	1
磷(%)	0.5~0.7	0.3~0.5	0.3~0.5	0.5~0.8	0.3~0.5	0.5
赖氨酸(%)	0.9~1.0	0.7~0.9	0.7~0.9	0.8~1.0	0.5~0.7	1.0
胱氨酸+蛋氨酸(%)	0.7	0.6~0.7	0.6~0.7	0.6~0.7	0.6~0.7	0.4~0.6
精氨酸(%)	0.8~0.9	0.6~0.8	0.6~0.8	0.6~0.8	0.6	0.6
食盐(%)	0.5	0.5	0.5	0.5~0.7	0.5	0.5
铜/(mg/kg)	15	15	10	10	10	20
铁/(mg/kg)	100	50	50	100	50	100
锰/(mg/kg)	15	10	10	10	10	15
锌/(mg/kg)	70	40	40	40	40	40
镁/(mg/kg)	300~400	300~400	300~400	300~400	300~400	300~400
碘/(mg/kg)	0.2	0.2	0.2	0.2	0.2	0.2
维生素A/(国际单位/kg)	6 000~10 000	6 000~10 000	6 000~10 000	8 000~10 000	6 000	8 000
维生素D/(国际单位/kg)	1 000	1 000	1 000	1 000	1 000	1 000

第五章

家兔的营养需要及饲料配合

表5-2 中国农科院兰州畜牧所建议的安哥拉兔（长毛兔）饲养标准

营养指标	生长兔		妊娠母兔	哺乳期	产毛兔	种公兔
	断乳至3月龄	4~6月龄				
消化能/（MJ/kg）	10.45	11.03~10.45	11.03~10.45	10.87	9.82~11.29	10.03
粗蛋白质（%）	16~17	15~16	16	18	15~16	17
可消化蛋白质（%）	12~13	10~11	11.5	13.5	11	13
粗纤维（%）	14	16	14~15	12~13	13~17	16~17
粗脂肪（%）	8	3	3	3	3	3
蛋能比/（g/MJ）	12	11	11.5	12.5	11	13
胱氨酸+蛋氨酸（%）	0.7	0.7	0.8	0.8	0.7	0.7
赖氨酸（%）	0.8	0.8	0.8	0.9	0.7	0.8
精氨酸（%）	0.8	0.8	0.8	0.9	0.7	0.9
钙（%）	1.0	1.0	1.0	1.2	1.0	1.0
总磷（%）	0.5	0.5	0.5	0.8	0.5	0.5
食盐（%）	0.3	0.3	0.3	0.3	0.3	0.3
铜/（mg/kg）	3~5	10	10	10	10	10
锌/（mg/kg）	50	50	70	70	70	70
铁/（mg/kg）	50~100	50	50	50	50	50
锰/（mg/kg）	30	30	50	50	30	30
钴/（mg/kg）	0.1	0.1	0.1	0.1	0.1	0.1
维生素A/（国际单位/kg）	8 000	8 000	8 000	10 000	6 000	12 000
维生素D/（国际单位/kg）	900	900	900	1 000	900	1 000

营养指标	生长兔 断乳至3月龄	生长兔 4~6月龄	哺乳期	妊娠母兔	产毛兔	种公兔
维生素 E/(mg/kg)	50	50	60	60	50	60
胆碱/(mg/kg)	1 500	1 500	—	—	1 500	1 500
烟酸/(mg/kg)	50	50	—	—	50	50
吡哆醇/(mg/kg)	400	400	—	—	300	300
生物素/(mg/kg)	—	—	—	—	25	20

表 5-3 我国推荐的獭兔建议饲养标准

营养指标	生长兔	成年兔	妊娠兔	哺乳兔	毛皮成熟期
消化能/(MJ/kg)	10.46	9.20	10.46	11.3	10.46
粗蛋白质（%）	16.5	15	16	18	15
粗脂肪（%）	3	2	3	3	3
粗纤维（%）	14	14	13	12	14
钙（%）	1.0	0.6	1.0	1.0	0.6
磷（%）	0.5	0.4	0.5	0.5	0.4
胱氨酸 + 蛋氨酸（%）	0.5~0.6	0.3	0.6	0.4~0.5	0.6
赖氨酸（%）	0.6~0.8	0.6	0.6~0.8	0.6~0.8	0.6
食盐（%）	0.3~0.5	0.3~0.5	0.3~0.5	0.3~0.5	0.3~0.5
日采食量/g	150	125	160~180	300	125

第五章
家兔的营养需要及饲料合理配合

表5-4 精料补充料建议营养指标

营养指标	生长兔		妊娠兔	哺乳兔	成年产毛兔	生长肥育兔
	3~12周龄	12周龄后				
消化能/(MJ/kg)	12.96	12.54	11.29	12.54	11.70	12.96
粗蛋白质(%)	19	18	17	20	18	19~18
粗脂肪(%)	3~5	3~5	3~5	3~5	3~5	3~5
粗纤维(%)	6~8	6~8	8~10	6~8	7~9	6~8
钙(%)	1.0~1.2	0.8~0.9	0.5~0.7	1.0~1.2	0.6~0.8	1.1
磷(%)	0.6~0.8	0.5~0.7	0.4~0.6	0.9~1.0	0.5~0.7	0.8
赖氨酸(%)	1.0	1.0	0.95	1.1	0.8	1.1
胱氨酸+蛋氨酸(%)	0.8	0.8	0.75	0.8	0.8	0.7
精氨酸(%)	1.0	1.0	1.0	1.0	1.0	1.0
食盐(%)	0.5~0.6	0.5~0.6	0.5~0.6	0.6~0.7	0.5~0.6	0.5~0.6

注：为达到建议营养供给量的要求，精料补充料中应添加适量微量元素和维生素预混料。精料补充料日喂量应根据体重和生产情况而定，约50~150g。此外每天还应喂给一定量的青绿多汁饲料或与其相当的干草。青绿多汁饲料日喂量为：12周龄前0.1~0.25kg，哺乳母兔1.0~1.5kg，其他兔0.5~1.0kg。

目前，我国大部分地区兔的日粮结构是青绿多汁饲料加精料补充料，为适应这种生产方式需要，有关单位根据家兔的营养需要量和一般青饲料喂量建议，拟定了一个精料补充料建议营养浓度（见表5-4），供大家参考。

第四节　家兔饲料配制

传统养兔多以单一饲料或简单几种饲料混合喂兔，不能满足家兔的营养需要，饲料营养不平衡，从而影响家兔的生产性能。只有多种不同营养特点的饲料相互搭配，取长补短，才能克服单一饲料营养不全面的缺陷，满足家兔的营养需要。

一　配方设计

1. 家兔日粮配合的一般原则

（1）因兔制宜　家兔的营养需要与饲养标准是配合日粮的基本依据。配好的日粮的营养水平要与选用的饲养标准基本符合，允许误差为 ±（1% ~5%）。生产实践中利用家兔的营养需要或饲养标准配料时，要注意根据家兔的不同品种、性别、生理阶段，参照营养标准及饲料成分表进行配制，不可照搬饲养标准，也不可千篇一律让所有的兔子都吃一种料。例如，较耐粗饲的塞北兔、比利时兔和太行山（虎皮黄）兔的饲料配方应与对营养要求较高的新西兰兔、布列塔尼亚兔等有所区别。仔兔（补料）、幼兔、母兔空怀期、妊娠期及哺乳期等不同阶段的饲料应有所区别。而同一品种和同一生产阶段，不同生产性能的兔子的饲料也应有所不同。

（2）注意饲料的适口性　适口性的好坏直接影响到家兔的采食量。家兔喜欢采食青绿多汁饲料和碳水化合物较多、适口性好的饲料。适口性好，就可提高饲养效果；适口性不好，即使饲料的营养价值很高，也会降低其饲养效果。一组营养较全面而适口性不佳的饲料，不能说是好饲料。因此，在设计配方时，应熟悉家兔的嗜好，选用合适的饲料原料。一般而言，家兔对植物性饲料的偏好胜过动物性饲料，较喜欢带甜味的饲料，喜食的次序是青饲料、根茎类、潮湿的碎屑状软饲料（粗磨碎的谷物、熟的马铃薯）、颗粒料、粗料、粉末状混合料。在谷物中，喜食的次序是燕麦、大麦、小麦、玉米。不喜食鱼粉、血粉、肉骨粉等动物性饲料。

(3) 安全性 选择任何饲料，都应对兔无毒无害，符合安全性的原则。在此强调，青饲料及果树叶，要防止农药污染；有毒饼类（如棉籽饼、菜籽饼等）要脱毒处理，在无脱毒或脱毒不彻底的情况下，要限量使用，块根块茎类饲料应无腐烂；其他精料如玉米、麸皮等应避免受潮发霉；选用药渣如土霉素渣、四环素渣、洁霉素渣等要保证质量，并限量使用，一般在育肥后期停用。

(4) 要符合兔的消化生理特点 家兔是草食动物，日粮中应有相当比例的粗饲料，精粗比例要适当，粗纤维含量为 $10\% \sim 15\%$。

(5) 多样性 兔子对营养的需求是多方面的，任何一种饲料单独使用都不可能满足家兔的需要。饲料的多样化可起到营养互补的作用，有利于提高配合饲料的营养价值。配方中一般不少于 $3 \sim 5$ 种。

(6) 因时制宜 设计配方要根据季节和天气情况而灵活掌握。在农村，夏、秋季节青饲料可以供应，只要设计精料补充料即可；而在冬、春季节，青饲料缺乏，在配方设计时，应增补维生素，并适当补喂多汁饲料；在多雨季节应适当增加干料；在季节交替时，饲料应逐渐过渡等。

(7) 廉价性 选择饲料种类，要立足当地资源。在保证营养全价的前提下，尽量选择那些当地产品、数量大、来源广、易获得、成本低的饲料种类。要特别注意开发当地的饲料资源，如农副产品下脚料（酒糟、醋糟、粉渣等）。

2. 家兔饲料的配制方法

家兔饲料配制的方法很多，目前在生产实践中常用的主要有电脑运算法和手算法。

(1) 电脑运算法 运用电脑制订饲料配方，主要根据所用饲料的品种和营养成分、兔对各种营养物质的需要量及市场价格变动情况等条件，将有关数据输入计算机，并提出约束条件（如饲料配比、营养指标等），根据线性规划原理很快就可计算出能满足营养要求而价格较低的饲料配方，即最佳饲料配方。电脑运算法配方的优点是速度快，计算准确，是饲料工业现代化的标志之一，但需要有一定的设备和专业技术人员。

（2）**手算配方法**　手算饲料配合方法包括试差法、公式法和对角线法等，其中以试差法较为实用。现根据我国家兔营养供给量建议表和家兔饲料营养价值表为标准为生长兔配制全价饲料为例，说明如下：第一步，查出生长兔营养需要量。第二步，依据营养价值表或实测饲料养分含量选择饲料原料，本例选用稻草粉、玉米、大麦、麸皮、豆饼等。第三步，以现有的饲料原料为基础，根据经验初步拟出饲料配方，然后根据饲料所含营养成分计算出初步配方中的各指标的营养需要量，与饲养标准对照，如上述配方所含消化能和粗纤维已经满足需要，但粗蛋白质还略有不足，应该适当增加蛋白质饲料的比例，钙、磷最后考虑（表5-5）。第四步，调整配方。用一定量蛋白质含量高的豆饼代替等量玉米，调整后的饲料配方见表5-6。同营养需要相比较，消化能、粗蛋白质和粗纤维已经基本满足需要，磷也满足，只是钙不足，可添加石粉来满足钙的需求。第五步，根据调整结果列出饲料最后的配方和营养价值。

表5-5　饲料初步配方

饲　料	配合比例（%）	消化能/（MJ/kg）	粗蛋白质（%）	粗纤维（%）	钙（%）	磷（%）
稻草粉	30	1.657	1.620	9.81	0.084	0.024
玉米	18	2.779	1.548	0.36	0.002	0.043
大麦	20	2.814	2.040	0.86	0.020	0.093
麸皮	15	1.788	2.340	1.38	0.021	0.114
豆饼	15	2.156	6.525	0.675	0.042	0.086
合计		11.194	14.073	13.085	0.169	0.360
营养需要		10.29 ~ 10.45	16	10 ~ 14	0.5 ~ 0.7	0.3 ~ 0.5
比较			-1.927			

表5-6　调整后的饲料配方

饲　料	配合比例 （%）	消化能/ （MJ/kg）	粗蛋白质 （%）	粗纤维 （%）	钙 （%）	磷 （%）
稻草粉	30	1.657	1.620	9.81	0.084	0.024
玉米	12.5	1.930	1.075	0.25	0.001	0.030
大麦	20	2.814	2.04	0.86	0.020	0.093
麸皮	15	1.788	2.34	1.38	0.021	0.114
豆饼	20.5	2.946	8.918	0.923	0.057	0.117
合计	98	11.135	15.993	13.223	0.183	0.378

二　家兔饲料配方示例

1. 肉用兔饲料配方示例（表5-7）

表5-7　肉用兔饲料配方示例（%）

饲　料	1~3月龄[①]	3~5月龄[①]	哺乳兔[②]	妊娠兔[②]	浓缩饲料[②]
草粉	30	40	20	28	15
大麦或玉米	19	24	40	40	40
小麦或燕麦	19	10	—	—	—
豆饼	13	10	20	15	25
麦麸	15	12	12.5	10.5	5.5
鱼粉	2	2.5	4	4	10
肉粉	1	0.5	—	—	—
骨粉	0.5	0.5	3	2	4
盐	0.5	0.5	0.5	0.5	0.5

① 每吨饲料添加多维素200g，硫酸亚铁100g，碳酸锰25g，碳酸锌14g，硫酸
铜3g。
② 每吨饲料添加多维素200g，氯化胆碱400g，硫酸亚铁100g，硫酸铜10g。

2. 长毛兔饲料配方示例（表5-8）

表5-8　长毛兔饲料配方示例（%）

饲　　料	断乳至 3月龄兔	4~6月 龄兔	产毛兔	妊娠兔	哺乳兔	种公兔
苜蓿草粉[①]	33	40	45	40	31	43
玉米	0	21	21	18	30	15
麦麸	37	24	19	8	15	17
大麦	22.5	0	0	17	5	0
豆饼	6	4	2	0	5	5
胡麻饼	0	4	6	5	4	6
菜籽饼	0	5	4	5	7	9
鱼粉	0	0	1	5	1	3
骨粉	1	1.5	1.5	1.5	1.5	1.5
食盐	0.5	0.5	0.5	0.5	0.5	0.5

① 苜蓿干草粉的粗蛋白质含量约为12%，粗纤维约为35%。

3. 獭兔饲料配方示例（表5-9）

表5-9　杭州养兔中心种兔场獭兔饲料配方（%）

饲　　料	生长兔	妊娠兔	泌乳兔	产皮兔
麦麸	30	30	10	25
大麦	0	10	0	0
玉米	6	0	0	8
统糠	0	0	0	15
四号粉	0	0	25	0
豆饼	15	12	18	10
麦芽根	32	26	30	20
青干草粉	15	20	15	20
石粉或贝壳	1.5	1.5	1.5	1.5
食盐	0.5	0.5	0.5	0.5
蛋氨酸（另加）	0.2	0.2	0.2	0.2
抗球虫药	适量	0	0	0

——第六章——
家兔的饲养管理

　　家兔的饲养方式多样，如笼养、棚养、放养等，各种饲养方式各有其优缺点，且适合不同的饲养规模，要求条件不同。养殖者可以根据自己的饲养规模、饲养目的、管理能力、物力等选择适宜的饲养方式，以便于日常管理，获得较高的经济效益。

一 笼养

　　笼养是指把家兔放在专门制作的兔笼内饲养的方式，这种饲养方式家兔饲养密度大、便于管理和实行机械化操作，经济效益好，适于各种用途的家兔，特别是种兔。笼养的优点是：可以控制配种繁殖，有利于选种选配；可以定时定量供料，便于饲养管理；通风换气快，且干净卫生便于防病、隔离治病，减少疾病。笼养的缺点是：设备造价高，家兔运动量不足。笼养方式根据兔笼组合方式可分为单层饲养和多层饲养。采用单层笼饲养，舍内空气较好，兔群健康，但饲养密度小，不能充分利用兔舍，适合于饲养特别优良、贵重的种兔。多层笼饲养按照层与层的相对位置，可分为叠层式笼养和阶梯式笼养。叠层式笼养是上下层兔笼间完全重叠，中间有一定坡度的乘粪板，粪、尿在人工辅助的作用下排到兔笼后边的粪尿沟内。叠层式笼多为3层，这种方式饲养密度大，但通风条件要求较高，并需要人工辅助清理粪便。阶梯式笼养分为全阶梯和半阶梯式笼养，全阶梯式笼养上下笼间完全错开，各层粪便直接排到粪尿沟内，卫生条件较好，省力，光线好且均匀，空气新鲜，是一种值得推广的饲养方式。半阶梯式笼养是上下笼间部分错开，部分重叠，具备全阶梯和叠层式两种饲养方式的特点。

二 棚养

棚养即圈养，就是在室外空地或室内筑棚，把兔放在圈内饲养，可养兔20～30只。此种饲养方式适用于饲养商品兔。种公兔应采取单独笼饲，妊娠母兔最好单独分圈饲养。为了保持兔舍清洁卫生，场地应每天清扫，室内每隔3～5天换垫草1次，定期消毒，以减少疾病传播。

三 放养

放养就是把兔群长期放牧在饲养场上，任其自由活动、采食、配种繁殖。这是一种比较粗放的饲养方式，适宜于饲养肉用兔或皮用兔。要求放养地草料丰富，场地干燥，土质结实，周围有2m高的围墙，且需1m深的地基，以防止家兔打洞逃逸。场内应设凉棚，棚内有饲槽和水槽，以补充天然牧草的不足，场内用砖砌成洞穴或人工堆起土丘，以供家兔栖居或打洞。放养兔以选用抵抗力强、繁殖力高的品种为宜。春、夏季牧草丰盛，不用另外补料，每天只需饲喂清水，每周喂1次盐水即可；其他季节应看牧草生长情况，适当补加饲料。这种方式可以节省劳动力、饲料成本，但容易使兔群近亲交配频繁，致使品种退化，且易受到敌害侵袭。

第二节　家兔饲养管理的基本原则

一 饲养的基本原则

1. 青粗饲料为主，精饲料为辅

家兔是单胃草食性动物，因其消化道结构及消化生理的特殊性，如果日粮中粗纤维含量过少，兔的正常消化功能就会受到扰乱，甚至引起腹泻。所以，养兔要以青粗饲料为主，精饲料为辅。在养兔实践中要纠正两种错误倾向：一种认为兔是草食动物，只喂草（甚至质量低劣的草）不补精料也能养好，其结果造成兔的生长慢、生产性能下降、效益差；另一种认为要使兔快长高产，必须喂给大量精料，甚至单纯喂料不喂草，结果发生严重的消化道疾病，甚至死亡。现代化集约兔场全部用颗粒饲料喂兔，也要遵循这一原则，在颗粒饲料中要掺加适当比例的青粗饲料（如苜蓿粉等）。

> ◆【提示】 一般在家兔饲养中，青粗饲料的比例占全部日粮的70%～80%，混合精料占日粮的20%～30%，即可满足家兔的营养需要。每天补充50～150g混合精料，300～500g品质优良的青草即可。

2. 多种饲料，合理搭配

各种饲料中所含的营养成分均不平衡，单独饲喂时不能满足家兔对各种营养物质的需要，饲料转化率低，还会影响家兔食欲，甚至引起营养缺乏症。日粮由多种饲料合理搭配则能取长补短，使兔获得全价营养。如禾本科籽实，一般含赖氨酸和色氨酸较少，而豆科籽实含赖氨酸和色氨酸较多，这两类饲料合理搭配，就能取长补短，营养全面。一般要求配合家兔日粮时，青粗饲料2～4种（最好禾本科和豆科牧草配合使用），能量饲料2～3种，蛋白质饲料2～3种，矿物质饲料1～2种，并添加适量的维生素和微量元素，以平衡日粮。

3. 注意饲料质量，进行合理调制

饲喂霉变、不清洁的饲料会影响家兔健康，甚至引起疫病、导致死亡，选择饲料是必须注意饲料品质，不喂霉烂变质、打过农药、有毒有害的饲料。除做好防止饲料有害污染外，还要做到合理调制，如对青绿饲料，为防止农药等污染和夹杂泥沙，可以用清水冲洗干净，晾干后再喂；水生饲料应剔除变质、污染部分，水洗后晾至半干再喂；块根、块茎饲料应洗净、切碎，最好

切成丝与精料拌和喂给；干草应除去霉烂变质部分，抖净尘土，最好加工成草料饲喂；粉状精料也应加水拌湿喂或制成颗粒料饲喂。

4. 变换饲料，逐渐过渡

家兔是单胃草食家畜，胃肠道消化酶的分泌与饲料种类有关，其消化酶的分泌有一定的规律，盲肠微生物的种类、数量和比例也与饲料有关。频繁的饲料变更，会使家兔不能很快适应变化了的饲料，造成消化机能紊乱，出现消化不良、肠炎或腹泻，甚至导致死亡。生产中这样的教训屡见不鲜，特别是容易出现在从外地引种后和季节的变更所引起饲料种类的变化时。据此，在变化饲料时，不能突然更换，要逐渐进行。从外地引种时，要随兔带来一些原场饲料，并根据饲养标准和当地饲料资源情况，配制本场饲料，采取三步到位法。即前 3 天，饲喂原场饲料 2/3，本场饲料 1/3；再 3 天，本场饲料 2/3，原场饲料 1/3；此后，全部饲喂本场饲料。

> ⚠ **【注意】** 应注意季节交替过程中饲料原料的变化。例如，春季到来之后，青草、青菜和树叶相继供应，如果突然给兔子一次提供大量的青绿饲料，则会导致兔子腹泻，所以应采取由少到多，逐渐过渡的方法。

5. 掌握定量标准，定时定量

家兔的饲喂方式有两种：一种是自由采食（即不定量饲喂），通常集约化兔场采用全价颗粒饲料喂兔多采用这一方式；另一种是限量（即定量）饲喂，我国广大农村多实行限量饲喂即定时定量，这样不仅可减少饲料浪费，而且有利于饲料的消化吸收。定时就是根据各类家兔在每个阶段所处的生长发育强度不同，决定饲喂的次数和时间，一般情况是幼兔的饲喂次数多于青年兔，青年兔多于成年兔。定量就是根据不同品种、性别、年龄及生产性能等营养的需要，科学地制订出饲料喂量。兔的定量标准如表 6-1 ~ 表 6-4 所示。

第六章 家兔的饲养管理

表6-1　成年兔青、干饲料采食量（德国）

饲 料 种 类	平均采食量/（g/天）	最大采食量/（g/天）
鲜青草	600	1 000
青贮料	400	600
干精料	120	200

表6-2　仔幼兔采食量

日　　龄	初生~15	15~21	21~36	35~42	42~49	49~63
采食量/（g/天）	0	0~20	15~50	40~80	70~110	100~160

表6-3　生长兔颗粒饲料日喂量

周　　龄	体重/g	日增重/g	日喂量/g
4	600	20	45
5	800	30	70
6	1 100	40	100
7	1 420	45	135
8	1 782	50	135
9	2 025	40	140
10	2 300	35	140
11	2 500	30	140

表6-4 家兔常用饲料最大日给量 （单位：g）

饲料	母兔（体重4kg）			初生18~20天	生长兔月龄				
	休情期	妊娠期	哺乳期		1~2	2~3	3~4	4~5	>5月龄
青饲料	800	800~1 000	1 200~1 500	30	200	350~450	450~500	600~750	750~900
青贮料	300	200	300~400	—	—	40	100	150	200
块茎类	250	200	300~350	20	50	75	100~150	150~200	200~250
干草	175~200	175	250~300	10	20	50~75	75~100	150~200	150~200
嫩枝	100	100	100~150	—	—	50	75~100	100~125	150~200
禾本科籽实	50	75~100	100~140	8	30	40~50	60~75	75~100	100
糠麸类	50	50~60	75~100	—	—	10~15	20~25	30	30~40
油饼类（棉籽饼除外）	10	20~25	30	—	2	5~10	10~15	15~20	20~25
油粕类	20	25~39	40~60	—	3~5	5~10	10~15	15~20	20~30
蔬菜副产物	200	200~250	250~300	—	50	50~75	75~100	100~150	150~200
配合料	50	50~150	150~200	—	60~105	95~115	110~135	150~160	155~175
肉骨粉	5	5~8	10	—	—	3~5	5~7	7~9	9~12
脱脂乳	—	50	100	20	30	—	—	—	—
矿物质饲料	2	2~3	3~4	—	0.5~1	1~1.5	1.5	1.5~2	2
蛋白质、维生素	—	—	—	5	5~8	10	15	15~20	20~30

6. 供给充足饮水

水是家兔除空气外最迫切需要的营养物质。家兔饲料的消化吸收、养料的输送、废物的排泄、体温的调节及体内渗透压维持、减少关节摩擦等都是必须有水的。兔长期缺水，可引起消化障碍，产生便秘，肾、脾脏肿大，生长缓慢，体重下降等，如失去体内水分的 20%，会引起死亡。所以，在日常饲养管理中不可忽视供水。兔需水量一般为每天每千克体重 100mL 左右，为饲料干物质的 2 倍。当然，饮水量与季节、饲料特性、年龄及生理状况等因素有关。生长兔饮水量高于成年兔；妊娠和哺乳母兔饮水量高于空怀兔；高温季节饮水量高于其他季节；采食颗粒料的饮水量高于湿拌料。青绿饲料的足量供给可以补充兔对水的需要量。母兔分娩时失水较多，如供水不足，易发生吃仔兔现象。

> ➡ 【提示】 必须保证提供的饮水清洁卫生，符合人饮用水标准，最理想的水源为深井水。做到不饮污染水（被粪便、污物、农药等污染）、不饮死塘水（不流动的水源，特别是由降雨而形成的坑塘水）、不饮隔夜水、不饮冰冻水等。

7. 适应家兔习性，强化夜饲

夜间活动是家兔的生活习性。有资料报道，家兔采食量的 50% ~ 75%、饮水量的 50% 以上是在夜间进行的。为了取较好的饲养效果，应合理安排作息时间，要求人去适应兔子，而绝不可让兔子去适应人。应将日粮的绝大多数安排在夜间投喂。这在夏季意义更大，因为夏季白天炎热，家兔的活动和采食量小；而夜间相对凉爽，家兔活动增加，食欲旺盛，这样生命活动所需要的营养绝大部分在夜间摄取。

> ⚠ 【注意】 违背其习性，仅注意白天饲喂，夜间空槽，饲养的效果较差。

8. 种兔和商品兔要区别饲养

要培育高质量的种兔，必须从配种胎次、仔幼兔培育抓起，在各个发育阶段种兔与商品兔在营养要求和饲养技术上都应区别对待，种兔必须按种兔要求进行培育，以避免造成兔种退化、兔产品质量下降等严重后果。

二 管理的基本原则

1. 创造良好的生活环境

环境条件是影响兔健康状况和生产性能的重要因素之一。家兔胆小怕惊，对疾病的抵抗力差，对病原菌的免疫力差，对恶劣环境的耐受力和适应性差，所以要为其提供稳定而舒适的环境条件，特别是卫生条件。在生产中，饲养方式和笼舍设备是否合理，兔舍内空气是否新鲜，温、湿度是否适宜等，必须随时检查，发现问题及时解决。周围环境要保持安静，防止惊吓，避免环境改变造成对兔有害的"应激反应"。日常管理中，饲养员要定人定岗，相对稳定，不要随意变更，各种操作要轻手轻脚，防止生人或其他动物进入兔舍，一定要避免噪声，尤其是爆破声，如燃放鞭炮、急促的警笛等。

> ➡ 【提示】过于安静的环境在生产实际中很难做到，且经常在安静环境里生活的兔子对于应激因素的敏感度增加。因此，饲养人员在兔舍内进行日常管理时，可采取饲喂前轻轻敲击饲槽、播放一定的轻音乐等方式有意识地打破过于寂静的环境，以提高兔子对环境的适应性。

2. 分群管理，专人喂养

不同品种、不同生产方向和生产目的、不同性别和生理阶段的兔子对环境的要求不同，管理的要点不同，疾病的种类也有一定差异。因此，应该分群管理。一般要求种兔和商品兔要分开饲养；种公兔、妊娠母兔、哺乳母兔应单笼饲养；幼兔也应按年龄、性别、强弱分群饲养。有条件的兔场，在哺乳期实行母仔分养；规模化兔场，实行批量配种，专业化生产，应将空怀母兔、妊娠母兔和哺乳期的母兔按区域分布，以便实行程序化管理，提高养殖效率和效果。

3. 夏季防暑、冬季防寒、雨季防潮

家兔被毛浓密，汗腺极少，是一种怕湿热、较耐寒冷的动物，特别是在夏季高温时节，当环境温度超过32℃时，家兔的采食量减少，饮水量增加，严重影响家兔的生产性能，有的甚至出现体重减

第六章 家兔的饲养管理

轻的现象。幼、仔兔在高温多雨季节容易患病，特别是球虫病的发病率增加，死亡率增加。所以，在夏季到来之前就要做好防暑防潮的准备工作。寒冷对家兔也有影响，舍温降至15℃以下时即影响繁殖。因此，冬季采取保温措施，保持兔舍的小环境温度，特别是进行冬繁的兔场，要保持兔舍的温度在15℃以上，将母兔移至温暖的房间或产后做到母仔分开，使产仔箱中的仔兔处于温暖的环境中。

4. 适当运动，增强体质

运动对种兔来说，非常必要，可以增强体质、提高性欲和繁殖性能，还可减少呼吸道疾病等。但在笼养条件下做起来较困难。可以根据具体情况采取如下办法：一是适当加大种兔笼的面积，产仔箱可悬挂笼外或进行定时哺乳，以利于兔在笼内活动；二是有条件的兔场，可以把种公兔定时放出笼外活动，但要防止公兔间互相咬斗。

5. 制订合理的工作程序

每天喂料要定时定量、相对稳定，饲料变换不宜太突然、太频繁，要逐渐过渡。

6. 勤观察，细检查

养兔的成果好坏，很大程度上在于饲养员是否勤快，多观察、多动手，及时发现问题及时处理。兔群观察的内容包括：

(1) 采食观察 每次喂食后，饲养员要检查兔的采食情况，是否有剩料或喂量不足，可作为下一次喂量调整的依据，以免饲料浪费或影响生长。特别注意的是什么时间采食量多、什么时间采食量少，以便适时添加饲料，一方面可减少浪费，另一方面特别是夏季防止兔舍被腐烂的食物污染，减少兔感染疾病的概率。

(2) 发情观察 母兔发情不像猪牛表现明显，全靠饲养人员进行外阴观察检查，才能发现母兔是否发情。否则，极易发生漏配不孕。要在喂食、清洁卫生做完之后检查。

(3) 健康观察 包括兔子的健康、食欲、粪便、精神状况、鼻孔周围的分泌物、被毛的光泽程度、有无脱毛肿块等，发现有异常现象及时隔离，积极救治。

7. 保持卫生，严格防疫

加强卫生防疫工作，是兔场安全生产的保证。任何一个兔场或养殖户，都必须建立健全引种、定期消毒、定期进行兔群健康检查、预防注射疫苗或预防投药、病兔隔离及加强进出兔舍人员的管理等防疫制度。管理人员和饲养员都要严格遵守。

第三节　家兔的日常管理技术

一 捕捉

家兔的耳朵大而直立，捕捉时切不可只抓两只耳朵，因为兔的耳朵为软骨组织，不能承悬全身重量，且兔耳神经密布，血管很多，抓提耳朵时必感疼痛而乱颠，这样容易损伤耳朵，引起两耳皮肤垂落。正确的方法是：捕捉前应将笼子里的食具取出，右手伸到兔子头的前部将其挡住（如果手从兔子的后部捕捉，则兔子受到刺激而奔跑不止，很难捉住），顺势将其耳朵按压在颈肩部，抓住该部皮肤，将兔上提并翻转手心，使兔子的腹部和四肢向上（如果使兔子的四肢向下，则兔子的爪会用力抓住踏板，很难将其往外拉出，而且还容易把脚爪弄断）移出兔笼。如果为体型较大的种兔，应用左手托住其臀部，使重心放在左手上（图6-1）。取兔时，一定要使兔子的四肢向外，背部对着操作者的胸部，以防被兔子抓伤。捕捉群养的家兔可用特制的捕兔网。

图6-1　家兔的捕捉

○ 【提示】 捉兔时绝不可提捉兔子的耳朵、两后肢或前肢、腰部及其他部位，以免造成家兔伤亡。对于妊娠母兔，在捕捉中更应慎重，以防流产。

二 公母鉴别

1. 初生仔兔

初生仔兔的性别鉴定主要是根据生殖孔的形状、大小及与肛门之间的距离来判定。凡是孔洞呈扁形，大小与肛门相似，距离肛门较近者为母兔；反之，如孔洞呈圆形，略小于肛门，相距肛门较远者为公兔（图6-2）。

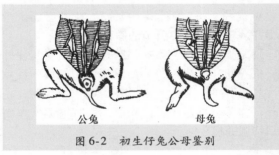

公兔　　母兔

图6-2　初生仔兔公母鉴别

2. 断乳幼兔

可直接检查外生殖器官。方法是将幼兔腹部向上，用拇指与食指轻压外阴部孔洞开口两侧皮肤进行观察，母兔呈"V"形，顶端前联合圆，后联合尖，下边裂缝延至肛门，且没有突起。公兔则呈"O"形，并可见翻出圆筒状突起。

3. 成年兔

性成熟后的公兔阴囊已经形成，睾丸下坠入囊，按压外阴即可露出阴茎头部。

三 年龄鉴别

在不清楚兔子出生日期，又无档案资料的情况下，一般可根据兔趾爪的颜色、长短、形状，牙齿的生长状况和皮板的松弛程度及眼睛的神色等来判别兔子的年龄。

1. 看趾爪

青年兔趾爪平直，短而藏于脚毛之中，爪尖特别尖。老年兔脚爪表面不光滑，爪端弯曲带钩，趾爪露在脚毛外面（图6-3）。白毛兔的趾爪基部为红色，尖端为白色，如红色与白色相等者为1岁，如趾爪红色多于白色者不足1岁，白色多于红色者已超过1岁了。

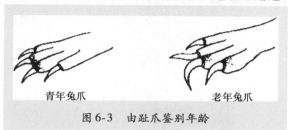

青年兔爪　　　　　　　　　老年兔爪

图6-3　由趾爪鉴别年龄

2. 看牙齿

青年兔门齿短小较薄，洁白且排列整齐。老年兔门齿大而厚且较长，颜色发黄，排列不整齐并时有破损。

3. 看皮肤、被毛及动作反应等

青年兔皮薄，致密，富有弹性；老年兔皮厚，松弛。青年兔被毛有光泽；老年兔被毛干枯而蓬松。青年兔动作敏捷，反应灵敏；老年兔则动作滞缓，反应迟钝。

➡ 【提示】 以上判断方法，仅是一种粗略估测方法，不十分准确。

四 编号

为了便于记载和识别，种兔必须进行编号。号码编排要根据兔场的实际情况统一设计，不应随意变动。兔的编号一般在断乳时进行，最适宜的部位是耳内侧。耳号的编制可根据兔场的实际情况设计，不要轻易变更，其内容一般包括品种或品系代号（常用英文字母表示）、出生年月、个体号等。为区分性别，公、母兔可分别在左、右耳编号或用单、双号表示。编号方法有以下几种：

1. 耳号钳法

采用的工具为特制的耳号钳和与耳号钳配套的字母钉和数字钉。

编号前，用耳号钳的子母钉和数字钉装入耳号钳内，选兔耳内侧血管少的部位用碘酒消毒，再用力紧压耳号钳使刺针刺入皮内，取下耳号钳后立即涂上醋墨（即用醋研磨成的墨汁），数日后就变成永不褪色的号码（图6-4、彩图12、彩图13）。注意给兔编号时，首先要把兔保定好，钳压刺字时动作要快。

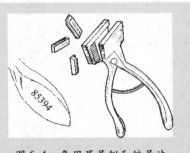

图6-4　兔用耳号钳和编号法

2. 针刺法

如无耳号钳，也可用"笔刺法"。即用蘸水笔蘸醋墨刺字，刺时力求规整，即每隔1mm刺1孔，刺成的字码大小尽可能一致；刺时稍用力深刺，以保持醋墨充满全孔，日后字迹清晰。

3. 耳标法

耳标法即将金属耳标或塑料耳标卡压在兔耳上。所编号码事先冲压或刻印在耳标上（彩图14）。此法的缺点是耳标常易被勾挂丢失。

五　去势

凡不宜留作种用的公兔或淘汰的成年公兔，尤其是毛兔，为使其性情温顺，便于群养和提高产毛量或皮、肉品质，均可去势。一般在3月龄左右时（淘汰成年公兔除外）进行。

1. 阉割法

将准备去势的公兔腹部向上，把四肢保定好，将睾丸从腹股沟挤入阴囊并捏紧不让其滑动，用2%的碘酊或75%的酒精消毒术部，然后再用消毒过的手术刀纵向切开阴囊约1cm长的小口，挤出睾丸，切断精索，睾丸摘除后在切口处涂上碘酒即可。再用同样的方法摘除另一侧睾丸。成年兔去势，为防止出血过多，可在切断精索前用消毒线扎紧，如果切口较大，可缝针。

> ➡ 【提示】 采用阉割法去势的整个操作过程中，要严格消毒，术后细心护理饲养，以防伤口感染。

2. 结扎法

将公兔保定好，先用碘酒消毒阴囊皮肤，用手指将双侧睾丸分别挤入阴囊并捏住，用消毒橡皮筋或尼龙线将睾丸和阴囊一起扎紧，使睾丸内血液流畅不通，这样几天后睾丸会自行萎缩脱落。睾丸在萎缩之前有几天的水肿期，比较疼痛，影响家兔的采食和增重。

3. 药物注射法

先将待去势的公兔保定好，消毒阴囊后，视公兔体型大小，每个睾丸注入5%的碘酊、中药鸭胆子油或氯化钙溶液（10mL 蒸馏水溶解1g 氯化钙，再加入 0.1mL 甲醛溶液摇匀过滤）1～2mL。一般注射后7～10天睾丸萎缩。此法适用于成年公兔。

> ⚠ 【注意】 注射时一定要把药液注入睾丸正中央，切忌注入阴囊内。

六 剪爪

脚爪过长的家兔在走动中很容易卡在笼底板间隙内，导致爪被折断；同时，会使脚着地的重心后移，迫使跗关节着地，这是造成家兔脚皮炎的主要原因之一。所以，及时给种兔修爪很有必要。在国外有专用修爪剪刀，我国还没有专用工具，可用果树修剪剪刀代替。方法是：将种兔保定好，放在胸前的围裙上，使之臀部着力，露出四肢的爪。剪刀从脚爪红线前面约 0.5～1cm 处剪断即可，不要切断红线。如果一人操作不方便，则可让助手配合操作。一般种兔从 1.5 岁以后开始剪爪，每年修剪 2～3 次。

第四节　各类家兔的饲养管理

一 种公兔的饲养管理

在选好公兔的基础上，加强饲养管理，使公兔发挥更好的配种

高效养兔

性能，对于养兔户能否取得好的效益至关重要。俗话说："母兔好，好一窝；公兔好，好一群"。种公兔饲养管理的好坏，对改良整个兔群品质起很大作用，它直接关系着育种工作的成败。良好的种公兔一要体格健壮，不肥不瘦，达到种用膘度；二要性欲旺盛，配种（或采精）能力强；三要精液品质好，所配母兔受胎率高。

1. 种公兔的饲养

（1）注意营养的全面性和均衡性　种公兔的种用价值，首先取决于精液品质，而精液品质的好坏，与种公兔的营养有密切关系。在实际生产中，要注意种公兔饲料营养的全价性、平衡性与稳定性。首先饲料蛋白质的水平直接影响公兔的精液品质，蛋白质含量低，不能保持种公兔精液品质的持久性，会造成采精量少，精子活力低下，配种受胎率低，影响整个兔群的繁殖性能。一般繁殖期种公兔日粮中粗蛋白质的含量以17%～18%为宜。一般实行季节性产仔的兔群，在配种前20天左右就要开始调整种公兔的日粮，加强营养。特别是在配种旺季，更要保证种公兔有较高的营养水平。其次日粮中的矿物质特别是钙和磷对精子形成的影响较大，而且一般饲料中容易缺乏，应注意补充。日粮中的微量元素也应通过添加剂进行补充，否则将影响精子的正常形成。饲料中的维生素也是家兔精子形成所必需的营养物质，特别是维生素A、E和B族维生素，直接影响精液品质。而这些维生素多存在于优质干草、青绿饲料和其他多汁饲料中，一般在盛草期不易缺乏，而在冬季和早春季节应注意给种公兔补充青干草、胡萝卜、大麦芽、大白菜等富含维生素的饲料。

（2）科学饲喂　实践证明，种公兔配种期如能加喂适量的豆饼、豆渣、苜蓿、毛苕子等富含蛋白质的饲料，以及加喂胡萝卜、大麦芽、青草等富含维生素的饲料，精液品质就可以提高。此外，配种旺季每天如能加喂1/4～1/2个鸡蛋或5g左右鱼粉或牛羊奶等，对改良精液品质大有好处。

> 【提示】　对精液品质不良的种公兔，改用优质日粮后20天左右方能见效。要想获得较高的配种受胎率，至少在配种开始前15～20天就要加强对种公兔的饲养，而且要保持长久，不能时断时续。

（3）饲料体积要小 不应长期大量喂给种公兔低浓度、大体积、高水分的粗饲料和多汁饲料，以防止增加消化道负担，引起腹大下垂，配种困难。后备公兔如全部用秸秆或大量多汁饲料，不仅发育慢，成年后达不到种兔应有的发育标准，而且配种（或采精）性能也差，失去种用价值。在实践中观察到，种公兔的食欲不如幼兔，也不如母兔旺盛。所以，在种公兔的饲料选择上要注意饲料的可消化性和适口性，不宜喂给过多容积大的粗饲料。

（4）玉米等高能饲料喂量不宜过多 实践证明，种公兔日粮中能量水平过高，如采用育肥日粮，会使公兔过肥，造成性欲减退，精液品质下降，影响配种效果。因此，要定期称重，要求配种季节每月称重 1 次，非配种季节一季度称重 1 次，根据体重变化来调整饲料配方，增加或减少能量饲料比例，使公兔保持种用膘度和旺盛性欲。

2. 种公兔的管理

（1）合理分群，单独饲养 家兔 3 月龄可以达到性成熟，一般 7 月龄达到初配月龄，所以，在家兔性成熟前就应将公、母兔分开饲养，以免过早配种。

> **【提示】** 种公兔和后备公兔应在 3 月龄后单笼饲养，因为公兔的群居性很差，好咬斗，如果几只公兔在一起饲养，轻则相互爬跨影响生长，重则相互咬斗，致残致伤。

（2）加强运动，合理使用 参加配种的公兔需要有健康的体魄和发达的肌肉，长期缺乏运动的公兔四肢软弱，体质较差，不能胜任繁重的配种任务。所以，有条件的兔场应建立专门的运动场，公兔每周至少 2~3 次放入运动场进行室外运动，每次至少 1h。公母兔比例，人工辅助交配以 1:10 左右为宜；如采用人工授精，可以提高到 1:（100~150）。青年公兔每天交配 1 次，成年公兔每天可交配 2 次，应安排在上下午各 1 次。配种 2 天休息 1 天，并要做到"四不配"：即公兔食欲不振、身体有病不配，换毛期间不配，饲喂前后不配，天热没有降温设备不配。长毛兔在参加配种时，应将被毛剪短，特别是阴部被毛，以保持兔体的清洁卫生。另外，种公兔的初配年龄一定要掌握好，青年公兔可在性成熟后、体重达到成年兔的80%时开始配种，但配种频率适当降低，以后随年龄和体重的增加而增加配种次数。

(3) 控制饲养环境 公兔群是兔场的最优秀群体，应特殊照顾，为其提供清洁卫生、干燥、凉爽、安静的理想生活环境，减少应激因素，适当增加活动空间（笼具面积宜大些，以增加运动量）。夏季防暑是养好公兔的首要任务，炎热地区有条件的兔场，在盛夏可将全场种公兔集中在空调间里，以备秋季有良好的配种效果。

(4) 经常检查，预防疾病 公兔的某些疾病具有传染性，会影响多个母兔，所以要经常对种公兔进行检查，发现疾病及时停止配种，如果是传染病应坚决予以淘汰。

(5) 做好记录，建立档案 对参加配种的公兔，每次配种后要进行记录，记录内容包括配种时间、与配母兔、母兔的产仔情况及仔兔的生长发育情况等，以便于后代的选种与淘汰。

二 种母兔的饲养管理

种母兔是兔群的基础，它除了本身的生命活动外，还有妊娠、泌乳、哺育仔兔等负担，所以种母兔饲养管理工作的好坏，不仅影响后代的品质，而且也关系到种兔场经济效益。种母兔按生理阶段的不同可划分为3个时期：空怀期、妊娠期和哺乳期。3个时期特点不同，应采取不同的饲养管理方法。

1. 空怀母兔的饲养管理

空怀母兔是指性成熟后或仔兔断乳后到再次配种受胎之前这段时间的母兔，也叫休产期母兔。母兔空怀的长短视繁殖密度而定，如年产4胎，每胎休产期为10～15天；如年产7胎以上，就没有休产期。空怀期的母兔由于哺乳期消耗了大量养分，一般体质较差。此期饲养管理的主要任务是使其尽快恢复膘情，调整体况，使之正常发情配种。

(1) 空怀母兔的饲养 养好空怀母兔的关键是"看膘喂料"，即保持母兔有七八成膘，过肥则减少精料喂量，增加运动；过瘦母兔则应在配种前半个月增加精料喂量，尽快恢复膘情。生产中母兔空怀期饲养容易出现两种情况，一种是空怀期母兔不减料，仍然自由采食，致使母兔养得过肥，造成长期不发情或配种受胎率低；另一种是忽视空怀期母兔的饲养，使之不能很快复膘，体质较差，同样造成长期不发情，发情症状不明显，受胎率低，即便受胎也容易流产、产弱胎或死胎，产后泌乳量不足，影响仔兔的发育。

> ◯ 【提示】 母兔断乳后，如果因前一哺乳期消耗营养过多，身体瘦弱，可适当延长休产期，并喂以优质青绿多汁饲料，补喂适量精料，尽快恢复膘情，以便正常发情配种。

（2）空怀母兔的管理 在管理上除了为其创造适宜的环境条件外，还要注意观察其发情状况，做到适时配种。对仔兔断乳后体况较瘦的母兔，环境条件不良时（如炎热的夏季），可适当延长空怀期，不要一味追求繁殖胎次，否则将影响母兔健康，使繁殖力下降，也会缩短优良母兔的利用年限。空怀期可长可短，要根据具体的情况而定。农村自然条件下，家兔每年可繁殖 4~5 胎，春季和秋季可以实行血配，夏季和冬季减少繁殖的频率，空怀期较长。如果和科学的营养与管理相结合，可以做到年繁殖 6 胎。在生产实践中，又可以采取短期优饲的方法对母兔催情，即在母兔配种前 7~10 天，对母兔提高营养水平，增加精料量的 30%，同时加喂胡萝卜、大麦芽和优质青绿饲料，以利于早发情、多排卵、多产仔。为了提高笼具的利用率，母兔在空怀期可实行群养或 2~3 只母兔在一个笼子里饲养。但必须注意观察发情表现，以便及时配种。母兔在妊娠期和哺乳期不适于注射疫苗和投喂药物，因此，这些工作尽量集中在母兔的空怀期进行。

> ◯ 【提示】 为空怀期母兔提供的温度、湿度要合适，光照要充分，保证光照时间在 16h 以上，并要加强运动。

2. 妊娠母兔的饲养管理

妊娠母兔是指配种受胎后到分娩产仔这段时间的母兔。母兔妊娠期为 30~31 天。

（1）妊娠母兔的饲养 在生产实践中，可将家兔妊娠期分为两个阶段，即妊娠前期和妊娠后期。妊娠前期指孕后前 18 天，包括胚期和胎前期，因前期胚胎增重速度很慢，需要的营养物质不多，饲养水平稍高于空怀母兔即可；妊娠后期即胎儿期，从怀孕第 19 天开始，胎儿增重很快，这阶段的增重量约等于初生仔兔重量的 70%～90%。具体的喂料量及营养水平，仍然是根据每只母兔的具体情况而酌情掌握。即当母兔的膘情较好时，与空怀母兔一样对待；膘情较差者，适当增加营养水平和饲喂量（15%～30%），这样一直至妊娠第 15 天。此后，由于胎儿发育的加快和营养需求量的不断增加，应逐步提高营养水平和喂料量，饲料的供给逐渐向自由采食过渡（20 天后），20～28 天自由采食，28 天后大多数母兔的食欲降低甚至拒食，应补喂母兔喜欢吃的青绿饲料。

> ● 【提示】 母兔妊娠后营养水平在短时期内大幅度提高，特别是能量水平，会导致胎儿早期死亡。

（2）**妊娠母兔的管理**　妊娠母兔的管理工作主要是防止流产。母兔的流产多发生于妊娠后第 13 天和第 23 天。流产的原因主要有以下几种可能性，即摸胎时用力过大过猛、捕捉追赶、碰撞挤压、惊吓而引起的流产，中毒性流产，强制配种造成流产，疾病性流产等。要采取相应措施，做好预防工作。流产一旦发生，其治疗效果就往往不好。此外，还应做好产前的准备。妊娠 28 天后，将产仔箱放入母兔笼内，让其熟悉环境，便于衔草、拉毛做窝，冬季产箱内放一些长 4～5cm 的垫草。母兔产前 1～2 天开始拉毛叼草做窝，这样的母兔一般母性较强。对不拉毛的母兔就需要人工辅助拉毛，方法是将兔轻轻保定，用手将其乳房周围的毛一小撮一小撮地拔掉，以诱导母兔自行拉毛。经两次以上诱导仍不会拉毛者视为母性不强，在选育过程中应予以淘汰。如预产期超过 2 天后仍不产仔或遇难产时，可进行人工催产。产房应有专人负责，注意冬天保温防寒，夏季防暑。产后母兔由于口渴要立即饮水，所以应及时放上红糖水，冬季要给兔饮温水。并做好记录工作。分娩后，给母兔服喂 1 周的抗菌药物，预防乳房炎和仔兔黄尿病，提高仔兔的成活率，促进仔兔的生长发育。

⚠️ 【注意】 垫草质量对于仔兔的发育和成活率有很大影响，切忌有异味和坚硬粗糙的垫草，也不可用带有线头的丝绵物作为垫草。

3. 哺乳母兔的饲养管理

哺乳母兔是指分娩后至仔兔断乳这一时期的母兔。母兔的泌乳伴随着产仔开始，且随着产子时间的延长泌乳量增加，一般21天左右达到高峰，以后缓慢下降。一般来说，母兔日泌乳量60~180mL，高者可达250mL。兔乳营养特别丰富，其蛋白质和脂肪的含量比牛、羊奶高3倍多，矿物质高2倍多。

(1) 哺乳母兔的饲养 哺乳母兔营养消耗很大，所喂饲料必须量足（约为空怀母兔的4倍）、质优（营养全价且易消化的饲料），饮水不可间断。

① 饲料配方应做相应调整，将蛋白质含量提高到17%以上。实践证明，饲料蛋白质含量在18%以内，母兔的泌乳量随着蛋白质含量的提高而增加。

② 家兔盲肠微生物虽然可以合成必需氨基酸并被家兔摄入，但其数量远远不能满足泌乳母兔对必需氨基酸的需要，可根据营养需要，适当搭配一些含硫氨基酸丰富的饲料（如鱼粉、芝麻饼等），或在以常规饲料配合的日粮中另外补加蛋氨酸0.1%~0.2%，母兔的泌乳力会大幅度提高。

③ 为了提高泌乳力，应额外补加一定量的维生素A和E，使每千克饲料中含量分别达到10 000国际单位和40mg以上。

④ 给哺乳母兔加料必须逐步进行。分娩后1~2天，母兔体质较弱，食欲和消化能力较差，可以不喂或少喂精料，以喂青绿多汁饲料为主；3天后逐渐增加精料喂量；到20天左右泌乳量达到最高峰，日泌乳约200mL，饲喂量也要相应增加。喂量多少，要根据哺乳母兔的消化泌乳情况与仔兔粪便加以合理调整，如母兔消化正常，产仔箱内很少有仔兔粪尿，而仔兔又能吃饱，说明喂量合理。如果母兔和仔兔都消化不良，粪便稀软，说明母兔喂量过多，仔兔吃乳过量，要及时减料。

⑤母兔的乳汁绝大多数是水分，没有充足的清洁饮水供应，就不可能有足够的奶水分泌，其他营养再高也替代不了水的作用。所以，必须保证母兔哺乳期自由饮水。

➡【提示】 母兔产后1~2周内决不能加料太猛，否则可能发生母兔因肠毒血症而突然死去，5~6日龄的仔兔也可能因肠毒血症而发生死亡。

（2）哺乳母兔的管理 母兔在哺乳期对于环境变化的敏感性很强，稍微大意和疏忽，就有可能影响其泌乳功能。在管理中应重点抓好以下几点：①提供舒适的环境。做到安静、清洁、干燥和温暖。在哺乳期间，尤其是正在给仔兔哺乳时，任何的应激因素都可产生不良后果。特别是噪声、动物闯入、陌生人接近、无故搬动产箱和拨动其仔兔。笼具要光滑、平整，以防造成母、仔兔损伤。②及时检查哺乳情况。产后5~6h应及时检查哺乳情况。如果仔兔安静休息，腹部圆鼓，肤色红润光亮，说明哺乳良好。如果仔兔不安、乱爬，腹部空瘪，肤色灰暗，用手抚摸时，头上仰并发出"吱吱"的叫声，证明未哺乳。③预防乳房炎。在管理上要做到经常检查母兔的泌乳情况，发现泌乳不足，除增加精、青饲料的喂量外，必要时可增喂米汤、红糖、花生、胡萝卜等催乳；如果仔兔少、泌乳多，应适当减少饲料喂量，以防发生乳房炎。如发现乳房有硬块、红肿，应及时采取通乳和热敷等措施。④坚决剔除发霉、变质饲料，以防止由此引起母兔泌乳量减少，乳质降低，仔兔发生下痢或消化不良。⑤乳头保护。产后用经过消毒的热毛巾按摩洗擦乳房，然后以兽用碘酊涂抹每个乳头，隔日1次，连续3次。这样，一方面预防母兔乳头的伤害，另一方面，使仔兔在哺乳时获得一定的碘，有预防球虫病的作用。

三 仔兔的饲养管理

1. 仔兔的生理特点

从出生到断乳这一时期的小兔称为仔兔。仔兔出生前在母体子宫内发育，营养由母体直接供给，温度恒定，出生后的仔兔环境发生了急剧的变化，此时的仔兔机体生长发育尚未完全，缺乏对外界环境温度变化的调节能力，视觉和听觉发育不完善，适应性差，抵抗弱。而此阶段的生长发育又很快，仔兔出生重一般 40～65g，在正常情况下，7 日龄时达 130～150g，30 日龄时达 500～750g。因此，对仔兔必须精心饲养和管理，以提高仔兔成活率和断乳重。

> ⊙【提示】 仔兔的适应性较差，抵抗各种不良环境和疾病的能力弱，一旦发病难以控制，导致成活率降低。应特别注意饲养管理，尤其要注意卫生条件，防止感染各种疾病。

2. 不同阶段仔兔的饲养管理

(1) 闭眼期仔兔的饲养管理 闭眼期是指仔兔出生后头 12 天内眼睛闭着，除吃乳外都在睡觉的时期。

1）早吃初乳。初乳是指母兔产仔后 3 天内的乳汁。初乳不仅营养丰富，含有较多的蛋白质、维生素、矿物质，而且还含有免疫抗体，能增强仔兔的抗病能力。仔兔产后 6h 之内应检查是否吃到初乳，凡吃足初乳的仔兔，腹部圆鼓，胃部呈乳白色（透过腹部可看到胃内乳汁），安睡不动。凡吃奶不足者，则腹瘪胃空，到处乱爬，吱吱乱叫。对于没有吃到初乳的仔兔应采取人工辅助哺乳，办法是将母兔轻轻放入产仔箱内，并保定好，让仔兔吮吸；如果仔兔较弱，不能自行捕捉奶头，可人工将仔兔放在母兔的乳头处，以母兔的乳头摩擦仔兔的嘴唇，诱导仔兔开口吃乳，应连续几天人工辅助哺乳，待体质好转即可自己吃乳。

2）寄养。如果母兔在产后无乳或乳汁不够，或产后死亡，对其仔兔要实行寄养。其方法就是将仔兔寄养给别的母兔（保姆兔）。寄养的方法可以根据实际情况灵活掌握，但总的要求是使寄养的仔兔在开始寄养时和保姆兔的气味尽量相近，而且出生日期尽量相近（不超过 3 天）。寄养时，要把寄养的仔兔身上黏着的原产箱内的兔毛和垫草等杂物清除干净，并涂上保姆兔的奶水，或在保姆兔鼻端涂点碘酒、清凉油或大蒜汁等以混淆气味；也可将仔兔从产仔箱取出，在保姆兔第一次喂奶之前数小时，放入保姆兔亲生仔兔的产仔箱中，到母兔喂奶时已分辨不出所养仔兔的气味。

⚠ 【注意】 寄养的数量依保姆母兔的乳头数和泌乳量而定，不宜过多。种兔场一般不主张寄养，若要寄养，一定要做好标记和记录，以避免弄混血缘关系。

3）人工哺乳。仔兔出生后因母兔患病、死亡或缺乳，而又无法寄养时，可采用人工哺乳的办法。人工哺乳的器具可用注射器、玻璃滴管或塑料眼药水瓶，在其嘴上接上一段细橡皮管（自行车气门芯）即成。喂饲以前要将牛奶等煮沸消毒，冷却到37～39℃时喂给，每天定时饲喂1～2次。饲喂时要仔细，不要滴入太急，以免误入气管引起呛咳或窒息死亡，也不要喂得过多，以吃饱为限。

4）保温防寒。刚出生的仔兔由于体温调节能力很差，神经反应迟钝，受环境因素的影响大。特别是寒冷的环境是仔兔死亡的主要原因之一，所以保温防寒又是这一阶段工作的重点。对闭眼期的仔兔，窝温不宜低于30℃，室温不得低于15℃。寒冷季节产仔，应及时将产仔箱移至温暖处，随时检查是否有仔兔爬出产仔箱或母兔将仔兔产于箱外。凡见仔兔皮色发青，在窝内不停窜动时，均表明巢内温度过低，须及时调整。但在南方炎热夏季，应注意舍内降温，取出部分巢箱内的垫草和覆盖的兔毛，以保证窝温不超过40℃。幼兔则宜生活在20℃，无大风而安静的环境中。

5）分批哺乳。母兔产仔较多，而无合适的保姆兔时，可将仔兔分成两批，清早给个体小的仔兔喂奶，傍晚给个体较大的仔兔喂奶，这样只要加强母兔营养供应，并及早给仔兔补料是可行的。

6）主动弃仔。如果母兔产仔数很多，而当时又没有合适的保姆兔寄养，应果断采取抛弃部分仔兔的方法。有些人认为这种做法太可惜，舍不得扔掉活生生的仔兔，将仔兔全部保留，其结果事与愿违。

（2）开眼期仔兔的饲养管理 开眼期是从仔兔出生后第12天（第11～14天）眼睛开始睁开到断乳这段时期。

1）做好开食补料工作。仔兔产下12天后睁开眼追着母兔吃乳，生长加快，而母乳却日渐减少，为了解决仔兔营养不足的矛盾，应及时补料。开食补料时间一般从第16～18天开始。过早开食补料，仔兔的肠胃功能尚未健全，容易发生消化道疾病。仔兔料应营养全面，适口性好，易消化。23～25日龄可喂些营养价值高的新鲜嫩草等青饲料。仔兔补料一般每天4～5次，每只日喂量由4～5g逐渐增加到20～30g，补料后应及时取走食槽以防仔兔在里面拉尿。补饲料持续喂到35～45日龄，再慢慢改喂生长兔料或育肥兔料。断乳前应坚持哺乳，并供给充足饮水。补喂的饲料，开始可用少量的嫩青草、野菜诱食，23天左右可逐渐混入少量粉料，补料量要由少到多，少次多餐，每天喂5～6次。

2）搞好卫生，预防疾病。产仔箱每天要检查，发现潮湿，或母兔在箱内排粪，要及时清除，防止仔兔误食母兔粪便感染球虫病。晴天产箱要多晒太阳，可起到消毒杀菌作用。仔兔开食后粪尿增多，更要保持产箱的清洁卫生。仔兔在哺乳期常发生大肠杆菌病、黄尿病和球虫病。出生后1周内的仔兔容易发生黄尿病。仔兔黄尿病是由于仔兔吸吮患乳房炎的母兔的乳汁引起的，患兔体弱无力，皮肤灰白，无光泽，很快死亡。防止尿黄病的方法，主要是保证母兔要健康无病，搞好母兔乳房炎的防治，饲料要清洁卫生，笼内要通风干燥；同时要经常检查仔兔的排泄情况，如果发现仔兔精神不振、粪便异常，要立即采取防治措施。大肠杆菌病主要是由于笼舍和产箱卫生不良，母兔乳头沾上致病性大肠杆菌，当仔兔吮乳时吃到胃肠内，由于仔兔抗病力低，很容易发病死亡。所以搞好卫生是预防仔兔大肠杆菌病的重要措施。患有球虫病的母兔，对母体虽未达到致病的程度，但可以使仔兔消化不良、拉稀、贫血、消瘦，死亡率很高。据报道，有些兔场因球虫病死亡的仔兔高达90%以上。预防球虫病方法主要是注意笼内清洁卫生，及时清理粪便，经常清洗或更换笼底板，并用开水浇或日光曝晒等方法杀死卵囊；同时在饲料中经常混入一些葱、蒜等物，增强兔肠道的抵抗力。如果发现粪便异常，要及时采取药物防治措施。

3）防止吊乳。吊乳是养兔生产实践中常见的现象之一，主要原因是母兔乳汁少，仔兔吃不饱，较长时间吸住母兔的乳头不放，母兔离箱（巢）时就会将正在吃乳的仔兔带出箱外；或者母兔正在哺乳时，受到突然惊吓，引起母兔惊慌而突然离巢，将仔兔带出巢外。

高效养兔

吊乳出巢的仔兔容易受冻或被母兔踩死。在饲养管理上要特别细心，当发现有吊乳出巢（箱）的仔兔应及时将其送回巢内，并查明原因，及时采取措施。

4）防暑防寒。仔兔出生后体表无毛，体温随着外界温度变化而变化，冬季和春季气温偏低，特别是我国北方，兔舍内要进行保温。夏季天气炎热，阴雨天较多，蚊蝇猖獗，刚出生的仔兔易被蚊蝇叮咬。所以，夏天最好把巢箱放在安全的地方，用纱布遮盖，注明母兔号码，按时送进笼内喂奶，并做好室内通风、降温工作。

5）防止鼠害。出生后1周内的仔兔易受鼠害。有些地区仔兔死于鼠害者高达30%～50%之多。所以设法消灭老鼠，是养兔场和养兔户的一项重要任务。

6）防止仔兔窒息和残废。家兔产仔做窝所拔下细软的长毛，受潮湿和挤压后易粘结成块，难以保温；另外由于仔兔在巢箱内爬动，易使细毛拉成线条，如果缠结在腿部易致残，缠在颈部易窒息而死。所以，营巢用的长毛应及时换成短毛或棉花等。

7）适时断乳。仔兔断乳时间的早晚，应根据饲养水平、繁殖制度、仔兔发育情况及品种、用途（种用还是商品用）等不同情况而定。一般来讲，仔兔的断乳时间为30～35天；实行血配，进行频密繁殖时仔兔的断乳时间为28天。如果全窝仔兔生长发育均匀，体质健壮，可采取一次性断乳法，即在同一天母仔分开饲养。断乳母兔在2～3天内只喂给青粗饲料，停喂精料，促使母兔尽快停止泌乳；如果全窝仔兔强弱不均，可采取分批断乳法，即先将体质强的仔兔分开，体质弱的仔兔继续哺乳，几天后，看情况再断乳。

> ➜ 【提示】 断乳时，最好将母兔移走，让仔兔留在原笼饲养一段时间（做到饲料、环境、管理三不变），再转入幼兔舍，以减少环境变化和断乳同时进行使仔兔产生的应激，影响其生长。

四 幼兔的饲养管理

从断乳到3月龄的小兔称为幼兔。幼兔发育速度快、消化能力差、体温调节机能和神经调节机能尚不健全、胆小易惊，对环境变化极为敏感，抗病力弱。再加上开始第一次换毛，所面对的应激因素多（如断乳、饲料改变、笼舍改变、伙伴改变、疫苗注射），给幼兔的饲养管理提出了更高要求。因此，提高幼兔成活率，保证其快速增长的需要，必须科学饲养，加强管理，建立健全的卫生防疫制度。

1. 幼兔的饲养

（1）保证充足的营养 幼兔胃肠的容量相对较小，对粗纤维的消化力较弱，要求日粮营养丰富、体积较小、能量和蛋白质水平较高。一般日粮中不仅要保证蛋白质的含量在 16% ~ 17%，还要保证蛋白质的质量，注意氨基酸的含量和平衡性。此阶段的家兔面临着第一次换毛（年龄性换毛），日粮中更要保持含硫氨基酸的含量。值得注意的是日粮中的粗纤维含量不能太低，太低的粗纤维日粮容易引起幼兔的代谢性腹泻。一般幼兔日粮中的粗纤维含量为 12% ~ 14%，尽量不低于 10%。

（2）合理搭配饲料 首先，要限喂高能量饲料。试验证明，幼兔的死亡率与饲料中大量喂给玉米等高能量饲料有关，所以减少玉米等高能量饲料的喂量，适当增加苜蓿等高纤维饲料的喂量，对防止幼兔肠炎有良好的作用。其次，幼兔日粮中的多汁饲料、青菜和含水量较多的饲料的比例不应太大，发酵酸败的饲料要禁喂。因为这些饲料含水量大，营养价值低，体积相对较大，容易形成草腹，对种用兔不利。再次，幼兔日粮中可拌入适量牛、羊乳给断乳后的幼兔，特别是体弱或准备留作种用的小兔，可使幼兔消化道更快地形成微生物群系，适应断乳后的新条件，而且可为幼兔提高丰富的易消化吸收的蛋白质等营养物质，从而提高成活率。

（3）定时限量，少量多餐，供给充足的清洁饮水 幼兔有贪吃的习性，所以必须定时限量，尤其是幼兔爱吃的饲料，如青绿多汁饲料等，一次不能喂的过多，以防伤食和拉稀。每天固定时间饲喂，喂量多少，要根据每次喂食后是否剩料或不足进行增减下次饲喂量。同时结合观察兔的粪便软硬，消化好坏，将喂量进行合理的调整。幼兔生长快，食量大，必须保证充足的饮水。一般情况下冬天每天换水 1 次，其他季节每天 2 次。气温高时应做到清水不断，饮水常换。

2. 幼兔的管理

（1）断乳前后饲料、环境、管理不变　刚断乳的幼兔适应环境能力很差，所以断乳后的幼兔要尽量做到断乳前的饲料、环境、管理三不变。断乳后最好实行"离奶不离笼"的饲养方法。断乳后1～2周内，要继续饲喂补饲料，以后逐渐过渡到幼兔料，否则，突然变料容易导致消化系统疾病。喂量应随年龄增长、体重增加逐渐增加，不可突然增加，并保持饲料的相对稳定。

（2）分群饲养　断乳后的幼兔应根据不同的需要，按照体重的大小、体质的强弱、出生的时间等进行分组。特别是接近3月龄时，有的兔已达性成熟，公兔之间相互撕咬，容易损伤皮肤而失去商用价值，更应该分组。笼养兔可以每笼饲养3～4只，群养时以每小群8～10只为宜，且最好设运动场，让兔自由出入活动，增强体质。

（3）加强环境管理　幼兔比较娇气，对环境变化很敏感，尤其是寒流等气候突变，应为其提供良好的生活环境，保持清洁卫生、环境安静、饲养密度适中，防止惊吓、防风寒、防炎热、防空气污浊、防兽害等，切实把好环境关。

（4）做好卫生防疫工作　幼兔阶段多种传染病易发，抓好防疫至关重要。首先做好笼圈的清洁卫生，注意消毒，以减少疾病的发生；其次要根据季节特点做好疾病的预防，如春季预防口腔炎、肺炎及感冒，夏季尤其是雨季重点预防球虫病，可在饲料中添加氯苯胍、磺胺等防球虫病的药物。饲料中经常加入洋葱、大蒜等药用植物，对于防病促长都有好处。按时打防疫针更不可忽视，除了注射兔瘟疫苗外，还要根据实际情况注射巴氏杆菌、魏氏梭菌及波氏杆菌等疫苗，确保兔群安全。

五　育成兔的饲养管理

从3月龄到初配这一时期的兔称为育成兔，或叫青年兔，如果打算留作种用的又称后备兔。

1. 青年兔的饲养

青年兔的消化器官已得到充分锻炼，采食量加大，体内代谢旺盛，生长发育快，尤其是骨骼和肌肉。因此，青年兔日粮要以青粗饲料为主，精料为辅，日粮中粗纤维的含量提高到14%～15%，能量、蛋白质水平适当降低，并注意矿物质和维生素的补充。一般在4月龄之内喂料不限量，使之吃饱吃好；5月龄以后，适当控制精料，防止过肥。对计划留作种用的后备兔，要适当限制能量饲料，防止过肥，并要注意饲料体积不宜过大，以免撑大肚腹，失去种用价值。

2. 青年兔的管理

青年兔的管理重点是适时分群。满3月龄后的青年兔已开始性成熟，为防止早配、乱配，公、母兔必须分开饲养。4月龄以上的公兔，准备留种的要单笼饲养，以免互相爬跨，影响生长。凡不适合留种的公兔，要及时去势，去势后的公兔可群养育肥。此外，还应加强后备兔的运动，以增强体质，促进骨骼肌肉的充分发育。在设计兔舍时，对后备兔的兔笼应宽大一些，或设置运动场，以加大运动量。据报道，后备兔运动充足的比得不到运动的增重量要高5%～10%。

第五节　不同用途家兔的饲养管理

一　商品肉兔的饲养管理

肉用兔的产肉性能较高，其生产管理的目的就是多产仔，多产肉，提高经济效益。其常规饲养管理与前述相同，应重点注意以下几点。

1. 母兔的繁殖制度

母兔的繁殖制度可分为传统繁殖法、半频密繁殖法和频密繁殖法3种。传统繁殖法是在仔兔断乳后进行配种，一般仔兔断乳日龄为35～45天，有的农户甚至更长。半频密繁殖法又称奶配，是在母兔泌乳高峰期和胎儿发育高峰期错开的产仔10天左右（大约8～14天）配种，使仔兔在26～30日龄断乳（一般在28日龄），此种繁殖方法，适用于半集约化商品肉兔场。频密繁殖法，又称血配，是在母兔产仔后第1～3天配种，仔兔断乳在24～27日龄进行，一般为25日龄，采用此方法实行同期发情，同期配种，同期产仔，便于管理，且繁殖周期短，年可产8窝左右。不同繁殖制度的有机结合，科学运用，可以在保证母兔体况的情况下，达到多繁的目的。通过试验，河北农业大学总结出的肉兔适宜的繁殖制度见表6-5。

表 6-5   肉兔适宜的繁殖制度

胎次	配种日期	产仔日期	断乳日期	哺乳时间/天	休养时间/天
1	2 月上旬	3 月上旬	4 月上旬	30	−20
2	3 月上旬	4 月上旬	5 月上旬	35	−25
3	4 月中旬	5 月中旬	6 月下旬	42	45
4	8 月中旬	9 月中旬	10 月中旬	30	−29
5	9 月中旬	10 月中旬	11 月中旬	35	−25
6	10 月下旬	11 月下旬	1 月上旬	42	29

注：−29、−25 是指泌乳时间。

> ● 【提示】母兔密集繁殖制度要求饲养者管理技术水平高，对每个技术环节都要精心安排，对母兔和仔兔的饲养管理技术要求更高。如果母兔养的过肥和过瘦都不利于配种，仔兔的饲养技术水平低则死亡率高，生长缓慢，影响经济效益。因此饲养户要根据自己的饲养管理水平选择适宜的繁殖制度。

　　繁殖效果的好与坏，直接影响饲养者的经济效益，生产中一般以每只母兔每年提供的断乳仔兔总数来判断母兔是否得到最佳利用，该指标取决于配种率、情期受胎率、每胎产仔数总数、每胎活仔数、产仔间隔时间、产仔和断乳期间死亡率等。肉用兔繁殖参数见表 6-6。

表 6-6   肉用兔繁殖参数

生 产 指 标	最低水平	最佳水平
每只母兔每年断乳仔兔总数/只	40	50
每只母兔每笼断乳仔兔总数/只	45	55
配种率（%）	70	85
情期受胎率（%）	55	85
每胎产仔数/只	8	9

生 产 指 标	最低水平	最佳水平
每胎产仔的存活数/只	7.5	8.5
每只母兔每年的产仔胎数/只	6	7.5
两次产仔的时间间隔/天	60	50
产仔和断乳之间的死亡率（%）	25	18
每窝断乳兔数/只	6	7
怀胎期断乳的兔数/只	6.5	7.5
30 天断乳仔兔的重量/g	500	600
断乳仔兔每千克饲料消耗/kg	4.5	4.0
每月淘汰的母兔（%）	8	5

2. 肉兔的生产方式

（1）良种生产 就是选择优良品种，进行纯种繁育，繁殖大量后代，生产优质兔肉。作为肉用兔优良品种有新西兰兔、加利福尼亚兔、日本大耳白兔、哈白兔、塞北兔等。

（2）经济杂交 由两个不同品种或品系的公母兔进行杂交，所产第一代杂种，一般比纯种兔生长速度快 20% 左右。试验证明，加里福尼亚公兔与新西兰母兔杂交，杂种一代兔 56 日龄体重可达 2kg。当然，不同杂交组合在不同地区所表现的优势率是不一样的，所以用什么品种（或品系）杂交好，正交还是反交，要经过杂交组合试验才能得出结论。

（3）配套系生产 近年来我国引进了齐卡杂交配套系、布列塔尼亚杂交配套系及艾哥杂交配套系等，这些兔都表现出了良好的产肉性能，饲养到 90 天左右即可屠宰，兔肉鲜嫩，口味好。但是这些配套系也存在着制种成本较高、饲养的集约化程度要求严格的问题，在农村大面积推广尚有难度，如果利用这些配套系中的快速生长系与我国的某些地方当家品种，如新西兰兔等进行二元杂交生产商品兔，则在短时期内就能取得很明显的经济效益。

3. 肉兔的育肥方式

家兔育肥方式可分为直线育肥、阶段育肥和淘汰兔育肥 3 种。

(1) 直线育肥 也称"一条龙"育肥或快速育肥。这种方式是充分利用家兔早期生长发育快的优势,采取一系列综合措施,使之在短期内出栏,实现高投入、高产出的生产经营方式。这些措施包括配套的品种(配套系或优良杂交组合)、配套的技术(包括高营养、全价颗粒饲料含蛋白质 18% 左右,消化能 10.47MJ/kg,粗纤维 10%~12%,每千克饲料含消化能 10.47MJ 以上等)、配套的设备管理(高密度笼养,18 只/m² 左右);控光控温控湿(温度保持在 15~25℃,湿度 60%~65%),采取全黑暗或弱光育肥。采用此种方式育肥兔可在 70~80 天出栏,育肥期日增重 45g 左右,饲料报酬 3:1,全进全出,年周转 4.5 次。

> 【提示】 直线育肥方式在养兔发达国家多采用,经济效益很高。我国多数农村家庭养兔户目前还不具备以上条件,不宜硬搬硬套。

(2) 阶段育肥 这种育肥方式在我国农村普遍采用,也称传统育肥方法。育肥期分为三阶段进行:第一阶段将断乳后的幼兔分群圈养 1 个月左右,每群 20~50 只,1~1.5 只/m²,圈内设草架、饲槽、饮水器,供幼兔自由采食,以精料为主,青粗饲料为辅。第二阶段,圈养或笼养 1 个月左右,以青粗饲料为主,精料为辅,充分利用青粗饲料,拉大骨架发育。第三阶段笼养催肥 0.5~1 个月,以精料为主,青粗饲料为辅,日喂 4~6 次,让兔多吃快长。这样育肥 2.5~3 个月,体重可达到 2~2.5kg 出栏上市。育肥条件较差的,4 个月左右也能出栏。

(3) 淘汰兔的育肥 淘汰兔指年龄老的不适宜做种用的公母兔及长毛兔等。如淘汰兔本身已经很肥,只要停止繁殖,饲养一段时间即可直接上市宰杀。对那些身体过瘦的淘汰兔,育肥不易上膘,而且要消耗较多饲料,经济上不合算,也不必催肥直接宰杀就好。老龄公兔淘汰后应去势再育肥效果较好。淘汰兔育肥的技术措施和原则仍参考一般商品兔的育肥措施,如控光、控温、控湿,让兔多吃少活动，达到出栏标准体重即上市出售。

4. 肉兔育肥的主要技术环节

（1）抓断乳体重 肉兔育肥速度的快慢在很大程度上取决于早期增重的快慢。凡是断乳体重大的仔兔，育肥期的增重就快，就容易抵抗断乳的应激。相反，断乳体重越小，断乳后越难养，育肥期增重越慢。一般要求仔兔30天断乳时体重力争达到中型兔500g以上，大型兔600g以上。这就要求采取措施提高母兔的泌乳力，调整好母兔哺育的仔兔数，抓好仔兔的补料。

（2）过好断乳关 由于环境和饲料的改变，仔兔从断乳向育肥的过渡非常关键。如果处理不好，在断乳后2周左右会出现增重缓慢，停止生长或减重，甚至发病死亡等情况。所以，断乳后最好原笼原窝在一起，即采取移母留子法。若笼位紧张，需要调整笼子，同胞兄妹不可分开。断乳后1~2周内应饲喂断乳前的饲料，以后逐渐过渡到育肥料。

（3）直接育肥 所谓直接育肥是指仔兔断乳后就开始育肥，经过30~45天的饲养，体重达到2.0~2.5kg时屠宰。育肥期间实行自由采食，饲喂颗粒饲料，保证饮水。颗粒料的营养水平推荐为：消化能11~12MJ/kg、粗蛋白质16%~18%、粗纤维11%~14%。并适当选用一些添加剂，满足育肥兔对维生素、微量元素及氨基酸的需要。

（4）控制环境 育肥效果的好坏，在很大程度上取决于为其提供的环境条件，主要是指温度、湿度、密度、通风和光照等。温度最好保持在15~25℃之间。最适宜的湿度应控制在55%~60%之间。饲养密度应根据温度和通风条件而定，在良好的条件下，每平方米笼养面积可饲养育肥兔18只。在生产中，由于我国农村多数养兔场的环境控制能力有限，一般应控制在每平方米14~16只。光照对家兔的生长和繁殖有影响，育肥期实行弱光或黑暗，仅让兔子看到采食和饮水，能抑制性腺发育，延迟性成熟，促进生长，减少活动，避免咬斗，快速增重，提高饲料的利用率。

（5）控制疾病 肉兔育肥期易感染的主要疾病是球虫病、腹泻和肠炎、巴氏杆菌病及兔瘟。球虫病是育肥兔的主要疾病，尤以6~

第六章 家兔的饲养管理

8月多发。应采取药物预防、加强饲养管理和搞好卫生相结合的方法积极预防。

(6) 适时出栏 出栏时间应根据品种、季节、体重和兔群表现而定。在正常情况下，90日龄达到2.5kg即可出栏。大型品种骨骼粗大，皮肤松弛，生长速度快，但出肉率低，出栏体重可适当大些；中型品种骨骼细，肌肉丰满，出肉率高，出栏体重可小些，达2.25kg以上即可；淘汰兔以30天增重1.0~1.5kg为宜。

5. 肉兔的屠宰加工

肉兔的屠宰加工，是增加产品产值、促进产业发展的重要措施。掌握家兔的屠宰加工方法，有利于开发兔肉市场，促进家兔的发展。

(1) 屠宰前检查 肉兔在屠宰前必须进行健康检查，以保证屠宰后兔肉质量及其所加工的产品质量和减少二次污染。候宰兔的要求是：来自非疫区，健康无病（特别是患有烈性传染病的兔不能作为候宰兔），肩宽，背平，臀尻部丰满，被毛光滑、洁净，体重不低于1.5kg，以2~2.5kg时屠宰为适宜。

(2) 屠宰前的饲养管理 对候宰兔宰前的饲养要求主要是几个方面：①宰前应在临时场所（笼养最好）短期休息12~24h，以便进一步观察其健康状况，剔除病兔，以免病原微生物通过污染的肉产品危害人的身体健康。特别是从远处运购的商品活兔，由于远距离运输使处于应激状态，如马上屠宰，肉质质量差；应在临时场地放养，使兔体放松，恢复其自然状态。②屠宰前12h应断食，以减少消化道内容物，清洁肠道，避屠宰剖腹时易划破消化道使胃肠内容物溢入腹腔，污染胴体，造成不必要的二次污染。③让兔有充足的饮水。充足的饮水可使兔后段消化道尽可能排空，同时，也有利于促进其体内血液循环，利于宰后放血，改善肉质，延长兔肉保存时间。但在屠宰前2~4h停止饮水，避免倒挂放血时胃内容物从食道流出。

(3) 屠宰工艺

1) 毙兔。毙兔方法有：电击晕法、棒击法、灌醋法、空气法、颈部移位法等。①电击晕法：一般用电压为70V左右、电流为0.75A左右的电麻器，触及兔耳后部毙兔，倒挂放血。此方法效率高，污染小，是一种好的方法，主要用于规模化兔肉加工厂和专业大型屠宰场。②棒击法：通常用左手紧握临宰兔的两后肢，使其头部下垂，然后用木棒或铁棒猛击其延脑，使其昏厥后剥皮放血。棒击时须迅速、熟练，否则不仅达不到击晕的目的，且因兔子骚动易发生危险。③颈部移位法：一手抓住兔的两后肢，另一手大拇指按住兔两耳根后边延脑处，其余四指按住下颌部，然后两手猛用力一拉，使兔头向后扭转，便可使兔子因颈椎脱位致死。也可用左手压住兔子的肩背部，用右手心托住其下颌部，然后左右手同时把头部向下按，并略前推，当听到骨折声时，家兔颈椎脱臼，再猛击致死。

> ➔ 【提示】 棒击法、颈部移位法虽然简便，但不符合现代动物屠宰要求，易造成兔头颈部淤血，影响胴体质量，且劳动强度过大。在规模化屠宰场，一般不采用。

2）放血。放血时将兔子倒吊在特制的金属挂钩上或用细绳拴住后肢，再用利刀迅速沿左下颌骨边缘，割开皮毛切断动脉。放血时要避免污染毛，要尽可能放尽血；否则放血不尽将影响兔肉品质，储藏时易变质发臭。一般放血时间以 3～4min 为宜，不低于 2min。

3）剥皮。现代化家兔屠宰场多采用机械剥皮、半机械化剥皮法。广大农村和小型家兔加工厂多采用袋剥法手工操作剥皮。具体操作是：先用绳将兔后肢挂起，用剥皮刀呈环状切开两后肢跗关节处的皮肤，再从左后肢的跗关节处，沿大腿内侧通过尾根到右后肢跗关节处划开皮肤。沿此刀线先剥离两后肢皮肤至尾根，再一刀切断尾部，将整张皮向头部方向顺势拉下，两手各持

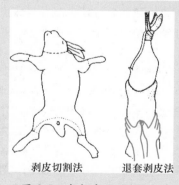

剥皮切割法　　退套剥皮法

图6-5　家兔手工剥皮方法

一侧皮，均衡向下引拉，逐步使皮剥离，最后抽出前肢，剪除眼睛和嘴唇周围的结缔组织和软骨，至耳根与头部处割裂，使其成为皮板朝外的圆筒皮（图6-5）。

⚠️ **【注意】** 处死后的兔子应立即剥皮，若等尸体僵冷后再剥，皮与肉不易分离。在退套剥皮时用力不要太猛，以防止撕破腿部肌肉。不要损伤毛皮，不要挑破腿肌或撕裂胸腹肌。

4）剔除内脏。剥皮后倒挂兔体，沿腹正中线轻轻切开腹壁，打开腹腔，先仔细观察，内脏有无病变损伤，如有异常现象，必要时可通过质检判断是否可以食用。然后取出肠、胃、心、肺、食管和气管等脏器，同时要除去鼠蹊淋巴结和剥离副肾，根据加工的要求和不同地区对鲜兔的消费习惯，决定是否取出肝、肾脏和腹脂。

5）卫生检验。卫生检验有两方面内容，即检查胴体和检查内脏器官。①肉品质检验主要目的是看其品质。要求肉体表面的颜色正常，表面无黏性，切面湿润，呈玫瑰红色或浅红色，肉质紧密有弹性，用手指压后，压痕立即复原，有兔肉的自然香味，筋腱与关节紧密有弹性，关节表面平滑有光泽，不符合上述要求的肉体说明存放过久，严重的甚至变质，不可食用。②内脏检验是在屠宰后，对兔的胃、肠、肺、肾、心、脾、肝等脏器进行检查，主要是观察其颜色、大小及有无淤血、充血、炎症、肿瘤、结节、寄生虫、是否有腹水及其异常现象。发现球虫病和仅限在内脏部位的豆状囊尾蚴、非黄疸型的黄脂肪不受限制；但若发现有结核、伪结核、巴氏杆菌病、野兔热、黏液瘤、脓毒病、黄疸、坏死杆菌病、李氏杆菌病、副伤寒、肿瘤和梅毒等疾病病变的，要一律检出。

6）胴体修整。目的是为了除去胴体上能使微生物繁殖和污染的淤血、残脂、污秽等，达到洁净、完整和美观的商品要求。修整的主要内容有：修去残余内脏、生殖器官、耻骨附近（肛门周围）的腺体和结缔组织；修除脖肉、胸腺、胸腹腔内的大血管；修除体表各部位的结缔组织；后腿内侧肌肉中的大血管不得剪断，以兔血管内的淤血污染兔肉，应从骨盆腔处挤出残余血水；修整背部、臀部及腿部外侧等主要部位的外伤（外伤不得超过两处，每处不得超过 $1cm^2$），其他部位的外伤也应修割掉；剔除暴露在胴体外的脂肪，特别是背部的两条脂肪应修割干净。

7）胴体分级。凡兔肉呈暗红色或放血不全、露骨、透腔、脊骨突出过瘦、背部发白、肉质过老、有严重骨折、曲背、畸形者，修割面积超过规定的，都不应做带骨兔出售，去骨兔不能带碎骨和软骨。按出口国际市场要求，带骨兔肉按重量分为：①特级，每只净重1 500g以上；②大级，每只净重1 001～1 500g；③中级，每只净重601～1 000g；④小级，每只净重400～600g。

8）胴体的分割。为利于销售和储存，屠宰后的最后一道工序是胴体整形和分割。前腿肉在胸腰椎间切断，沿脊椎骨中线分成两只，去净椎骨。腰背肉在第10～11肋骨间向后到腰椎处切开。后腿肉切去腰背后，沿荐椎切开，除去腰椎和荐椎。

9）包装。带骨兔肉和分割肉按不同等级，用不同规格的塑料袋套装。外用塑料或瓦楞纸板包装箱套装。带骨肉或分割兔肉，每箱净重20kg。带骨肉装箱时应排列整齐，紧密，两前肢尖端插入腹腔，用两侧腹肌覆盖；两后肢自然弯曲；兔背向外，头尾交叉排列，头部与箱壁之间留有一定空隙。分割兔肉包装前先称取5kg为一堆，整块的平摊，零散的夹在中间，然后用塑料包装袋卷紧，装箱时上下各两卷呈"#"字形，4卷再装入一聚乙烯薄膜袋。每箱兔肉终量相差不得超过200g。

10）冷冻与储存。装箱后的兔肉在-25℃、相对湿度90%的条件下急冻48～72h，试测肉温达-15℃即可转入冷藏。合理的冷藏条件是，冷库温度应保持在-19～-17℃，相对湿度为90%。冷库内温度升降幅度一般不超过1℃，在大批量进出货过程中，一昼夜升温不超过4℃，储存期6～12个月。长期冷藏时兔肉应堆成方形，地面用不通风的木板衬垫，衬垫高约30cm，堆高2.5～3m。肉堆与周围墙壁、天花板之间保持30～40cm的距离，距离冷却排管40～40cm，肉堆之间保持15cm的间距。冷库中间应保持运送小车的通道，一般不少于2m。

> ◐ 【提示】 为了保持肉质新鲜，防止冷藏过久影响肉质，应尽量缩短冷藏时间。

二 獭兔的饲养管理

獭兔是典型的皮用兔，生产方向是以皮为主，兼用其肉。

1. 獭兔毛皮的特点

獭兔的被毛独具特点，可用短、平、密、细、美、牢6个字来概括。

(1) 短 指獭兔毛纤维的长度短。獭兔毛纤维的长度为1.3～2.2cm，最理想的长度为1.6cm左右。

(2) 平 獭兔整个被毛的所有毛纤维，无论是绒毛还是枪毛，长度基本一致，被毛非常平整，如刀切剪修一般。

> ➡ **【提示】** 獭兔枪毛含量较高而突出被毛表面，为品种退化的标志。

(3) 密 单位皮肤面积的毛纤维根数多，被毛非常浓密。用口吹其被毛，形成喇叭状旋涡，在旋涡基部所露出的皮肤面积很小。用手触摸被毛，有浓厚之感。

(4) 细 毛纤维横截面的直径小。绒毛含量高，枪毛含量低。

(5) 美 獭兔被毛颜色多种多样，绚丽多姿，美观诱人。

(6) 牢 被毛纤维在皮肤上面附着结实牢固，不容易脱落，为制裘创造了条件。

2. 獭兔毛皮的生长规律

(1) 取皮年龄 通常，成年兔皮的质量比幼龄兔皮和老龄淘汰兔皮质量好。据观察4月龄以内的獭兔被毛多空疏、细软，不够平整，随着日龄的增长而逐步浓密和平整。5～6月龄的壮年兔，绒毛浓密，色泽光润，板质结实，质量最佳。老龄兔皮板厚硬、粗糙、绒毛空疏、枯燥、色泽暗淡，商品价值低，且随产仔胎数的增加毛皮品质逐渐下降。青年兔最好在第一次年龄性换毛结束之后，第二次年龄换毛之后前（约5～6月龄，体重2.5kg左右）屠宰取皮，皮张面积基本可达到0.11m²，其优良一级皮的比例较大。獭兔第二次年龄性换毛多在6月龄开始，8月龄结束，换毛持续时间较长。从毛皮成熟度而言，养到第二次年龄换毛后獭兔皮质量更佳，但延长2个月的饲养期将会大大增加饲养成本，降低经济效益。

(2) 取皮季节 獭兔在完成2次年龄性换毛后，就转入季节性换毛。成年獭兔季节换毛每年2次，分别在春季和秋季。春季换毛发生在3~4月，秋季换毛则在9~11月。从獭兔被毛的退换规律看，屠宰取皮季节不同，皮板与被毛的质量也有很大差异。对于成年兔或淘汰的种兔来说，最好在皮毛质量最佳的冬季屠宰，即秋季换毛以后和春季脱毛以前，一般在11月以后和次年3月以前。换毛期取的皮，毛皮品质最差，绒毛长短不齐，极易脱落，故取皮应避开换毛季节。

3. 商品獭兔的饲养管理

(1) 饲养方式 商品獭兔断乳至2.5~3月龄是按大小、性别、强弱分群，每笼饲养3~5只（笼面积约为0.5m²）。3月龄后采用单笼饲养。这样有利于提高皮张合格率和皮张质量。

(2) 重视早期发育 獭兔的生长和毛囊的分化存在着明显的阶段性。体重增长和毛囊分化在前期（3月龄以前）都相当强烈，而且被毛密度与早期体重呈明显的正相关，早期增重快，毛囊分化强度越高。应采取各种措施提高断乳体重和3月龄体重是獭兔饲养成败的关键。一般要求30日龄断乳重达500g，3月龄体重达到2000g以上。

(3) 前促后控 合格的獭兔皮不仅要求有优质的体重和皮板面积，还要保证皮张的质量。要得到皮张面积和质量的统一，需要较长的饲养期。獭兔育肥期比肉兔长，如果采用全程高营养饲养，有利于前期的增重，可促进皮张面积与被毛密度的增加，但易造成后期皮下脂肪积蓄，浪费饲料。因此，商品獭兔应采用前促后控的育肥技术。采用前促后控技术，不仅可以节省饲料，降低饲养成本，而且育肥兔的皮张质量好。具体做法是：断乳到3~3.5月龄，保证较高的营养水平（粗蛋白质17%~18%，消化能11.3~11.72MJ/kg），采取自由采食，充分利用獭兔早期生长发育速度快的特点，使其多吃快长。3.5月龄后通过降低饲料的营养水平（如能量水平降低10%，蛋白质降低1%~2%，自由采食）或控制采食量（饲料的营养水平不变，每天投喂的饲料量是自由采食量的80%~90%）等方式降低饲养成本，防止过多皮下脂肪的产生。

⊙ **【提示】** 取皮前1个月内，日粮粗蛋白质不能低于16%，含硫氨基酸为0.5%。

(4) 公兔去势 由于獭兔的性成熟在 3 ~ 4 月龄，而育肥出栏期在 5 月龄以后，如果不及时去势，后期群养兔在育肥期间会相互爬跨，影响采食和生长，不便于管理，特别是公兔之间相互咬斗，极易造成皮张质量下降。商品獭兔生产，公兔去势的一般在 2.5 ~ 3 月龄进行。其方法见本章第三节家兔的日常管理技术。

(5) 控制环境 獭兔饲养效果的好坏，在很大程度上取决于环境控制。环境温度过高或过低都是不利的，最好保持在 25℃ 左右。应保持环境干燥，湿度控制在 55% ~ 65% 之间。密度应根据温度及通风条件而定。在良好的条件下，每平方米笼底面积饲养育肥兔 16 ~ 18 只。我国农村多数养兔场的环境控制能力有限，一般应控制在每平方米 14 只左右。光照对獭兔的生长和繁殖有影响，根据国外的经验，育肥期实行弱光或黑暗，仅让兔子看到采食和饮水，有抑制性腺发育、促进生长、减少活动、避免咬斗、提高饲料利用率等多种作用。

(6) 催肥 冬季是取得獭兔皮最好的季节。取皮时间在农历冬至至小雪之间。为取得好皮，可通过短期（约 1 个月）的催肥，迅速达到改善皮张质量，增加产肉数量、提高经济效益的目的。催肥的措施有改善饲料品质、公兔去势和限制运动等。

(7) 预防疾病 在管理上，要保持兔舍、笼具的清洁干燥，及时清理笼内粪尿及其他污物，避免污染被毛。兔舍应定期进行进行常规消毒，降低环境中病原微生物的数量，切断疾病传染源。对于毛癣病、兔痘、坏死杆菌病、疥癣病、兔螨病、脓肿、湿性皮炎和黄尿病等直接损害毛皮的疾病，要用药物进行预防，一旦发病立即隔离治疗，并对病兔笼进行彻底消毒。

(8) 适时出栏屠宰 商品獭兔的出栏时间，要根据体重、皮张面积、毛皮质量和季节来定。正常的条件下，5 月龄达到 2.5 ~ 3.0kg 时即可出栏。冬季气温低，耗能高，不必延长育肥期，只要得到最低的出栏体重即可。当兔群基本上达到出栏体重时，如果遇环境的突然变化（如传染病的流行、市场变化等）应立即结束育肥。

4. 屠宰取皮与生皮处理

(1) 獭兔的屠宰取皮 獭兔的屠宰取皮与肉兔的基本相同，但獭兔宰杀取皮最好破除长期形成的先宰杀放血，后剥皮的传统方法，因为尖刀割颈放血或杀头致死，容易污染毛皮和损伤皮张，不宜采用。宜改为先处死、剥皮，后放血的新方法。

（2）生皮的处理 刚从兔体上剥下的生皮含有大量水分、蛋白质和脂肪，极适于各种微生物繁殖，如果不及时进行加工处理，就很有可能腐败变质，影响毛皮品质。对剥下的筒状鲜皮应立即清理油脂、肉屑、筋腱、乳腺等，可以以筒状皮形式进行处理，最好用利刀沿腹中线剖开成"开片皮"。

> 〇 【提示】 剥下的皮，应立即将其伸展，否则皱缩变硬后不易处理。

1）清理皮板。从兔体上剥下的生皮，皮板上常带有油脂、残肉和血污及粪、泥等污物。这些东西不仅影响毛皮的整洁和储存，而且不利于生皮的保管，容易造成皮板假干、油烧、霉烂、脱毛等伤残，降低使用价值，应及时清理。具体方法是：先用利刀沿腹中线剖开成"开片皮"，再将其毛面向下，板面向上，伸展铺平在平台上；用刮肉机或木制刮刀由臀部向头部刮去皮上多余残留物；最后置于通风处晾

图6-6　清理皮板

干或进行防腐处理。注意刮皮时不要用力过猛，以免损伤皮板或切断毛根；也不要逆向刮脂易造成透毛、流针等伤残（图6-6）。

> 〇 【提示】 清理刮脂时应展平皮张，以免刮破皮板；用力应均衡，避免用力过猛损伤皮板，切断毛根；刮脂应由臀部向头部顺序进行，如逆毛刮脂，易造成透毛、流针等伤残。

2）防腐处理。生兔皮防腐方法有2种，即干燥防腐法和盐渍防腐法。①干燥法。干燥法是一种以降低皮内水分，从而阻止细菌活动，达到防腐的最简单的方法。用此法处理的皮叫做干皮或淡干皮。具体操作如下：先在剥下的皮套内（毛面）涂抹或喷洒杀虫剂（凡

对节肢动物有杀灭作用的农药均可），以防止各类昆虫对皮板的侵害、污染。然后用竹制或木制撑弓将皮套撑开（毛向里）置于阴凉（环境温度不超过25℃）、干燥（相对湿度60%～65%）、通风处晾干。也可从腹中线剪开，整理成长方形，贴在纸板上阴干（图6-7）。

干燥防腐的优点是操作简单，成本低，皮板洁净，便于储藏和运输；主要缺点是皮板坚硬，容易折裂，难以浸软，且储藏时容易受到虫蛀损失。②盐渍法。此法应用普遍，尤其适于在高温高湿的季节或地区大批量屠宰取皮。具体方法是把鲜皮先用40%～50%的食盐溶液浸泡数日，

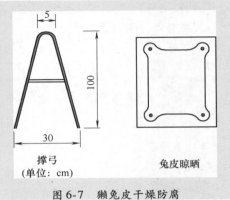

撑弓
（单位：cm）

兔皮晾晒

图6-7 獭兔皮干燥防腐

然后抖掉盐料，沥净盐水，整理成形置于阴凉、干燥、通风处晾干或直接用于加工鞣制。其优点是防腐力强，操作简便，可避免兔皮纤维在干燥过程中发生黏结和断裂，遇潮湿不易腐败，储藏时受蛾虫损失较小。缺点是盐渍皮在干燥过程中，胶原纤维束缩短，皮内有盐粒残存，对真皮的天然结构有一定影响。

➡ 【提示】在干燥过程中，禁止皮面与毛面重叠，切忌烈日曝晒，也不能放在火炉边烘烤，以防皮板龟裂或被融化的残脂浸染。

3）消毒处理。为了防止各种传染源的扩散和传播，在原料皮加工前，可用甲醛熏蒸消毒，或用15%的食盐溶液浸泡2～3天则可达到消毒的目的。

4）储存保管。经防腐处理过的干皮，应及时按等级、毛色、大小分别毛面对毛面，板面对板面地每10张或50张扎成捆，装入木箱，并喷洒一定量的杀虫剂入库储存。库房应干净，最适相对湿度为50%～60%，温度为10℃，原皮中的含水量宜保持在12%左右。

生皮应堆在木条上,堆皮的地方应先撒上茶粉(俗名卫生球、樟脑丸),然后进行堆放;最上面的一张皮应毛面向外,并在上面撒上茶粉。每月开仓检查2~3次,发现有潮湿、霉变或虫蛀等现象,应及时处理。兔皮的储存和保管,还应注意防鼠和人为造成的兔皮破损。

5. 獭兔皮的鉴定与分级

(1)鉴定依据 獭兔皮品质的好坏直接影响到养兔生产的经济效益。衡量獭兔毛皮品质的好坏,主要是根据毛绒、色泽、板质、面积和伤残等。①毛绒。评定獭兔毛皮品质最重要的是毛绒丰厚度、平整度和枪毛含量。丰厚度是指单位面积内着生的绒毛数量;平整度是指绒毛长短均衡程度。评定时,通常用毛绒丰厚、毛绒空疏等表示。毛绒丰厚是指毛长适宜而紧密,底绒丰足、细软,枪毛少而分布均匀,色泽光润;毛绒空疏是指毛绒粗涩、杂乱,缺少光泽;或毛短绒薄,毛根变细,显短平。②色泽。评定色泽的基本要求是,符合獭兔品种色型特征、毛色纯正、色泽光亮。品种不纯的有色獭兔,其后代容易出现杂色、色斑、色块和色带等异色毛。③板质。板质的薄厚,纤维的松紧、弹性和韧性的大小及有无油性,决定了板质的好坏。通常用板质足壮和板质瘦弱表示,板质足壮指板质坚实,厚度适中,薄厚均匀,弹性大,韧性好,有油性;板质瘦弱与板质足壮相反。④面积。皮板面积大小关系到商品的使用价值。通常以原干板为标准,鲜皮、皱缩板在评定时应正确测量,酌情伸缩,撑拉过大的皮张一律降级或作为次皮处理。⑤伤残。鉴别伤残时,应该区分软伤和硬伤,伤残处的多少,面积的大小,分散或集中都是衡量皮张质量的因素。⑥换毛情况。獭兔换毛时取皮,皮板产生斑块,绒毛长短不齐,易脱落,皮张将失去毛皮的使用价值。因此,对于獭兔生产中严禁取换毛皮。

(2)獭兔皮品质的鉴定方法 主要通过看、抖、摸和吹的方法来鉴定毛皮质量。①看。即扯开皮张后,观察毛绒的长短、色泽是否符合品种要求,以及板质是否足壮等,先看毛面,后看被毛的粗细、色泽及形状是否符合标准等。②抖。抖就是一手捏住兔皮的头部,一手执其尾部,然后用捏住尾部的一手上下轻轻抖动毛皮,观

察被毛长短、平整度及毛皮附着度等。如果粗毛突出毛面或粗毛含量过多，均应降级处理。经抖动出现毛绒脱落即为脱毛皮，脱毛皮必须降级。③摸。摸就是用手指触摸皮毛，以检查被毛弹性、密度及有无旋毛，并用手指插入被毛，检查厚实程度。④吹。口逆毛吹开被毛，形成漩涡，根据露出的皮板面积大小评定被毛密度。如不露出皮肤或露皮面积小于 $4mm^2$（似针头大小）为极好，不超过 $8mm^2$（约火柴头大小）为良好，不超过 $12mm^2$（约 3 个大头针头大小）为合格（图 6-8）。当皮张某部位出现可疑现象时，可吹开毛绒，检查皮板和毛绒的伤残和灵活程度。

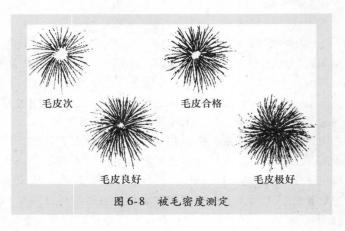

毛皮次　　　　　　毛皮合格

毛皮良好　　　　　　毛皮极好

图 6-8　被毛密度测定

6. 獭兔皮的分级

獭兔的皮目前以制裘皮为主，制革为辅。制裘的皮张，要求屠宰适当，皮形完整，去头、腿、尾、刮净肉屑、油脂等，板质良好、毛绒丰富、色泽光润、毛色纯正、平顺为主，且尽量无伤残或伤残面积很小，而且皮张的面积要达到一定标准。根据中国土畜产进出口总公司制订的商品标准，目前暂将獭兔皮的试行收购标准分为甲、乙、丙 3 个正式等级（表 6-7）。

表 6-7　獭兔皮的商业等级标准和规格要求

等级标准	规格要求
甲级皮	板质足壮，绒毛丰厚平顺，毛色纯一，无旋毛（轻度旋毛降一级，严重旋毛降两级），无脱毛、油烧、烟熏、孔洞、破缝。全皮面积在 1 100cm^2 以上
乙级皮	板质良好，绒毛略薄而平顺，毛色统一，无旋毛，在次要部位有轻微脱毛、油烧、烟熏、孔洞、破缝一种者。全皮面积须与甲级皮同，或具有甲级皮质量。全皮面积在 935cm^2 以上
丙级皮	板质良好，绒毛稍空薄，边肋带有一两个小孔或其他伤残，全皮面积与甲级皮同；或具有甲、乙质量。全皮面积在 770cm^2 以上
等级比差	甲级皮为 100%；乙级皮为 80%；丙级皮为 50%；等外皮为 25%
颜色比差	纯种兔色泽无比差，但必须一张皮上的毛色纯一，有不同毛色的皮，甲级皮质量降为丙级，乙、丙级皮照此往下类推
品种比差	以土种白色家兔皮为 100%，纯种獭兔皮为 150%

注：1. 不符合等内皮要求者，列为等外皮，等外皮暂按一般家兔皮规格。即等外一：具有甲、乙级皮毛绒、面积，带有伤残缺点，但不超过全面积的 30%；或具有甲、乙级皮毛绒，全皮面积在 444cm^2 以上；或毛绒略差于丙级皮而无伤残者。等外二：不符合等外一要求，但有一定制裘价值者均属之。

2. 使用说明：①量皮方法。从颈部缺凹处中间至尾根量其长度，选腰中部适当位置量其宽度，长、宽相乘求出面积。②降级要求。品种退化，枪毛突出绒面者按等外皮收购；枪毛含量过多者要降级收购。③暂不收购由于烈日曝晒、油烧、受闷脱毛的毛皮；油浸、软脱、剪毛等无制裘价值者暂不收购。

三　毛用兔的饲养管理

1. 影响兔毛产量和质量的因素

影响长毛兔产毛量的因素很多，在长毛兔饲养管理过程中对此应引起足够重视。

（1）遗传　不同品系的毛兔产毛量是不相同的，这是因为不同品系的生长速度、被毛密度、粗细毛的含量差异较大所致。据研究，长毛兔的产毛性能遗传力较高，也就是说，产毛性能高的长毛兔，该优良性状遗传给后代的可能性也大。

（2）**体形** 安哥拉兔的产毛量与兔的体形有一定的相关性。一般来说，体形大的长毛兔产毛量高于体形小者，这是因为体形大者皮肤表面积也大，所产的毛就多。

（3）**被毛密度** 被毛的密度越大，表明单位皮肤面积内的毛囊数越多，长出的毛纤维也多，产毛量越高。如果体形大而兔毛稀疏，产毛量未必高。因此，在选种时要兼顾体形与被毛密度这一因素。

（4）**性别** 一般来说，非繁殖用母兔产毛量要高于公兔的产毛量25%左右，但在妊娠、哺乳期产毛量有所下降。去势公兔比不去势公兔的产毛量高10%～15%。据报道，法国多用母兔生产兔毛，而将公兔淘汰。

（5）**年龄** 毛兔成年以后的最佳产毛期在2.5岁以前，2.5岁以后进入老年，由于生理机能衰退，产毛量逐步下降。

（6）**采毛间隔** 兔毛的生长速度最先前2个月快，后1个月慢，直至不长。缩短剪毛间隔时间可提高产毛量，但是会降低了毛的品质。一般以兔毛生长80～90天剪毛为宜。

（7）**营养水平** 长毛兔的日粮中必须有足够的蛋白质和平衡的氨基酸（尤其是蛋氨酸、胱氨酸等含硫氨基酸的含量），才能满足毛囊生长的需要，增加兔毛直径和密度，从而提高产毛量。当蛋白质、氨基酸含量不足时，不仅毛囊生长受到影响，而且长毛兔的生长发育也受到影响，造成生长发育缓慢，体质瘦弱。剪毛后的1个月内，由于兔毛不断生长，所以要加强营养，增加蛋白质和氨基酸的数量和质量。

（8）**环境** 环境温度对兔子的采食量影响较大，进而影响毛囊发育和产毛量。当环境温度适宜（10～20℃）时，毛兔的产毛量明显提高，且兔毛品质也好。当温度升高（30℃以上）时，毛兔采食量减少，兔毛产量和质量明显下降；低温（0℃以下）时兔采食量虽有所增加，但是为了维持正常体温，需消耗较多的热量，同样影响兔毛产量。实践中，随着夏季的到来，温度逐渐升高，产毛量会逐渐下降，越是高产的长毛兔受到的影响越大，而且由于温度的升高会严重影响长毛兔的采食情况，进一步造成产毛量下降。试验表明，光照对家兔的产毛量也有一定促进作用，但应控制在一定范围内。

（9）**管理与健康**　管理不善可使兔毛品质变差、结块、污毛率增加。兔体健康无病、产毛量也就稳定，患病尤其是皮肤病（如真菌性脱毛癣和疥癣等），可使兔毛生长受阻、产毛量下降。

2. 毛用兔的繁殖要点

长毛兔由于体表的兔毛较长，其体温调节能力较差，胚胎附植率低，公兔性欲降低，精液品质下降，对繁殖力有一定的负面影响，其繁殖率基本上是肉兔的50%。而且，越是产毛量高的兔繁殖率越低。母兔的产毛量虽高于公兔，但是如果让这些母兔繁殖与产毛兼顾的话，效益反不如养公兔的高。生产中以繁殖母兔占总兔群的3.3%左右为宜。提高母兔的繁殖率，要注意以下几个方面：①控制母兔的环境温度。据报道，长毛兔的最适生活温度是14～20℃，但是不能低于10℃，特别是在剪毛后的1周。②适时配种。一般繁殖用的公兔，商品场在20周龄第二次剪毛后，育种场在34周龄第三次剪毛后测定精液品质，在确定为种兔后每隔6周剪毛1次，34周龄配种。繁殖用的小母兔34周龄第三次剪毛后第一次配种。③缩短繁殖兔的采毛时间间隔。种公兔每6周剪毛1次，种母兔配种前1～2天剪毛，间隔时间为33～68天。

3. 毛用兔的饲养

（1）**保证蛋白质、含硫氨基酸的需要**　兔毛纤维由蛋白质构成，其蛋白质绝大部分以胱氨酸形式存在，1只高产长毛兔每年产毛1 000g以上，这就决定了其对蛋白质和含硫氨基酸的需要量很高。商品毛兔饲粮的适宜蛋白质水平为17%～19%，含硫氨基酸应达0.7%～0.8%。在日粮中如果蛋白质含量低于12%，含硫氨基酸低于0.4%，毛的生长就受到影响，产毛量下降。一般在采毛3周内，适当提高日粮的能量和蛋白质水平，饲喂量也要适当增加或采用自由采食，以促进兔毛生长。为提高兔毛产量和品质，可在日粮中添加含硫物质和促进兔毛生长的生理活性物质，如稀土添加剂、松针粉、土茯苓、蚕蛹、硫黄、胆碱和甜菜碱等。

（2）**适时调整饲料喂量**　毛用兔对营养物质的需求量及采食量随采毛周期（一般3个月采毛1次）而变化。采毛后第1个月，因兔体毛短或裸露，大量体热被散发，需要补充大量的能量，兔的采食量最大。第2个月,兔毛已长到一定长度,此时兔毛的生长速度也快,要求供给充足的营养,必须保证兔子吃饱吃好。到第3个月时毛的生长速度趋缓,采食量也相应减少。所以,根据采毛周期进行科学饲喂,适时调整饲料的喂量,有利于兔的健康和促进毛的生长,也可获得更多更好的兔毛。建议成年兔采毛后第1个月每天喂给190~210g干饲料,第2个月喂给170~180g,第3个月喂给140~150g。或采毛后1个月任意采食,第2个月以后都采用定时定量饲喂。饲喂时要防止草屑、饲料和灰尘污染被毛。此外,要保证供给长毛兔充足干净的饮水,尤其是天气高温时。

4. 毛用兔的管理

(1)单笼饲养 长毛兔饲养管理上要单笼饲养。笼具四周最好用表面光滑的物料,如水泥板等。铁丝笼很容易挂缠兔毛,给消毒带来困难,同时还容易诱发毛球病,一般不采用。要经常保持兔笼的清洁卫生,兔笼、产仔箱内不要有粪尿积压,箱内的垫草也要经常更换,以防对兔毛造成污染,影响经济效益。

(2)保持适宜温度 毛兔更怕热,高温不利于采食和毛囊的生长发育,进而导致产毛量下降。毛兔舍的室温剪毛后1周内,保持在20~25℃为宜,以后以10~20℃为宜。

(3)注意毛球病的预防 在饲养过程中,毛兔误食兔毛几乎难以避免。若兔毛在胃内停留时间过长,易缠结成团,导致毛球病,严重者可因胃肠堵塞而引起死亡。在饲养毛兔时,加喂适量的青草和优质干草,可加速胃内食物的排出,能有效地减少毛球病的发生。

(4)及时梳毛 梳毛的目的是梳掉毛中的杂质,防止兔毛黏结,提高兔毛质量。一般仔兔断乳后就开始梳毛,以后每隔10~15天梳毛1次。成年兔在每次采毛后第2个月就应梳毛,凡是被毛松散、凌乱的个体要经常梳理,被毛密度大、毛丛结构明显的个体可适当地减少梳理次数。梳毛时一般用金属梳或木梳,将要梳理的长毛兔放在兔台或小桌上。梳毛的顺序是:颈后和两肩→背部→体侧→臀部→尾部和后肢→提起两耳朵梳理前胸→腹部→大腿两侧→额、颊和耳毛。梳下的毛经过整理后可出售。

> ⚠️ **【注意】** 梳毛时要防止梳破皮肤，尤其是皮薄的地方。发现兔疥癣要及时治疗、隔离。

（5）科学采毛 采毛分为剪毛（图6-9）和拔毛两种，大量事实证明，粗毛型兔宜采用拔毛的方法，绒毛型兔则以剪毛为好。

1）剪毛。剪毛是常用的采毛方法，剪毛可用专用的毛剪，也可用理发剪刀或普通剪刀，大型兔场可使用电动剪刀。剪毛前应先用梳子将毛梳通，然后再剪。剪毛时先剪背部、左右两侧，然后剪头部、臀部、腰部，最后腹部，这样可以分出好毛、次毛。剪下的毛应该按长度、色泽及等级装箱。一般每80天剪毛1次，每年剪毛4~5次，毛长5~7.5cm时剪较合适。仔兔在生后70~80天剪第一次，分娩前和交配前20天左右不剪毛。剪毛时刀要锋利，看准再剪，防止剪伤皮肤、乳头和阴囊。剪毛时应绷紧皮肤，若剪破皮肤立即用碘酒消毒，不要剪二茬毛。为防止剪毛后毛兔感冒，宜在晴天、无风时进行。寒冷天气剪毛后注意保温（气温太低的雨雪天气时应停止剪毛），夏季严禁日光曝晒。

> ⚠️ **【注意】** 对于患有霉菌病、疥癣病的毛兔，应该单独剪毛，工具专用，防止疾病传播。

2）拔毛。拔毛又称拉毛，在法国多采用此法，我国饲养粗毛兔地区也多采用拔毛法采毛。拔毛可分为拔长留短和拔光毛两种。前者适于寒冬或者换毛季节，每隔30天拔1次，后者适用于温暖季节，每隔80天左右拔1次。拔毛时先梳理好被毛，然后左手轻抓兔耳，

图6-9　剪毛

右手用拇、食、中三指均匀地一撮一撮地拔下，拔毛时应拔长留短，不可强拉，以免使兔感到疼痛。

> ⚠️ 【注意】 幼兔皮肤嫩,第一二次采毛时不宜采用拔毛,否则容易损伤皮肤,影响产毛量;妊娠、哺乳母兔及配种期的公兔也不宜拔毛,否则容易引起流产,泌乳量下降;拔毛适合于被毛密度较小的个体,被毛密度大者,应以剪毛为主。细毛型兔不适宜拔毛,否则毛易变粗,影响毛的质量。

(6) 加强采毛期的管理 采毛后应注意加强管理,否则会诱发呼吸道、消化道及皮肤疾病。剪毛后,可用老姜蘸取 60°白酒涂擦全身(不可擦嘴、鼻、眼),这样 5 天后兔身遍布绒毛,而且较整齐;每只兔可喂 5~6g 韭菜,泡黄豆 7~8 粒,每天喂 1 次,可使兔毛长得快,被毛增多,毛色光润;每隔 3 天用梳子梳毛,以促进皮肤血液循环和毛囊细胞活动,刺激皮层和加快新陈代谢,加速毛的生长,有利于提高毛的质量;适当增加兔子的光照时间,也能提高兔毛的产量与质量。剪毛后可适当投服抗应激物质,如维生素 C 或复合维生素。拔毛后皮肤容易感染而发炎,可涂擦 2%~5% 的消炎膏(磺胺消炎粉 2~5g 与凡士林 95g 混合调匀)。夏季要防蚊虫叮咬,冬季要防寒保暖。

(7) 适当药浴 药浴可使长毛兔兔毛生长快,产毛量提高 20% 以上,而且质量提高,洁白光亮,松散而不易缠结。同时可防治疥螨病,减轻其他皮肤病的发生。药液的配制:用 50kg 温水加入敌百虫粉 150~200g,配制成 0.3%~0.5% 的敌百虫溶液,加入 150g 硫黄粉,搅拌均匀溶解后浴用;或用土槿皮、苦参各 100g,加水 2.5kg,煎后滤出药液,再加入硫黄粉 100g,开水 5kg,搅匀后待药浴用,此量可供 20 只长毛兔使用。使用方法:在剪毛后 10 天内选择温暖的气候环境进行浴用,切勿使兔受惊,浴前让兔吃饱。浴时一手抓住兔耳,将其放入浴盆中,使兔体除头外全部浸泡在浴盆中,另一只手由下向上洗刷兔的全身,最后洗刷头及耳部。已患有疥螨病的应单独药浴。

5. 兔毛的分级

兔毛的收购是以长度和综合质量分级定价的,分级的主要质量指标是:长、松、白、净 4 个字。长是指兔毛纤维长度,要达等级规定的标准；松是指兔毛松散程度，有无结块，要求全松毛；白是指兔毛色泽要纯白，无尿黄、灰黄和霉败等杂色；净是指兔毛的洁净度，要求无杂质。具体的兔毛分级方法通常采用一看、二抖、三拉、四剔、五定。看主要是目测，观察品质指标是否达到要求，主体上是看符合什么等级；抖主要是手感，检测兔毛含水量，有无结毛和杂质；拉主要是确定缠结毛的缠结程度；剔主要是剔除杂质，异色毛，不符合等级的毛；定为合理的确定等级。兔毛的各种标准见表6-8~表6-10。

表6-8　中国兔毛分级标准

指标级别	平均长度 /mm	短毛率 （%）	松毛率 （%）	杂质率 （%）	外 观 特 征
特级	≥55.10	≤10	≥99.5	≤0.05	颜色自然纯白，有光泽，毛形清晰，蓬松
一级	45.1~55.0	≤15	≥99.5	≤0.05	颜色自然洁白，有光泽，毛形清晰，较有光泽
二级	35.1~45.0	≤20	≥97.5	≤0.07	颜色自然洁白，光泽稍暗，毛形较清晰
三级	25.1~35.0	≤25	≥95.0	≤0.10	颜色自然白色，光泽稍暗，毛形较乱

表6-9　毛纺工业收购兔毛等级标准

等级价	色泽	状态	长度/cm	粗毛量（%）	格级差（%）
特级	纯白	全松	6.4以上	<10	150
一级	纯白	全松	5.1以上	<10	100
二级	纯白	全松	3.8以上	<20	80
三级	纯白	全松	2.5以上	<20	50
等外一	白	全松	2.5以上	—	20
等外二	虫蛀、干褪、烫褪、灰褪、缠结、粘块和黄残毛				另定

注：1. 二级毛可略含能撕开不影响品质的缠结毛。
　　2. 三级毛可含能撕开不影响品质的缠结毛。

表 6-10　中国安哥拉兔毛出口标准

等级	平均长度/cm	松毛率（%）	色泽	毛形	杂质含量（%）
优等	4.05 以上	99	洁白	清晰	—
一等	3.35 以上	99	洁白	较清晰	—
二等	2.75 以上	95	洁白	略乱	<5
三等	1.75 以上	90	较白	凌乱	<10
四等	1.75 以上	90	次白	—	—
等外	无结块	无变色	无虫蛀	—	—

6.兔毛储存

兔毛储存的主要要求是，按等级分别存放，在储存保管期中，必须注意防潮、防蛀、防变质和防止杂物混入。采集的或收购的兔毛分级后，应按级单独包装存放。存放兔毛应采用专制的木柜、纸箱或仓库，要求保持干燥、清洁和通风。为防止虫蛀应对储存的木箱、仓库进行防虫处理，防虫剂应安全、高效、低毒；然后在兔毛包装箱内也放置防虫剂，如樟脑丸等。已晾干的兔毛应放入垫有草纸或油纸的包装箱内，然后将箱封严，放置在离地 30cm 以上，离墙 40~50cm 远的货架或枕木上；在兔毛的收贮过程中，要避免阳光曝晒或直射，否则兔毛亦容易被氧化而变质、变色。

⚠ 【禁忌】 切忌将防虫剂与兔毛直接混放，以免兔毛受防虫剂影响而变色。

第六节　不同季节的饲养管理

当前我国利用空调等现代化设施，实行封闭式的集约化生产的兔场很少，大部分农村仍沿用开放式养兔。季节因素直接影响着家兔的生长发育和繁殖及饲料的生产，它对家兔养殖有密切的关系。所以要根据季节的不同采取相应的饲养管理措施。

一 春季饲养管理

春季气温渐暖，空气干燥，阳光充足，是家兔繁殖的最佳季节。但由于春季的气候多变，给养兔带来更多的不利因素。

1. 抓好饲料供应

家兔经过漫长的冬季，青饲料缺乏，光照不足，气候寒冷，体质一般较弱，家兔又面临着春季的季节性换毛，消化能力弱，母兔往往不发情或发情不明显。所以饲养上应尽可能多给一些青绿饲料，并补喂蛋白质含量高的精饲料，使其尽快恢复体况，尽早发情，进而早配种。早春是青黄不接的时候，对于没有使用全价配合饲料喂兔的多数农村家庭兔场而言，适量的青绿饲料补充是提高种兔繁殖力的重要措施。应利用冬季储存的萝卜、白菜或麦芽等，提供一定的维生素营养。春季虽然野草已逐渐萌芽生长，但因含水量高容易霉烂变质，所以要严格掌握饲料的品质，不喂霉烂变质或带泥、堆积发热的青饲料；阴雨多湿天气要少喂高水分词料，适当增喂干粗饲料；雨后收割的青草要晾干后再喂，饲料中最好拌入少量大蒜、洋葱、韭菜等杀菌性饲料，以增强兔子的抗病能力。随着气温的升高，青草不断生长并被采集喂兔，由于其幼嫩多汁，适口性好，家兔喜食。如果不控制喂量，兔子的胃肠不能立即适应青饲料，会出现腹泻现象，严重时造成死亡。一些有毒的草返青较早，要防止家兔误食。北方的菠菜、灰菜等含有草酸盐，容易和饲料中的钙结合成难溶的草酸钙，影响钙的吸收；同时草酸盐食入太多，容易导致兔的腹泻，对繁殖母兔及生长兔更应严格控制喂量。

2. 注意气温变化

从总体来说，春季的气温是逐渐升高的。但是气候多变，变化无常。在华北以北地区，尤其是在3月，倒春寒相当严重，寒流、小雪、小雨不时袭来，很容易诱发家兔患病。特别是刚刚断乳的幼兔，抗病力较差，容易发病死亡，应精心管理。

3. 抓好春繁

大量的试验和实践证明，家兔在春季的繁殖能力最强，公兔精液品质好，性欲旺盛，母兔发情明显，发情周期缩短，排卵数多，受胎率高。应利用这一有利时机争取早配多繁。在多数农村家庭兔场，特别是在较寒冷地区，由于冬季停止冬繁，公兔因多时不配种，精子的活力较低，畸形率较高，影响受胎率和产子数，最初配种的几胎受胎率较低。为此，应采取复配或双重配（商品兔生产时采

第六章 家兔的饲养管理

173

用），并及时摸胎，减少空怀。

4. 搞好笼舍卫生

春季因雨量大、湿度大，对病菌的繁殖极为有利，所以一定要搞好兔舍、兔笼的清洁卫生。笼舍要清洁干燥，做到勤打扫、勤清理、勤洗刷、勤消毒。地面湿度较大时可撒上草木灰或生石灰进行消毒、杀菌和防潮。

5. 加强检查工作，预防疾病

春季万物复苏，各种病原微生物活动猖獗，是家兔多种传染病的多发季节。所以，搞好卫生，抓好春防决不能忽视，及时做好兔瘟、巴氏杆菌病等的免疫接种工作。春季早晚温差大，除注意保温和兔舍通风外，还要做好幼兔预防感冒、肺炎等疾病的工作。春季是球虫病的高发季节，每天都要检查幼兔的健康情况，发现问题及时处理。对食欲不好、腹部膨胀、腹泻拱背的兔子要及时隔离治疗。

6. 防暑准备

在华北地区，似乎春季特别短，4～5月气温刚刚正常，高温季节马上来临。做好夏季防暑的一些准备工作，也是春季管理的工作内容之一。可在兔舍前面栽种藤蔓植物，如丝瓜、吊瓜、苦瓜、眉豆、葡萄、爬山虎等，使之在高温期遮挡兔舍，减少日光的直接照射。

二 夏季饲养管理

夏季气候炎热，容易出现闷热天气。家兔汗腺不发达，又有被毛覆盖全身，对热的耐受力较差，常因炎热而食欲减退，抗病力降低，尤其对仔兔、幼兔的威胁很大。因此，在饲养管理上注意防暑降温和精心饲养。

1. 防暑降温

应根据各地条件因地制宜采用多种措施，做好防暑降温工作。兔舍应有必要的降温设施，如水管、窗帘、风扇等，有条件的还可以配备空调；兔舍向阳墙表面刷成白色，以利于反光，减少吸热；在兔舍周围种植藤蔓植物，可防止阳光直射；室温超过30℃时，可以在兔舍的地面喷洒凉水，也可以在兔舍内喷雾，以降低舍内空气的温度。毛用兔在炎热季节到来之前一定要剪毛1次，以利于防暑降温。

2. 精心饲养

夏季高温可以减少家兔活动量、采食时间和次数，要保证家兔的良好状态，按一般的饲料营养和喂量是不够的，应增加饲料的营养浓度，增加家兔营养的摄入量。同时应供给优质的青绿多汁饲料和充足的饮水。每天喂料一定要做到早餐早喂，晚餐迟喂，中餐多喂青绿饲料，同时要供给充足的清洁饮水。夏季饮水以供应低温水为好，如果在饮水中加入适量的食盐，则既可补充体内盐分的消耗，又有利于解渴防暑。阴雨天空气的湿度大，饲草和堆积的饲料如果水分含量超标，容易发热发霉，饲槽中的剩余饲料如果有水分误入或漏入也可以发霉。所以，应经常检查储存的饲料和饲槽的剩料是否变质并经常清理饲槽，少喂勤添，尽量少剩或不剩饲料。在阴雨天为了预防腹泻，可在饲料中添加 1% ~ 3% 的木炭粉。

3. 停止繁殖

夏季，家兔的体重不变或下降，母兔发情不正常，公兔精液品质下降，有个别的公兔精液中几乎没有合格的精子，即使配种繁殖成活率也很低。所以，在自然条件下高温期间应停止配种繁殖。对种公兔要采取保护措施，防止高温对其睾丸组织的破坏，尽可能把公兔养在阴凉处，有条件的兔场可在公兔舍内安装空调降温。

4. 降低饲养密度

断乳后幼兔的饲养密度不宜过大，产箱内的垫草不宜过多。

5. 搞好卫生，预防球虫病

夏季蚊蝇滋生，鼠类活动猖獗，所以要搞好卫生，消灭蚊蝇，堵塞墙洞，消灭老鼠，经常消毒笼舍，减少疾病发生。夏季是球虫病的暴发季节，常造成幼兔大批死亡，特别是雨季气候潮湿，更要加强球虫病的防治，可定期投喂抗球虫药物，如氯苯胍、克球粉、敌菌净、球虫宁等，药物要交替使用。

三 **秋季饲养管理**

秋季天高气爽，气候干燥，饲料充足，营养丰富，是饲养家兔的最好季节。在饲养管理上应抓好繁殖和换毛期的饲养。

1. 加强饲养

由于经过炎热的夏季，公兔睾丸机能受到很大的破坏，此时进行配种繁殖，受胎率也很低，就是所谓的"秋季不孕"。同时母兔的发情也往往不规律，不明显。因此，入秋后应加强种兔的饲养管理，除了保证优质青饲料外，可使日粮的粗蛋白质水平达到16%～18%，以保证换毛和繁殖的营养需要。对于个别优秀种公兔，可在饲料中搭配3%左右的动物性蛋白质饲料（如优质鱼粉）。进入秋季，很多饲料带有一定的毒副作用。例如，露水草、霜后草、二茬高粱苗、蓖麻叶、棉花叶、萝卜缨等，应控制喂料，掌握喂法，防止饲料中毒。深秋青草逐渐不能供应，由青草到干饲料要有一个过渡阶段。

2. 抓好秋繁

秋季是家兔繁殖的大好季节，一般表现为配种受胎率高。产仔数多，仔兔发育良好，体质健壮，成活率高，应抓紧繁殖。研究表明，加喂抗热应激制剂，可以缩短暑热后期公兔精液品质的恢复期，为秋季的提前繁殖创造条件。暑热后期的配种宜采用复配和双重配种。秋季光照时间的缩短，可以补充光照达14h。

3. 细心管理

秋季早晚与午间的温差大，有时可达10～15℃，幼兔容易发生感冒、肺炎、肠炎等疾病，严重的会造成死亡，因此，必须细心管理。群养家兔每天傍晚应赶回室内，每逢大风或降雨不宜让其露天活动。

4. 做好饲料储备

立秋之后，寸草结籽，各种树叶开始凋落，农作物相继收获，及时采收饲草饲料以备越冬和早春饲用是非常重要的。在适宜种植冬、春季型草种的地区，要按时播种，并做好前期管理。

四　冬季饲养管理

冬季气温低，日照时间短，缺乏新鲜青绿饲料，因此必须加强饲养管理。

1. 防寒保温

防寒保温是冬季饲养管理的重点，为维持家兔正常的生理和生产活动，冬季兔舍温度应保持在 10℃ 以上。要求温度相对稳定，切忌忽冷忽热，否则，易引起家兔感冒。室内养兔要关闭门窗，防止贼风侵袭，室外养兔笼门上应挂好草帘，防止寒风侵入。有条件的兔场可以在兔舍内安装暖气、生炉火。但生火时必须设置烟筒和通气孔，防止煤气中毒和火灾的发生。

2. 合理饲喂

冬季气温低，家兔维持需要消耗的能量较高，在日粮配方不变的情况下，家兔会增加采食量，可以根据家兔采食量的增加比例适当降低日粮蛋白质的比例，保证进食营养的均衡。冬季昼短夜长，应注意夜间的饲喂。冬季缺乏青绿饲料，易发生维生素缺乏症，每天应设法饲喂一些菜叶、胡萝卜、大麦芽等，以补充维生素的不足。干粗饲料、树叶等最好经粉碎后加少量豆渣或糠麸，用水拌匀再喂。

> 【提示】 切忌饲喂冰冻饲料，饲喂多汁饲料时须特别注意。

3. 尽量做好冬繁

实践证明，在保温良好的情况下，进行冬繁是可能的。冬繁的方法主要有：塑料大棚法、地下或半地下舍冬繁法、母子分离保温间法、火墙增温法、暖气增温法等。由于冬季气候寒冷，产仔箱内的垫草要厚。通过诱导或人工的方法集中产仔，尽量使母兔在人工护理下分娩。遇到产在箱外的仔兔要及时取回，以免冻死。农村条件下，如果产仔数不多，可将仔兔移至火炕或炉火旁，待哺乳时间再将母兔捉入屋内，哺乳完毕后将母兔放回原舍。

4. 认真搞好管理工作

冬季，对仔兔巢箱要加强管理，勤换褥草。长毛兔一般不宜在严寒时节剪毛，最好改为部分拔毛，以免兔受寒感冒。不论大兔小兔，均应在笼舍内铺垫少量干草，以备夜间栖宿。白天应使家兔多晒太阳，多运动，有条件的地方应在中午有阳光时放兔运动。

第六章
家兔的饲养管理

——第七章——
兔场的建设与设备

第一节　兔场的建设

一　场址的选择

兔场是饲养家兔的场所，是家兔生产重要的外部环境。为了有效地组织兔场的生产，必须根据农、林、牧全面发展、相互结合、节约耕地、有利于家兔健康和提高生产力的原则，进行综合规划，正确选定场地，并按最佳的生产方式和卫生要求等配置有关建筑物。在选址时，既要考虑地势、土质、风向、水源、电力等自然因素，又要注意交通、居民区、工厂、加工厂等社会因素。

1. 地势

兔场应建在地势高燥、背风向阳、稍有缓坡（坡度以 3% ~ 10% 为宜，最大不超过 25%）、地下水位较低（1.5 ~ 2m 以下）的地方建场。这样的地势，可以避免雨季洪水的威胁和减少因土壤毛细管水上升而造成的地面潮湿。地形要开阔、平整和紧凑，不要过于狭长和边角太多，以便缩短道路和管线长度，节约投资和便于管理。特别是避开西北方向的山口和长形谷地。

⚠ 【禁忌】 不宜在排水不良、地势低洼的地带建场。这样的场地，不利于家兔的体热调节和健康，而有利于病原微生物和寄生虫的生存，并严重影响建筑物的使用寿命。

2. 土质

兔场场址要求土质良好，透水、透气性强，不能被有机物或有毒物质污染。兔场用地，最好的土质是沙质壤土。不宜在含有机质多的土壤上建兔舍，更不能在黄土、黏土上建兔舍。因为有机质不断分解产生有害气体，如氨气等，会污染空气、水源及土壤，对兔健康不利；黏土透水性差，遇雨水泥泞，冬季水分冻结，土壤体积膨胀，会影响建筑物的寿命。

3. 风向

兔场应位于居民区及办公生活区的下风向，距离居民区要保持在200m以上，这样既有利于卫生防疫，又可防止兔场有害气体和污水对居民区的侵害。应当注意当地的主导风向，可根据当地的气象资料和风向来考虑，也要注意由于当地环境引起局部空气温差，而造成的影响。

> 【提示】 不可把兔场建在山坳处及易形成涡流的地方，因为这些地方小区内空气难以流动，空气污浊，疫病容易流行。

4. 水电

兔场必须要有充足的水源，水质良好，以保证全场生活和生产用。有条件的最好选用自来水，其次是江、河水。水源水质应良好、清洁，不被细菌、寄生虫和有毒物质污染，符合饮用水标准。选择场址时还要考虑供电方便的地方，以满足全场照明和生产、生活用电。工厂化养兔更要保证电力充足，必要时还应自备电源，以备停电应急之需。

5. 位置

家兔特别胆小怕惊，噪声可能会引起家兔呼吸和消化系统紊乱，甚至造成妊娠母兔流产、哺乳母兔抛弃仔兔或者把仔兔吃掉。因此，兔场最好设在交通方便而又较为僻静的地方，以避免噪声干扰。一般要远离交通干线和市场、屠宰场等500m以上，离一般公路和居民区200m以上。如果兔场的周围有鸡场至少要相隔100m，以免兔鸡共患病的相互传染，同时也避免兔和鸡生活节律的不同而相互干扰。兔场应远离污染源（如屠宰场、畜产品加工厂、化工厂、造纸厂、

第七章 兔场的建设与设备

制革厂、牲口市场和其他养殖场）和噪声源（如汽车站、火车站、拖拉机站、石子厂、燃放鞭炮场地）。场区应设围墙与外界隔开，避免闲杂人员和猫、狗入内，以利于防疫安全。

6. 规模

建场既要考虑节约使用土地，又要为今后发展留有余地。兔场的规模主要以繁殖母兔的数量为标准。如果以每只基础母兔及其仔兔占 0.3m² 建筑面积计算，兔场建筑系数为 15%，那么，500 只基础母兔的兔场需要占地2 700m²左右。

选择一个完全符合理想的兔场是比较困难的。所以，选择时应掌握上述要求，灵活运用。根据各地具体情况，有所侧重，如在南方，以越夏防潮为主；但在北方高寒地区，向阳、干燥则是要首先考虑的。

二 兔场内建筑物的布局

兔场总体布置与其他畜牧场的总体布置一样，都有分区、布局、朝向、间距、道路、流线等问题（图7-1）。

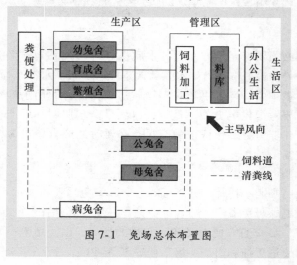

图 7-1　兔场总体布置图

1. 分区

整个兔场大致可分为生产区、管理区、生活区三大部分。

2. 布局

兔场场址选定后，特别是集约化兔场应根据兔群的组成、饲养工艺要求、喂料、清粪等生产流程，结合当地的地形、自然环境和交通运输条件等进行兔场总体布置。兔场建筑布局的原则要求是：①办公生活区应和养兔生产区分开，尽量避免闲杂人员进入生产区，防止带入病源，确保兔群安全。②车库和饲料加工等机械设备要远离兔舍，以防噪声影响兔群休息。③病兔隔离舍应远离健康兔舍，并位于下风向。

3. 兔舍朝向与间距

兔舍布置一般采取南北向，若夏季为南风，以单栋兔舍来看，南北向兔舍自然通风与采光条件较好，兔舍长轴与风向垂直。多排兔舍平行排列时，如果兔舍长轴与主导风向垂直，则后排兔舍受到前排兔舍的阻挡，通风效果不好。要达到理想的通风效果，可加大兔舍的间距，一般间距为舍高的 4~5 倍，但这样要占用较多的土地，经济上不合算，生产中也难以做到。如果从夏季的主导风向和兔舍的关系考虑，则使兔舍长轴与夏季的主导风向成 30°左右的夹角，可大大缩短舍间距，并可使每排兔舍获得最佳的通风效果。

4. 道路

兔场有饲料、清粪、人、兔几条流线，在总体布置中应将道路以最短路线合理安排，以利于防疫，方便生产。场内道路还要分为清洁道和污染道，两道不能交叉和通用。饲料通道为清洁通道，清粪通道为污染通道。一般场内设单行车道，宽 3~3.5m，坡度不大于 10%。道路与道路相交，一般应为正交，若斜交时两路间夹角不能小于 45°。兔场道路出入口设消毒池，便于进出场内的车辆消毒。各兔舍门前也要设置消毒池，而且生产区入口处设置紫外线消毒室或喷雾消毒室，蓄粪池位于生产区下风向 150m 以外，池底部事先要进行防渗处理。为了改善小气候、净化空气，还可在兔场周围和场区道路旁植树，既绿化环境，又可以防疫、防暑。

三 兔舍建筑的要求

我国地域辽阔，气候条件差异很大，家兔饲养分布广、种类多，所以兔舍构建的规格和形式具有明显的地域特色，场舍建筑必须严

格遵循以下基本要求。

1. 符合家兔的生物学特性

兔舍的设计要符合家兔的生物学特性，既有利于家兔生产性能和产品质量的提高，又有利于环境控制和卫生防疫，便于饲养管理和提高劳动效率。

2. 考虑投入产出比

在设计兔场时，要考虑资金回收期。一般而言，小型兔场1～2年，中型兔场2～4年，大型兔场4～6年应全部收回投入。因此，在兔舍形式和结构的设计及设施的选择上，都应突出经济观点。兔舍建筑材料要因地制宜，就地取材，降低成本，坚固耐用，要达到"六防"标准，即防暑、防寒、防雨、防潮、防污染、防兽害。

3. 兔舍各部分建筑的一般要求

（1）墙体 墙体是兔舍结构的主要部分，它既能保证舍内必要的温度、湿度，又通过窗户等保证合适的通风和光照。墙体总的要求是：坚固耐久，抗震、防水、防火、抗冻，结构简单，便于清扫消毒；同时具备良好的保温与隔热性能。我国建造的兔舍多用砖块垒砌而成。关闭式兔舍要求墙体具有一定的保温隔热性能，墙体可采用两块砖或一砖半，单坡式及双坡式兔舍可用半砖或一砖作为墙体。为增加防潮和隔热能力，墙内表面应抹灰浆。为增加反光能力和保持清洁卫生，内表面粉刷成白色。离地面1m以下的墙面，必须要耐酸碱和冲洗，一般以水泥墙面为宜。

> **【提示】** 兔舍基础应坚固耐久。一般比墙宽10～15cm，埋置深度在当地土层最大冻结深度以下。

（2）舍顶及天棚 舍顶的作用是防止自然因素的侵袭，如雨、雪等，且直接受太阳辐射和空气温度的影响，这就要求舍顶的材料要防雨隔热。兔舍的屋顶应考虑隔热问题，可在屋顶设置通风间层，效果较好。从防暑降温看，开敞式较好，故多用于气候炎热地区。屋顶的坡度也有一定的要求，寒冷季节和多雨地区屋顶的坡度可大些，采用高跨比。一般屋顶高度和屋的跨度之比为1：（2～5），高跨比为1：2适于雨雪及风较大的地区。天棚又称顶棚和天花板，是将兔舍与舍顶下空间隔开的结构，使该空间形成一个不流动的空气缓冲层。天棚的主要功能是加强冬季保温和夏季的防热，同时也有利于通风换气。天棚的材料要求隔热保温，可选择玻璃棉、聚苯乙烯泡沫塑料、聚氨酯板等。

（3）**地面**　兔舍地面质量，不仅影响舍内小气候与卫生状况，还会影响家兔的健康及生产力。对地面总的要求是：坚固致密，平坦不滑，抗机械能力强，耐消毒液及其他化学物质的腐蚀，耐冲刷，易清扫消毒，保温隔潮，又能保证粪尿及洗涤用水及时排走，不滞留及渗入土层。笼养兔舍以采用水泥地面为佳，也可采用三合土（石灰：碎石：黏土＝1：2：4）夯实或砖砌地面，但排粪沟必须用防酸水泥抹面，以防排粪沟被粪腐蚀而剥脱。兔舍内地面要高出舍外20~30cm，而且要坚固、平整，排水流向应具有1°的倾斜度。舍内通道不应低于地面，宽应在120cm以上。

（4）**门**　兔舍的门要求结实耐用，开启方便，关闭严实，能防止鼠、兽进入、保证生产过程（运料、清粪、笼具的进出等）的顺利。门上不应有尖锐的突出物，门下不应有门杠和台阶。兔舍的门不宜太大，一般宽1.5m左右，高2m左右。人行便门宽0.7m，高1.8m即可。每栋兔舍一般有2个便门，设在两端的墙上，正对中央通道，便于运料及管理。较长的兔舍（大于30m）可在阳面纵墙上设门。寒冷地区端墙及北墙可不设门，阳面多开门，为加强保温，通常设门斗。

（5）**窗**　窗的主要用途是采光和通风，窗户的面积越大，进入舍内的光线越多，通风的效果越好。兔舍的采光效果以采光系数来表示，采光系数就是窗户的有效采光面积同舍内地面面积之比。兔舍合理的采光系数为：种兔舍1：10左右，育肥兔舍1：15左右。兔舍窗户的入射角一般不应小于25°。从采光效果看，立式窗户比水平式窗户好。由于立式窗户散热较多，不利于冬季保温，寒冷地区一般在兔舍南墙设立式窗户，北墙设水平式窗户。窗扇是否做成开扇，依兔舍所在地区气候和通风要求而定。炎热地区窗洞面积宜全做成开扇，夏季敞开，以利通风；寒冷地区则宜设置固定扇与开扇相结合，启开部分窗扇上做小窗扇，以满足保暖期间通风换气的需要。

第七章　兔场的建设与设备

【提示】 一般小型兔场采用自然光照，应该避免阳光直射。集约化兔场采用人工照明或人工辅助照明，每平方米 3～4W，电灯高度距离地面 2～2.5m。

(6) 兔舍高度、跨度和长度 舍高通常以净高来表示，指地面至天棚（天花板）的高度；无天花板时指地面至屋架下缘的高度。舍高有利于通风，但不利于保温。在寒冷地区，应适当降低舍高，一般 2.5～2.8m，炎热地区和实行多层笼养则加高 0.5～1m。兔舍的跨度应根据家兔的生产方向、兔笼的形式、兔笼的排列方式及气候环境而定。一般单列式兔舍的跨度不大于 3m，双列式兔舍的跨度 4m 左右，三列式 5m 左右，四列式 6～7m。兔舍的跨度过大不利于兔舍的采光和通风．也给建筑带来一定的难度。兔舍的长度没有严格的规定，可根据具体情况灵活掌握。一般控制在 50m 以内或根据生产定额，或根据生产定额，以一个班组的饲养量确定兔舍长度。

(7) 通风换气系统 因为兔舍内兔群高度密集，呼出的气体及排出的粪尿会严重污染周围环境的空气，必须通过通风换气系统对室内的空气进行排放，以净化舍内环境。通风的方式可分为自然通风、机械通风和混合通风。在温暖的季节可打开门窗或修建开放式、半开放式兔舍进行通风换气，自然通风适于小规模兔场，比较经济，在兔群密度不大的情况下实施有效。但在舍内温度高，舍外空气又不流通的情况下，对大规模、高密度的兔舍不适用；而在炎热夏季，为加强通风散热常辅以机械通风。寒冷季节和地区，为了保温，关闭门窗，自然通风不能保持正常的换气量，必须设置特殊的换气装置。

【提示】 笼架的下层风较强，上层较弱，越靠近天花板处风越小；兔舍两端气流变化较大，中部变化较小。在实际生产中，可以用来安放大小、强弱不同的兔群。穿堂风、贼风对家兔危害大，容易引发关节炎、神经质、感冒、肺炎、冻伤，甚至瘫痪等疾病。

(8) 排污系统 排污系统由粪尿沟、沉淀池、暗沟、蓄粪池等组成。

1）粪尿沟。将兔舍内的粪尿和污水排出舍外，其位置可设在墙根内外，每排兔笼前后或笼下。粪尿沟不宜过宽，以减少与大气的接触面，底面呈月牙形。有承粪板的兔笼，粪尿沟宽 25～35cm，无承粪板的以粪尿不落在道路上为宜。粪尿沟深度以起始端 5～10cm，按坡度为 1%～1.5% 确定终端深度。粪尿沟一般以水泥抹制或在表面镶贴瓷砖，以保证不透水、表面光滑。

2）暗沟。即地下沟，是沉淀池通向蓄粪池的地下管道，一般用圆形水泥管或烧制瓷管连接而成，管道呈 3%～5% 的坡度。

> ● 【提示】 为防止臭气回流，暗沟要开口于池的下部。

3）沉淀池。为一圆形或方形小井，上连粪尿沟，下通地下沟。为防止被残草、粪便等堵塞，应在沉淀池入口处设滤网。

4）蓄粪池。应设在舍外 5m 以外的地方，池底及四壁要坚固、不透水。池底大小根据污水排出量而定，一般可储存 4 周以上的粪尿。池的上部保持 80cm×80cm 的出口，设有活动盖，其余部分密封。为防止地面的水流入池内，池的上部要高出地面 10cm 以上。

四 兔舍常见形式

兔舍的类型很多，并各具特色，不同地区应因地制宜，建造适合当地环境和自身条件的兔舍，并可利用闲置的房舍来进行家兔养殖生产。

1. 室内单列式兔舍

室内单列式兔舍四周有墙，南北有采光、通风窗。屋顶为"人"字形，三层兔笼叠于近北边，兔笼与南墙之间为喂道，兔笼和北墙之间为清粪道，南墙北距地面 20cm 处留对应的通风孔（图7-2）。这种兔舍优点是跨度小，通风、保暖性好，光照适宜，操作方便；缺点是兔

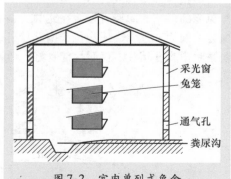

图 7-2　室内单列式兔舍

舍利用率低。适宜于江淮及其以北地区采用，尤其适宜用作母兔分娩舍。

2. 室内双列式兔舍

屋顶为"人"字形，有两种排列形式：一种是两列三层兔笼背靠背排列，两列兔笼之间为粪尿沟，靠近南北墙各有一条喂道，南北墙开有采光通风窗，接近地面留有通风孔（图7-3）。另一种是两列三层兔笼面对面排列，两列兔笼之间为一条喂道，靠近南北墙各有一条粪尿沟，南北墙开有采光通风窗，接近地面留有通风孔（图7-3）。这种兔舍，室内温度易于控制，通风、透光良好，经济利用空间，但朝北一列兔笼的光照、通风、保暖条件较差。由于饲养密度大，在冬季门窗紧闭时有害气体浓度也较高。

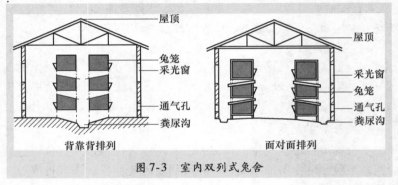

图7-3 室内双列式兔舍

3. 室外双列式兔舍

屋顶为钟楼式或"人"字形，以钟楼式较好。兔舍的南北墙就是兔笼的后壁，屋架直接搁在笼的后墙上（图7-4、彩图15）。两列兔笼之间为喂道，粪尿沟位于南北墙外，舍内臭气味小。夏季通风，冬季将出粪孔堵住，保暖性能良好，但缺少光照。

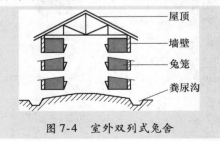

图7-4 室外双列式兔舍

4. 室内多列式兔舍

室内多列式兔舍即沿兔舍纵向排放 3 列或 4 列兔笼的兔舍。以 4 列式为例，兔舍跨度较大，一般 8 ~ 12m，其内设 3 条宽 1.2m 的走道，1m 宽的粪道 2 条（图 7-5、彩图 16）。该舍优点是舍内地面利用率高，保温性能较好，适合于寒冷地区；缺点是通风和采光较差，室内有害气体浓度高，湿度比较大，需要采用机械通风换气，兔舍跨度大需要较多的建筑材料。

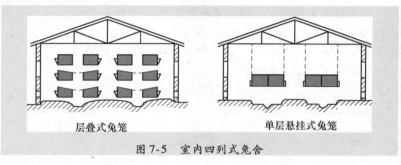

层叠式兔笼　　　　　　　　　单层悬挂式兔笼

图 7-5　室内四列式兔舍

5. 地沟式群养兔舍

选择地势高燥、排水良好的地方，先挖一长方形沟，沟深 1.2m，上宽 2m，底宽 0.8m，沟长视养兔多少而定。沟的一边挖成斜坡，便于家兔进出活动。在沟边砌一座小屋，南有窗，窗下有小门，门外有小运动场（图 7-6）。该舍优点是造价低、省材料、冬暖夏凉。缺点是不便管理和打扫，雨季较潮湿。这种形式的兔舍，只适用于我国北方和地下水位比较低的地区。

图 7-6　地沟式群养兔舍

6. 塑料棚式兔舍

冬季特别是北方地区，室外兔舍应加盖塑料大棚，塑料棚用农用翅料薄膜（厚度以 0.1mm 为宜），用水泥柱、钢材或木柱作为支架，塑料膜缘埋在土里，夯实。在棚的端部设门，大小以一人能出入为原则。冬季应设草帘盖顶，每日早晨太阳升起照到棚顶后再卷起草帘，下午阳光仍照射棚顶时再放下草帘，使存热多放热少，保证棚内温度较高。在严寒地区最好在棚内设火炉、火墙等热效果更好。饲养密度不宜过大，最好采用单列（2～3层）兔笼排放，以减少因通风而引起降温的作用，确保空气少被污染。生产中，经常检查棚内气味，如微感氨味时较适宜，若微刺鼻时必须通风，否则家兔呼吸道疾病增加。

第二节　兔笼及附属设备

一　兔笼

兔笼是现代养兔的必备工具，是家兔生活的重要条件，设计及建造的好坏对于养好家兔有重大影响。

1. 兔笼的基本要求

第一，兔笼应适应家兔的生物学特性，耐啃咬、耐腐蚀、坚固耐用、易清理、易消毒、易维修、易拆卸、防逃逸、防兽害等。第二，结构简单合理，大小适中，可满足家兔对面积和空间的基本要求。第三，便于操作，各种笼具（如饲槽、饮水器、草架、产箱和记录牌等）应便于在笼内安置，便于取用。第四，选材尽量经济，造价低廉。第五，兔笼规格、大小，应按家兔的品系类型和性别、年龄等的不同而定。大小应以保证长毛兔能在笼内自由活动，便于操作管理为原则。

2. 兔笼的基本结构

一个完整的兔笼应由笼体及附属设备组成。笼体由笼门、笼底板、笼壁及承粪板等组成。

（1）笼门　应安装于笼前，要求启闭方便，能防兽害、防啃咬。可用竹片、打眼铁皮、镀锌冷拔钢丝等制成。如果用铁丝网，网眼直径 1～1.5cm；如果用木条嵌装铁丝，每 2 根间隔 2cm。笼门高度与笼高齐平，宽度一般为 30～40cm。一般以右侧安转轴，向右侧开门为宜。为提高工效，草架、饲槽、饮水器等均可挂在笼门上，以增加笼内实用面积，减少开门次数。

（2）笼壁　要求笼壁保持平滑，坚固防啃，以免损伤兔体和钩脱兔毛。活动笼可用木架钉竹条或安装铁丝网，固定笼可用砖泥结构。如果用砖砌或水泥预制件，需预留承粪板和笼底板的搁肩（3～5cm）；如果用竹木栅条或金属网条，则以条宽 1.5～3.0cm、间距 1.5～2.0cm 为宜。

> ◆ **【提示】**　在生产中发现，相邻的笼子间家兔有互相吃毛现象。因此，侧网间隙不可太大。

（3）笼底板　笼底板的质地、网孔大小、平整度等对兔的健康及笼的清洁卫生有直接影响，要求平而不滑，坚而有一定弹性，易清理消毒，耐腐蚀，不吸水，能及时排出粪尿。笼底板一般用竹片或镀锌冷拔钢丝制成，宜设计成活动式，以利于清洗、消毒或维修。如用竹片钉成，要求条宽 2.5～3.0cm、厚 0.8～1.0cm、间距 1.0～1.2cm。活动笼也可用金属网制成，网眼宽约 1～1.5cm。

> ◆ **【提示】**　用竹片定制笼底板时，钉制方向应与笼门垂直，以防兔脚打滑形成向两侧的划水姿势。

（4）承粪板　安放在笼底板的下面，承接兔的粪尿，在多层兔笼中又兼作下层笼顶。要求承粪板平整光滑，不积粪尿，不透水。宜用水泥预制件，厚度为 2.0～2.5cm。为避免上层兔笼的粪尿、冲刷污水溅污下层兔笼内，承粪板应向笼体前伸 3～5cm、后延 5～10cm。为便于打扫粪尿和通风透光，笼底板与承粪板之间应留以 14～18cm 的距离，前后倾斜角度为 10%～15% 以便于粪尿经板面自动落入粪沟。

（5）支撑架　支撑架是兔笼组装时支撑和连接的骨架，多为金属材料（如角铁、槽冷板）。要求坚固，弹性小，不变形，重量较轻，耐腐蚀。目前国内常用的多层兔笼，一般由 3 层组装排列而成。为便于操作管理和维修，兔笼以 3 层为宜，总高度应控制在 2m 以

下。最底层兔笼的离地高度应在25cm以上，以利于通风、防潮，使底层兔也有较好的生活环境。

3. 兔笼规格

兔笼大小要根据家兔的品种、体型、大小不同而定（表7-1）。在设计兔笼时可以根据家兔体长来估算，笼长为体长的1.5~2.0倍，笼宽为体长的1.3~1.5倍，笼高为体长的0.8~1.2倍。从家兔种类上考虑，大型兔略大些，中小型兔略小些；种兔笼略大些，育肥兔略小些；毛兔笼略大些，皮用兔和肉用兔略小些；炎热地区略大些，寒冷地区略小些。从饲养方式上考虑，室内饲养笼比室外笼略小一些，排列层数多或兔笼较高时，深度略浅些（彩图17~彩图19）。

表7-1　不同类型家兔笼单笼尺寸

饲养方式	种兔类型	笼宽/cm	笼深/cm	笼高/cm
室内笼养	大型	80~90	55~60	40
	中型	70~80	50~55	35~40
	小型	60~70	50	30~35
室外笼养	大型	90~100	55~60	45~50
	中型	80~90	50~55	40~45
	小型	70~80	50	35~40

二　兔的饲喂设备

1. 饲槽

饲槽又称料槽或食槽。饲槽有竹、木、陶土和金属等多种材料类型（图7-7），要求方便家兔采食，不易翻，又便于清洁和消毒。配置何种饲槽，主要根据兔笼形式而定。

（1）陶土圆形饲槽　陶土圆形饲槽使用较普遍，可以向陶瓷厂定做，其口径为15cm、高5~8cm，底部厚重，既不易翻倒，又便于清洗。

（2）竹制简易饲槽　用粗竹筒劈成两半，除去节，两端分别钉在两块梯形木块上，使之不易翻倒；梯形木块上端宽10cm左右、底边宽16cm左右、高6cm左右，饲槽的长度可任意确定。

（3）**水泥饲槽**　形状可以是圆盆状，也可以是长方形，制作简便，成本较低，但是表面粗糙，不便清洗，又较笨重。

（4）**翻转式饲槽**　翻转式饲槽用镀锌铁皮制成，形状有多种。翻转式饲槽外口的宽度大于笼门的饲槽口，可防止饲槽全部翻转到兔笼里边，其底部焊接一根钢丝，伸出两端各2cm左右（用作转轴），卡在笼门饲槽口的两侧卡口内，用于翻转饲槽。喂料时，将安装在饲槽口上方的活动卡子卡住饲槽即可。这样的饲槽拆卸比较方便，喂料无需打开笼门。

（5）**抽屉式料槽**　用镀锌铁皮制作，形状如半个圆盆，圆形面向里、平面向外安装在笼门的饲槽口内。在饲槽一侧外缘焊接一根钢丝（与饲槽垂直），上下两端各伸出1.5cm左右（用作转轴），卡在笼门饲槽门的一侧，用于转动饲槽。饲槽的另一侧安装一个活动搭扣，喂料后将饲槽扣在笼门上作固定。这种饲槽同翻转式饲槽一样，喂料时无需打开笼门，拆卸比较方便。

（6）**自动饲槽**　用镀锌铁皮制作或用工程塑料模压成型。自动饲槽兼具饲喂及储存作用，笼外加料，笼内采食，加料1次，够家兔几天采食。多用于大规模兔场及工厂化、机械化兔场。饲槽由加料口、贮料仓、采食口和采饲槽等几部分组成。隔板将贮料仓和采饲槽隔开，仅底部留2cm左右的间隙，使饲料随着兔的不断采食，饲槽内的饲料不断减少，贮料仓内的饲料缓缓补充。为防止粉尘吸入兔呼吸道而引起咳嗽和鼻炎，槽底部常均匀的钻上小圆孔。这种饲槽使用时省时省工，但制作复杂，造价较高，对兔饲料的调制类型有限制。

2. 草架

草架是投喂粗饲料、青草或多汁料的饲具（图7-8）。使用草架可保持饲草新鲜、清洁，减少脚踏和粪尿污染所造成的浪费，预防疾病。群养兔用的草架可钉成长100cm、高50cm、上口宽40cm，用木条、竹片钉成"V"字形，木条或竹片之间的间隙为3～4cm，草架两端底部分别钉上一块横向木块，用以固定草架，以便平稳放置在地面上。笼养兔的草架一般固定在笼门上，也呈"V"字形，草架内侧间隙为4cm，外侧为2cm，可用金属丝、木条和竹片制成。

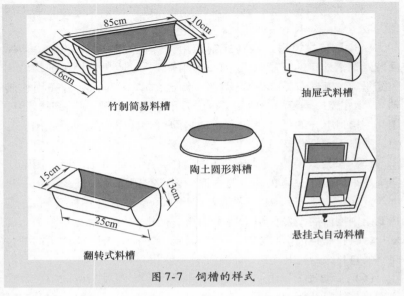

竹制简易料槽

抽屉式料槽

陶土圆形料槽

悬挂式自动料槽

翻转式料槽

图 7-7　饲槽的样式

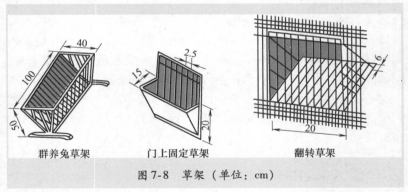

群养兔草架

门上固定草架

翻转草架

图 7-8　草架（单位：cm）

3. 饮水器

一般家庭养兔，可就地取材，用前面介绍的陶制饲槽、水泥饲槽作盛水器。这种饮水器价格低，易于清洗，但容易被兔脚爪或粪尿污染，每天至少需要加一次水，比较费时费工。有一定规模的养兔场大多采用专用饮水器（图 7-9）。

（1）贮水瓶式饮水器　有两种形式。一种是采用塑料瓶倒挂在兔笼外，瓶盖或瓶塞上接一根通向笼内的弯管，管口比管身略小，管口内放一个玻璃圆珠作为活塞，用以堵塞管口。兔饮水时只要用舌舔动活塞，活塞缩进，水即从管口流出。另一种是用胶木制成的饮水器底盘，固定在笼门上，一端伸在笼内供兔饮水，另一端在笼外，将盛满水的玻璃瓶或塑料瓶倒置在其上，饮水器底盘内的水被饮完后，瓶内的水利用压力自动流出。这类饮水器最大的优点是独立使用，比较卫生，尤其适合水中给药防治兔病。

（2）乳头式自动饮水器　采用不锈钢或铜制作，其工作原理和构造与鸡用乳头式自动饮水器大致相同。饮水器与饮水器之间用乳胶管及三通相串联，进水管一端接在水箱，另一端则予以封闭。这种饮水器使用时比较卫生，可节省喂水的工时，但也需要定期清洁饮水器乳头，以防结垢而漏水。

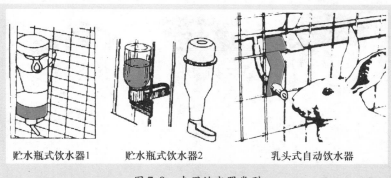

贮水瓶式饮水器1　　　　贮水瓶式饮水器2　　　　　乳头式自动饮水器

图7-9　专用饮水器类型

三　兔舍常用设备

1. 产仔箱

产仔箱又称巢箱，是母兔分娩和哺乳仔兔的场所。仔兔在产箱内至少要生活1个月，因此在设计上，产仔箱要求能保温，母兔进出哺乳方便，仔兔不易爬出箱外。通常在母兔接近分娩时放入笼内或挂在笼外。产仔箱的制作材料有木板、纤维板、塑料等（图7-10）。

（1）悬挂式产仔箱　采用保温性能好的发泡塑料、轻质金属等材料制作。产仔箱悬挂于金属兔笼的前壁笼门上，在与兔笼接触的

第七章　兔场的建设与设备

一侧留一个大小适中的方形缺口，缺口的底部刚好与笼底板一样平，以便母仔出入。产仔箱上方加盖一个活动盖板。这种产仔箱模拟洞穴环境，适于母兔的习性。同时，产仔箱悬挂在笼外，不占笼内面积，管理非常方便。

（2）**平口产仔箱** 用1cm厚的木板钉制，上口水平，箱底可钻一些小孔，以利于排尿、透气。产仔箱不宜做得太高，以便母兔跳进跳出。产仔箱上口四周必须制作光滑，不能有毛刺，以免损伤母兔乳房，导致乳房炎。这种产仔箱制作简单，适合于家庭养兔场采用。

（3）**月牙状缺口产仔箱** 采用木板钉制，其高度要高于平口产仔箱。产仔箱一侧壁上部留一个月牙状的缺口，以供母兔出入。

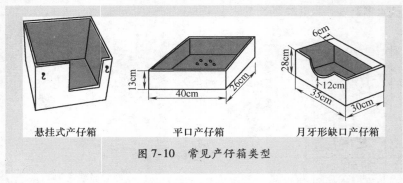

悬挂式产仔箱　　　　平口产仔箱　　　　月牙形缺口产仔箱

图 7-10　常见产仔箱类型

○ 【提示】 仔兔在产箱内至少要生活1个月，因此在设计上，无论何种产仔箱均要求能保温，母兔进出哺乳方便，仔兔不易爬出箱外。

2. 保定箱

用来保定家兔，以便进行打耳号、带耳标、耳静脉采血或用作其他处置，保定箱可用木料、铁皮及塑料制作（图7-11）。使用时通过箱子上部能启闭的盖子将家兔放入箱内，使之保定。该箱前部有一斜面，可使家兔感到舒适而减少骚动。在斜面上端还有一圆孔，可让兔头伸出孔外，以利于操作。

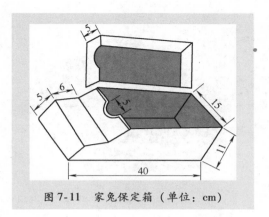

图 7-11 家兔保定箱（单位：cm）

3. 喂料车

喂料车主要是大型兔场采用，用它装料喂兔，省工省时。喂料车一般用角铁制成框架，用镀锌铁皮制成箱体，在框架底部前后安装4个车轮，其中前面2个为万向轮。

4. 运输笼（箱）

运输笼仅作为种兔或商品兔途中运输用，一般不配置草架、饲槽、饮水器等。要求制作材料轻，装卸方便，结构紧凑，笼内可分若干小格，以分开放兔，要坚固耐用，透气性好，大小规格一致，可重叠放置，有承粪装置（防止途中尿液外溢），适于各种方法消毒。有竹制运输笼、柳条运输笼、金属运输笼、纤维板运输笼、塑料运输箱等。金属运输笼底部有金属承粪托盘，塑料运输箱是用模具一次压制而成，四周留有透气孔，笼内可放置笼底板，笼底板下面铺垫锯末屑，以吸尿液。

——第八章——
家兔常见病防治

第一节　兔病的基本知识

一　兔病发生的原因

兔和其他动物一样，当其受到体内外各种不良因素的作用，也会发生疾病。因此，体内外各种致病因素同样致使家兔发病。但兔是经济小动物，与其他家畜相比，在解剖生理、生活习性和行为上有许多自身特点，饲养管理上也存在很大差别，因而上述各种已知因素在兔疾病发生中所起作用的重要程度又有所不同。

1. 环境条件差

家兔生存的外界环境因素十分复杂，无论是自然因素，还是人为因素，都能以各种各样的方式，经由各种不同途径，单独或综合地对兔机体发生作用和影响，引起家兔各种各样的反应。外界环境因素，有些对兔有利，有些对兔不利，甚至有害，如污染的空气、饮水和场地，水源不足，气候骤变，炎热、潮湿、寒冷、光照不足等。各种外界致病因素都存在于兔生活的周围环境之中。当所处的环境不利或有害的因素超过一定限度时，家兔就会生病，甚至死亡。家兔所处的环境条件越恶劣，致病因素就越多，家兔就更容易生病。因此，要养好家兔，就必须选择环境条件较好的地方，并通过建造适宜兔生产的场舍，同时进行科学的饲养管理，以改善和控制环境条件，满足兔生产的需要。

2. 饲养管理不当

家兔的饲养管理是根据它自身的生活习性、行为特点、解剖生理学特征及营养需要来制定的。家兔品种不同，生长发育阶段不同，所处生理时期不同，以及季节或气候条件不同，其饲养方式与管理要求也不一样。不依据科学的饲养管理和合理的饲料配方，完全进行粗放型的饲养，将会给家兔的正常生长发育或机体健康造成较大的损害，导致疾病的发生。如饲料品种单一、选择不当或配合不合理，易致兔营养不良或营养缺乏症；饲料突然变化，饲喂不均，饲料发霉、腐败或变质，饲料调制不当等，易引起兔胃肠道疾病及中毒病；饲养密度过高、拥挤，舍内通风不良等也易导致多种疾病。

3. 卫生防疫工作不力

卫生防疫工作主要包括清洁卫生、场地消毒、疫苗注射、药物预防、疾病检查诊断、兔舍灭鼠、病死兔处理等。通过各项卫生防疫工作的认真实施，不仅可以使场舍清洁，空气清新，更重要的是能消除周围环境中的各种病原微生物、寄生虫卵及传播这些病原体的媒介物，或降低其危害性；同时可使兔机体的免疫力提高，增强其抵抗疾病发生的能力。如果防疫工作跟不上，就难以预防传染病和寄生虫病的发生或流行。

4. 应激因素所致

应激因素主要是指在一定条件下，能使动物产生一系列全身性、非特异性反应的因素。应激因素非常多，如饥饿、过度疲劳、捕捉、发生创伤、噪声惊吓、长途车辆运输、密集饲养、相互啃咬及突然更换饲料、更换场所等。在家兔正常生命活动中，体内外各种因素都在不停地发生变化，但大多数变化比较轻微，机体已经适应了这些变化，有时并不一定能够感受到这些变化，这样就不会产生应激反应。只有那些变化比较大、发生比较突然，而且作用时间比较长的因素，才能引起机体较强的应激反应，从而使动物机体出现抵抗力下降或陷入疲劳状态，生长发育、生产性能降低，有的还会使原有疾病加重或产生新的疾病，有时也会出现传染病的暴发。

二 家兔的接近与保定

1. 家兔的接近

有些家兔对人的接近会发生攻击。在接近它时应先近距离的观

第八章 家兔常见病防治

197

察，看其有无攻击或想逃避而对接近的人员进行撒尿等动作；接近它时要先作友好的表示，从正前方接触，用手抓住它的耳朵和颈背部皮肤。

2. 家兔的保定

家兔天生胆小怕惊，在捕捉或保定时会挣扎，如稍有不慎或方法不当，就会造成工作人员或兔体的伤害。兔的保定方法有以下几种（图8-1）。

徒手保定

保定箱（盒）保定

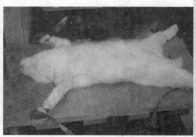

手术台保定

图8-1　家兔的保定

（1）**徒手保定**　家兔习性温顺，除脚爪锐利应避免被其抓伤外，较易保定。应慢慢接近，看有无攻击的动作，先作友好的表示，用手抚摸头部，待其静卧后，用右手连其两耳和颈背部皮毛，一把抓起，再以左手托住其臀部，使兔的体重主要落在左手掌心。此种保定适用于各种疾病的诊断治疗及用药和兔子的转运。

（2）**保定箱（盒）保定**　用于耳血管注射、取血或观察耳部血管的变化等。此时可将家兔置于木制或铁皮制的兔保定盒内。

（3）**手术台保定**　在需要观察血压、呼吸和进行颈、胸、腹部手术时，应将家兔以仰卧位固定于兔手术台上。固定方法是：先以4条1cm宽的布带做成活的圈套，分别套在家兔的四肢腕或踝关节上方，抽紧布带的长头，将兔仰卧位放在兔手术台上，再将头部用兔头固定器固定，然后将两前肢放平直，把两前肢的系带从背部交叉穿过，使对侧的布带压住本侧的前肢，将四肢分别系在兔手术台的木柱上。

（4）**药物镇静保定**　药物镇静保定主要是将某种镇静剂、麻醉药等注入家兔体内，使其保持安静、处于麻痹或昏迷状态而无力挣扎反抗的方法。此法主要是用于进行肠套叠、剖宫产、毛球病等。

三　临床检查的基本方法

家兔临床诊断的基本方法包括问诊、视诊、触诊、叩诊、听诊和嗅诊。

1. 问诊

问诊是指兽医人员以询问的方式听取畜主或饲养管理有关病兔发病情况和经过的介绍，主要包括以下内容。

（1）**基本情况调查**　包括家兔的年龄、体重、性别，是否注射过兔病疫苗，是否驱过虫，有无与病兔接触史，饲养方式、饲喂管理制度、生活环境等最近有没有改变。

（2）**病史调查**　何时发病，病初情况，病兔过去是否发生过同样的疾病，病情发展情况是个案病例还是群发，有无传染性。发病后的主要表现，如采食、饮水、排便、咳嗽、腹痛、呼吸和姿势等情况。

（3）**治疗情况**　病兔是否经过治疗，用过什么药物，效果如何，用药方式与药量，用药后效果如何。

2. 视诊

视诊是指直接用肉眼观察病兔目前的状态和各种异常情况。视诊时一般不需要保定，除非不能站立、站立加重病情、疼痛或为检查的特别需要，否则应尽可能在病兔处于自然姿势下，观察兔的整体状况、精神状态、姿势与步态、被毛状态、饮（食）欲、呼吸动作等，然后观察身体的病变部位、粪尿的排泄情况及其颜色变化

第八章　家兔常见病防治

199

情况。

3. 触诊

触诊是一种用手指、手掌、手背对被检的组织或器官进行触压和感觉，用以判定病变位置、大小、形状、硬度和温度等的检查方法。触诊的基本原则是范围由大到小，用力先轻后重，顺序从浅入深，敏感部位由周边到中央。由触诊可感觉到的病变性质主要有以下5种。

（1）捏粉样 感觉稍柔软，指压留痕，如发面团样，除去压迫后缓慢恢复，见于组织间发生浆液浸润时，如皮下水肿。

（2）坚实 感觉坚实致密而有弹性，像触摸肝脏一样，见于组织间发生细胞浸润时或结缔组织增生时，如蜂窝组织炎。

（3）硬固 感觉组织的硬度似骨，如骨瘤。

（4）波动感 柔软有弹性，指压不留痕，间歇压迫时有波动感。主要是由于组织间液潴留且周围组织弹性减退所致，如血肿、脓肿、淋巴外渗等。

（5）气肿性 感觉柔软稍有弹性及气体向邻近组织窜动的感觉，同时可听到捻发音。这多为组织间气体聚积所引起，见于皮下气肿和恶性水肿病等。

4. 叩诊

叩诊是根据击打兔体组织或器官所产生的声响性质来判断被叩组织和器官有无病理改变的一种方法，生产中常用于心脏、肺、胃肠的检查。

5. 听诊

听诊是直接或间接听取兔深部器官发出声响的一种检查方法。听诊不仅可以辨别声音的性质，而且还可确定声音产生的部位，甚至估计病变范围的大小。当兔的心、肺及胃肠等器官有病变时，通常用听诊的方法进行诊断。

6. 嗅诊

嗅诊是借检查者的嗅觉，嗅闻病兔的口腔、呼出气体、皮肤、分泌物和排泄物的气味，来提示或诊断某些疾病。

四 临床诊断技术

临床诊断主要是对兔的容态、被毛和皮肤、可视黏膜、体温、体表淋巴结等的检查。

1. 容态检查

主要通过视诊和触诊，对病兔全身情况进行检查，重点检查其营养状况、精神状态和有无异常姿势。营养状况检查，主要是用于触摸背部，如果脊柱椎骨突出，表明兔体很瘦，营养不良或疾病所致。精神状态上的异常表现为精神兴奋和精神沉郁两种。精神兴奋常见的疾病有兔的食盐中毒、日射病及脑膜炎等；精神沉郁见于多种传染病、某些中毒病、胃肠炎、产后瘫痪、脑积液、酮尿病等。家兔白天大多处于休息或假睡状态，其姿势主要有蹲伏、伏卧和侧卧，夏天主要以前后肢伸展的伏卧或侧卧为主，冬天尽可能使身体蜷缩以保持少散热，而以蹲伏为主。异常姿势多见于骨折、脱肛、子宫脱出、瘫痪、斜颈、皮肤脓肿等。

2. 体表及被毛检查

家兔皮肤、被毛的异常变化是皮肤、被毛疾病或全身营养代谢疾病的一种症状。检查时应注意皮肤的颜色、温度、弹性、湿润度是否正常，有无病损、肿胀、脱毛（指非季节性、年龄性换毛和孕期拉毛）、无毛等现象。健康兔被毛光滑，而营养缺乏兔的被毛无光；患有皮肤病（尤其是皮肤霉菌病）时，被毛有块状脱落现象；当患有肠炎腹泻时，由于脱水而使皮肤失去弹性；如脚底皮肤受损时，就可见脚底肿胀、化脓、行走不便等；耳、脚部皮肤结痂，常见于疥癣。

3. 可视黏膜检查

家兔的可视黏膜包括眼结膜、鼻腔黏膜、口腔黏膜和阴道黏膜。重点要检查的是眼结膜。健康家兔的可视黏膜的色彩不尽相同，白色兔一般都近于粉红色。眼结膜苍白主要见于各种贫血（营养不良性、出血性、溶血性的）。双眼结膜潮红常见于脑膜炎、发热性疾病的初期等；一侧眼结膜潮红常伴有肿胀和分泌物的症状，常见于眼炎、急性传染病等。黏膜黄染常见于各种肝病、败血症、溶血症、寄生虫病等。黏膜发绀常见于心力衰竭、中毒性疾病等。

4. 体温检查

健康兔的正常体温一般保持在38.5~39.5℃之间，高温季节最高可达 40.5℃。体温测定采取肛门测温法，具体方法是：将兔保定，把温度计（肛表）插入肛门 3.5～5cm，保持 3～5min。测定次数要依据病情而定，一般日测 1～2 次。体温升高常见于各种伴有发热性疾病，如传染病、日射病、感冒及各种炎症；体温低于常温多见于某些中毒病、休克、生产瘫痪、酮血症、体质衰竭及某些脑部疾病等，长时间的体温偏低或体温骤然下降，是死亡的征兆之一。

> ➥ 【提示】 测量体温时，应注意影响体温变化的经常性因素和临时性因素。前者如兔的年龄、性别、营养状况等，如一般幼年兔体温较成年兔略高，营养好的较差的稍高等；后者在气温高时，也可使体温有所上升。

5. 采食、饮水动作与口腔检查

健康兔食欲旺盛，食欲减退多见于消化不良、胃肠炎、热性病及肝病；食欲废绝多见于胃扩张及各种重巨疾病；异常摄食，喜吃粪、石片、布片等，多见于维生素、矿物质缺乏症。饮欲增加，多见于热性病、代谢病和腹泻等；饮欲减少见于消化不良、腹痛、胃肠卡他等。当家兔出现采食、咀嚼、吞咽等动作异常时，应对口腔、咽头进行细致的检查。口腔检查主要用视、嗅等方法，注意口腔的颜色、湿润度、气味、舌苔，有无外伤、流涎、溃疡，审视牙齿状态有无异常。咽头检查主要靠视诊和触诊，可用开口器或徒手打开口腔，病变可看得较清楚。家兔患传染性水疱性口炎时，嘴唇、舌、口腔黏膜出现大量水疱、溃疡并流涎。

6. 胃肠道及粪便检查

可用视、听、触等方法进行。健康兔腹部柔软，并有一定的弹性。腹部上方明显膨大，肷窝突出，是肠臌气的表现。如果腹下部膨大，触之有波动感，改变体位时，膨大部随之下沉，是腹腔积液的特征。触诊腹部出现不安，骚动，腹肌紧张且有颤动时，提示有疼痛反应，见于腹膜炎。肠管积气时，触诊腹壁弹性增强。便秘时，直肠内的粪球小而硬。腹泻时，直肠内没有粪球；用手挤压肛门，挤出的是稀粪而不是粪球。粪球的大小与饲料中粗纤维含量、兔子的采食量和兔子的年龄有关。正常家兔的粪便呈圆球形，大小均匀一致，表面光滑，颜色一致。如果粪球干、小、硬、少、黑，则为便秘的症状；粪球连在一起，软而稀，呈条状，为腹泻或肠炎的初期；粪便不成形，稀便，呈堆，为腹泻；稀便，有酸臭味，带有气泡，为消化不良型腹泻；粪便稀薄，有胶冻样物，或粪中带血，为肠炎；如果粪球表面有黏液附着，多为黏液性肠炎的表现；如果家兔食欲降低，排便困难，腹内有气，粪球少而相互以兔毛连接成串，多为毛球病。

7. 呼吸系统检查

健康兔的呼吸方式是胸腹式（混合式）的，即当呼吸时，胸部和腹部都有较明显的起伏动作，两者协调运动。健康家兔每分钟的呼吸次数为 38~65 次，可观察家兔胸、腹壁的起伏，一起一伏即是一次呼吸。在正常情况下，健康兔的呼吸是很平和的，如发现它们的呼吸次数、方式有了不同程度的改变，出现呼吸困难，要仔细检查。当腹部有病如腹膜炎时，常会出现以胸部动作为主的胸式呼吸；当胸部有病如胸膜炎时，又常会出现以腹部动作为主的腹式呼吸。当家兔出现慢性鼻炎时，可引起上呼吸道狭窄而出现吸气困难；当患胸膜肺炎时，吸气和呼气都会发生困难。健康兔的鼻孔清洁、稍湿润，当发现鼻液分泌增加（清涕、稠涕、脓涕、泡沫、带血）或鼻孔周围干裂，则常为鼻腔、上呼吸道及肺部炎症的表现。

8. 脉搏测定

在正常和安静状态下，健康兔的脉搏为 80~100 次/min，幼兔 100~160 次/min。家兔的脉搏测定可在左前肢腋下、大腿内侧近端的股动脉上检查，或直接触摸心脏，或用听诊器，计数 1min 内心脏跳动的次数。测定脉搏次数应在兔子安静下来后进行，在剧烈运动或受惊时，心率数可产生生理性的急剧上升。非这些因素而致使心率数的减慢或加快，就意味着某部分器官出现了病理变化。

9. 泌尿、生殖器官检查

正常尿液的颜色无色透明或稍有浑浊。当患有肝胆疾病时，尿液多呈黄色，同时可视黏膜黄染；尿道、膀胱或肾脏炎症时，尿液呈红色；排尿次数和尿量增多见于大量饮水、慢性肾盂肾炎或渗出性疾病（如渗出性胸膜炎）的吸收期；排尿次数减少，尿量减少，见于饮水不足、急性肾盂肾炎和剧烈腹泻等。

正常情况下母兔的外阴，公兔的睾丸、阴囊、包皮和龟头等清洁干净。如果发现外生殖器官的皮肤和黏膜发生水疱性炎症、结节和粉红色溃疡，则可疑为密螺旋体病；如果阴囊水肿，包皮、尿道、阴唇出现丘疹，则可疑为兔痘；患李氏杆菌病时可见母兔流产，并从阴道内流出红褐色的分泌物。非哺乳期母兔的乳腺不充盈，哺乳期乳腺发育。当患有乳房炎时，乳房有红、肿、热、疼的表现。严重时，整个乳房化脓，并伴有全身性症状，如高热、食欲减退、精神不振、卧立不安等。

五 解剖检查

在生产中，兔病的诊断主要根据临床表现和病理解剖剖检。不少疾病，通过对病兔或死兔的剖检，根据其特征性的病变，结合流行病学特点和临床表现，即可做出初步诊断，并及早采取措施，为疾病的有效控制赢得时间，减少损失。

1. 剖检器械、物品

常用的剖检器械物品有：解剖刀、组织剪、镊子、量杯、注射器、针头及采集病料时所需的酒精灯、接种棒、棉签、大口瓶和固定病理材料用的福尔马林、酒精等。另外，还需准备一些常用消毒剂，如碘酊等。

2. 剖检地点

剖检病兔，尤其是患传染病的兔，应在有清洗消毒条件的室内进行。若无条件而需要在室外剖检时，应选择离房舍、水源、道路较远的僻静处，预先挖好埋尸坑。

3. 剖检的要求

(1) 正确掌握和运用兔体剖检方法 若方法不熟练，操作不规范、不按顺序，乱剪乱割，会影响观察，更易造成误诊，贻误防治时机。

(2) 防止疾病散播 从场（舍）运出病死兔时，应用密闭、不漏水的容器（如塑料袋等）装载，以防病兔毛、粪尿或天然孔中的分泌物、排泄物沿途散落而污染场地。剖检地点最好是病理解剖室。如果必须在野外或临时场地剖检时，应选择远离兔场（舍）、水源及人员来往较少的地方。病死兔的血液、病理性渗出物和胃肠道内溶物不要随便倒泼，应收集于适当的容器内，然后消毒处理，以免污染周围环境和土壤。剖检用过的器械、用具、解剖台，以及解剖处的地面都应注意洗涤清洁和消毒。

> ➡ 【提示】 剖检后的尸体应深埋或焚化，或用高温处理后作为饲料用（必须保证消毒彻底和安全无害）。

（3）做好自身防护 剖检时，剖检人员应穿上工作服和长筒靴鞋，戴上胶手套。剖检完毕，立即洗手消毒，更换工作服和靴鞋。在剖检过程中，手部若损伤出血，应立即停止工作，并用清水把手洗净，伤口处涂上碘酊或用0.05%的新洁尔灭冲洗消毒，戴上胶手套后再继续工作。解剖完毕后，对伤口再做清洗消毒并做适当处理。

4. 剖检方法

剖检前应检查可视黏膜、外耳、鼻孔、皮肤、肛门等部位的变化。在进行尸检时，先剥去毛皮。当腹部胀气严重时，可穿刺放气后再剥皮。剥皮过程中应注意检查皮下脂肪的量和性状，皮下有无出血、水肿、黄染、炎性渗出物、化脓、坏死等，注意血液的凝固性状、肌肉的发育状态和颜色，以及皮下淋巴结的大小、形态、颜色、质地、切面性状等。然后沿腹中线切开，暴露内部器官。

先检查胸腔内的心、肺脏。正常的肺脏呈淡粉红色；若肺脏呈紫色、红色斑点状或有黄色或白色区，则可能是一种病痕。若肺脏有较多芝麻大点状出血，则为病毒性出血症的典型症状；若肺脏散布大小不一的黄白色结节突出于表面，切面呈干酪样，则怀疑为结核病；若肺脏有脓肿，应怀疑为巴氏杆菌病、葡萄球菌病及脓毒败血症。

其次是检查腹腔。正常的肝脏呈酱色，质柔软有光泽；若色泽有变化或出现白色区，则是有病的表现。患肝球虫病时，即可见到肝脏上有黄白色小结节；肝脏有针尖大小的灰白色或淡黄色小结节，应考虑沙门氏菌病或巴氏杆菌病；肝脏表面有绿豆大小的半透明囊泡，则可能是豆状囊尾蚴病。

第八章 家兔常见病防治

消化道的检查从胃开始。胃中的毛球是由于兔吃进自身或其他兔的毛所致，称为毛球症。胃肠道黏膜溃疡，应怀疑为魏氏梭菌病；肠壁肥厚，且黏膜上有许多白色小结节，则可能是球虫病；蚓突一旦变肥厚变粗，浆膜下出现许多黄色或白色小结节，可考虑是伪结核、球虫病或副伤寒等。脾脏位于胃大弯处，有系膜相连，使其紧贴胃壁，呈一扁薄长条状，色泽为深褐色。当感染兔瘟时呈紫色；伪结核患兔常见脾脏呈紫红色，肿大数倍，有芝麻至绿豆大的灰白色结节。肾脏位于脊柱两侧，呈深褐色，表面光滑。有病变的肾脏可见表面粗糙、肿大，颜色有变化或有白点、出血点。在进行尸检时，应注意尸体、解剖场地和器械等的消毒，以防病原扩散。解剖结束后应对尸体进行消毒、深埋或焚毁。

> ⊙ 【提示】 剖检病兔最好在死后或濒死期进行。对于已经死亡的病兔，越早剖检越好，因时间长了尸体易腐败，尤其夏季，易使病理变化模糊不清，失去剖检意义。如果暂时不剖检的，可暂存放在4℃冰箱内。解剖活兔应先将其放血致死。

5. 病理组织学检查

一般包括组织的采集、固定、冲洗、脱水、包埋、染色和镜检等一系列过程，通常要在具有一定设备和具有经验的专业人员的实验室内进行。基层单位或饲养场（户）有必要时，可按要求采集有关样品送检。一般来说，不同疾病甚至同一疾病的不同阶段，其各组织器官的组织学变化会有所不同。据此可做出辅助性诊断、假设性诊断或确定性诊断。

六 家兔的给药方法

在预防和治疗兔病时，应根据不同疾病和不同药物的性质和特点，采取不同的用药方法和途径。常用的有以下几种。

1. 内服

最常用的一种给药方法。让药物通过口腔进入消化道内，或在消化道内发挥作用，或被吸收进入血液循环，发挥全身治疗作用。优点是操作比较简便，适用于多种药物的给药；缺点是药物受胃肠道内容物影响较大，药效出现较慢，吸收不完全、不规则。按操作方法不同又可分为以下几种。

（1）混于饲料给药 此法是最简单的给药方法，适用于毒性小，无不良气味和刺激性的药物。要求兔有一定的食欲，多用于大群兔的驱虫或预防性用药。方法是将药物拌入少量适口性较好的饲料中，让兔自行采食。为使兔子在短时间内采食到应采食的药物，可将药物添加在一次喂料量的1/2中，在兔子饥饿的情况下饲喂，待兔子采食干净后再加入另外一半的饲料。毒性较大的药物，由于个体差异，服药量难以精确计量，因此，在大批给药前应先做小量试验，以保证安全。

> ⚠ **【注意】** 在拌料喂药时，计量要准确，搅拌要均匀，饲槽要充足，使每只兔都能采食到应采食的药量，防止多寡不一而造成的剂量不足或药量过大产生的副作用。

（2）喂服法 这是单个病兔口服给药最常用的方法。适用于剂量较小、有异味的药物，或已缺乏食欲、不采食的病兔。将病兔适当保定，使头部稍高一点，嘴略抬起，并固定好头部。若药物为片剂、丸剂或胶囊，操作者用一手轻轻捏住兔面颊使口张开，另一手持镊子或筷子夹取药物送入舌根部或会厌部，使兔咽下，当兔不咽时可向口腔滴加少量清水，也可调成糊状用注射器将药液灌入口中（图8-2）。但要防止因误咽而造成异物性肺炎，喂药时药物不宜送入口腔深部，液体药物应缓慢灌入，不可太快。

（3）饮水给药 对于水溶性的药物，可通过饮水的方式内服。该方法适于大群预防和治疗，特别是那些食欲不振，但饮欲良好的患兔。其方法简便，容易操作，关键是药量计算准确，药物完全溶解。

> ⚠ **【注意】** 如果药物有腐蚀性，可用陶、搪瓷器皿，不能用金属饮水器。

2. 注射给药

优点是药物吸收较快和较完全，显效快，但对注射液要求也较严格。

高效养兔

⚠️ 【注意】 注射给药时必须注意药物质量和进行严格的消毒，以免出现疗效不佳或注射部位化脓。

（1）肌内注射 肌内注射适用于多种药物，如油剂、混悬液、水剂等。注射部位选择家兔的颈侧或大腿外侧肌肉丰满、无大血管和神经处，经局部剪毛消毒后，一手按紧皮肤，另一手持注射器，中指压住针头连接部，针头垂直刺入，深度视局部肌肉厚度而定，但不应将针头全刺入，轻轻抽回注射栓，如无回血现象，将药物全部注入，针头拔出后进行局部消毒。若一次量超过10mL时，应分点注射。

⚠️ 【注意】 不要伤到神经、骨骼和大的血管；强刺激剂如氯化钙不能进行肌内注射。

（2）皮下注射 主要用于兔的免疫接种。应选择在皮肤薄、松弛、容易移动的部位，如颈部、股内侧等。注射前先用70%的酒精棉球或2%的碘酊棉球消毒，再用左手拇指、食指和中指捏起皮肤，右手将针头刺进提起的皮下约1.5cm，放松左手，将药液注入。

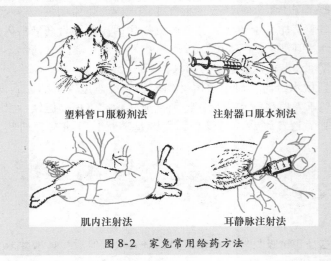

塑料管口服粉剂法　　　　注射器口服水剂法

肌内注射法　　　　耳静脉注射法

图8-2　家兔常用给药方法

⚠ **【注意】** 剌针头时，针头不能垂直刺入，以防止进入腹腔。

（3）静脉注射 主要用于补液。多选取耳外缘静脉为注射部位。由助手固定家兔，剪去或拔去局部的耳毛，用酒精消毒过后即可注射。若注射大量药物，在气温低时应将注射液加温到37℃左右再行注射。具体方法是：用一手拇指和中指执住耳的尖部，同时用食指在耳下作支持，另一手持注射器，将针头平行刺入耳静脉内，轻轻抽回注射栓，如有回血即表明已正确进入静脉内，再慢慢注入。注射时若发现耳壳皮下隆起小泡，或感觉注射有阻力，即表示未注入血管内，应拔出重新注射。注射完拔出针头后，即用酒精棉按住注射部位，防止血液流出。

➡ **【提示】** 油类药物不能静脉注射，注射器内的空气一定要排净，否则易引起血管栓塞，造成死亡。

3. 外用

主要用于体表消毒和杀灭体表寄生虫。常用洗涤、涂擦等方法。

（1）洗涤 将配成适宜浓度的药物溶液清洗局部皮肤或鼻、眼、口腔及创伤等部位。

（2）涂擦 将药物做成软膏或适宜剂型涂擦于皮肤或黏膜的表面。

第二节 兔病的综合防制技术

据报道，全国每年有20%以上的家兔患病而死。特别是传染病，一旦发生，可在短时间内导致大批死亡，造成重大的经济损失。其他许多疾病虽经治疗可以痊愈，但仍会影响兔体健康、生长发育及产品质量和数量，同时又增加了兔产品的生产成本。因此，预防和控制疾病发生是保障兔生产顺利进行和提高生产效益的重要措施之一。

一 科学的饲养管理

科学的饲养管理，一方面可使家兔发挥最大的生产潜力，另一

第八章 家兔常见病防治

209

方面有利于增强家兔自身抵抗力，有利于免疫预防时产生良好的免疫反应，提高养兔的经济效益。

1. 重视场址选择，合理规划建设

创建兔养殖场，首先要考虑的问题就是在哪养、怎样养和怎么才能养好，这就涉及场址的选择、场内布局和场舍建造等具体问题。兔舍是兔生存的基本环境，也是兔生产的必要基础，兔舍的小环境因素（包括温度、湿度、光照、噪声、尘埃、有害气体、气流变化等）时刻都在影响着兔体，适应者能正常生长发育，否则正常生理机能受到影响，严重者会患病死亡。另外，兔生产中所必需的饮水及饲料的品质和来源，与生产密切相关的电力、交通条件等，也都和兔场的地理位置及其周围环境紧密相关。因此，从事家兔生产，就应根据兔的生活习性和生理特性，结合所在地区的气候特点与环境条件，同时考虑拟养兔的品种和数量、饲养方式、生产强度及投资力度等，选择、设计和建造有利于兔群健康、方便生产、符合卫生条件、便于饲养管理、有利于控制疾病、科学实用和经济耐用的兔场（舍）。

2. 引进优良品种，科学饲养管理

兔的品种很多，各个品种都有各自的优缺点和品种特性。引进品种时，要相互比较，权衡利弊，周密考虑。既要注重兔品种的生产性能，又要了解其适应能力的强弱和抗病性能，同时要结合现有的饲养管理水平，科学引种，千万不要贪图一时便宜而购回低劣品种，尤其不要把有病的兔子引入场内作为种用。

如果饲养管理不当，即使有良好的品种、丰富的优质饲料、适宜的场舍，也会导致饲料浪费，兔的生长发育不良、抗病力差，严重时引起品种退化，甚至会导致疫病暴发，造成重大的经济损失，因此，从一定意义上讲，养兔是否成功，在很大程度上取决于饲养管理水平。科学的饲养管理是增强兔体抗病力，预防疾病发生，发挥良种兔的生产潜力，提高养兔经济效益的关键技术之一，不仅要提供品质优良、营养齐全、适口性好的饲料，而且要营造一个舒适、清洁、安静的兔舍环境。

二　合理的卫生防疫制度

1. 搞好环境卫生，定期消毒

病原体广泛存在于兔舍及其周围环境中，随时都有侵害兔体的可能。兔笼、兔舍及其周围应天天打扫干净，经常保持清洁、干燥，使兔舍内温度、湿度、光照适宜，空气清新无臭味。饲槽、饮水器和其他器具也应每天清洗，保持清洁，3~5天消毒1次。每隔1周更换1次笼壁或对笼底进行涮洗、消毒，兔笼、产仔箱、工作服和其他用具也应定期清洗、消毒。在兔每次分娩和转群之前，兔舍、兔笼等均应进行消毒。兔舍每隔1~2个月，全场每隔半年至1年进行1次大扫除和消毒。清扫的粪便、杂物和其他污物等，应集中堆放于远离兔舍的地方进行焚烧、喷洒化学药物、掩埋或做生物发酵消毒处理。

> ➡ 【提示】　消毒时要特别注意先把笼舍内粪便、毛等杂物清除。

2. 加强饲料质量检查，注意饲料饮水卫生

常言"病从口入"，是指兔吃了脏料、污水后易生病。饲料、饮水卫生的好坏与兔的健康密切相关，应严格按照饲养管理的原则要求和标准饲养兔，随时检查饲料质量和卫生状况，严禁饲喂发霉、腐败、变质、冰冻或有毒饲料，保证饮水清洁而不被污染。饮水必须清洁，最好把割来的带泥的草漂洗一下，晾干后再喂。

3. 杀虫灭鼠，消灭传染媒介

蚊、蝇、虻、蝉、跳蚤、老鼠和黄鼠等是许多病原体的携带者和传播者，要设法消灭。要结合日常清扫兔场，定期消毒，对场内外的垃圾和渣质要随时清除，使鼠、蚊、蝇等无藏身之处。防止蚊、蝇等滋生，也可选用敌百虫、敌敌畏、灭蚊净、灭害灵等杀虫剂喷洒杀虫。也可用紫色光灯，利用蝇趋光的特性，使其触及带有负电荷的金属网即被电击死。老鼠等鼠类不仅携带病原，传播疾病，而且偷吃饲料，从设计建场时就应考虑防鼠措施，防止鼠类进入兔舍、仓库等。在兔场可采用堵鼠洞、鼠夹、鼠笼、鼠药毒鼠等方法消灭鼠类；用杀鼠药毒鼠时应用国家规定的药物。

第八章　家兔常见病防治

211

> ⚠ **【注意】** 灭鼠药种类很多，要注意选择对人、畜毒性较低的药物，并定期更换，以防药物失效、老鼠拒食或产生耐药性。另外，放置毒饵时应注意防止兔误食中毒和人员中毒。

4. 进入场区要消毒

为保证场内兔群不受污染侵害，进入场区的人员、饲料、运输车辆、种兔都必须经过消毒或检疫。在兔场和生产区门口及不同兔舍间设消毒池或紫外线消毒室，存放消毒液。池内消毒液要经常保持有效浓度，进场人员和车辆等须经消毒后方可入内。兔场工作人员进入生产区，应换工作服、穿工作鞋、戴工作帽，并经彻底消毒后进入，出来时脱换。兔舍内应严格做到人员、用具、兔群三固定。在配种、妊娠、分娩、生长等各个环节的门口设消毒池，供来往人员出入消毒，专用兔舍每年应进行 1～2 次大消毒。非饲养人员未经许可不得进入兔舍。

5. 场内谢绝参观

兔场原则上谢绝入区进舍参观，必需的参观或检查者按场内一般工作人员对待，严格遵守各项消毒规章。场外的车辆、用具不准进入生产区，出售兔在场区外进行，已调出的兔严禁再送回兔舍。种兔场种兔不准对外配种，绝不能将来源不清的家兔任意带进生产区。场区不准饲养其他畜禽，严防其他畜禽和野兔等进入生产区。

6. 严禁从疫区和发病兔场引种购物

为了防止疫病传入，只能从不存在家兔传染病和其他可以感染家兔的畜禽传染病的地区及饲养场引入或购进种兔、饲料和用具等，不可随意购买。对从外地采购或调入的种兔，要在离生产区较远的地方隔离饲养 1 个月以上，经本场兽医全面检查，特别要注意对兔瘟、魏氏梭菌病、密螺旋体病和球虫病的检查，确认健康无病者，经驱虫、消毒（没有预防接种的要补注疫苗或菌苗）后，方可进入生产区混群饲养。养兔场（户）应选择抗病力强、生产性能好的父母代兔所生养的优良后代作为种兔进行自繁自养，这样既可以降低养兔成本，又可避免因购兔而带入疫病。但在自繁自养中应注意世代间隔，防止近亲繁殖和品种退化，为此可推广应用人工授精繁殖技术。

7. 定期检疫

除了对新引进的种兔严格检疫和隔离观察以外，兔群应有重点地定期检疫。如每半年 1 次对巴氏杆菌病检测（0.25% ~ 0.5% 的煌绿溶液滴鼻），每季度对全群进行疥癣病检疫和对皮肤脓肿检查。每 2 个月进行 1 次伪结核的检查等。每 2 周对幼兔球虫进行检测，种兔配种前对生殖系统进行检查（主要检查梅毒、外阴炎、睾丸炎和子宫炎），母兔产仔后 5 天以内每天检查 1 次，此后每周进行 1 次乳房检查等。结核病人不能在养兔场工作。

三 免疫接种和药物预防

1. 免疫接种

免疫接种就是用人工的方法，把疫苗或菌苗等引入家兔体内，激发兔体产生坚强的特异性免疫力，以抵抗相应传染病发生，达到有效防病目的的一种手段。在经常发生或受到某些传染病威胁的兔场，应根据当地各种传染病的发生和流行情况，以及不同年龄兔对病原微生物的易感性，同时结合各种菌的免疫性能和本场实际等，制订合理的免疫程序并在疫病流行之前认真安排实施。根据所用生物制品的种类不同，常采用皮下、肌内注射等不同的接种途径。兔场主要传染病的免疫程序见表 8-1。

> ● 【提示】 所用疫（菌）苗必须是国家定点或指定的生物制品厂或相应的销售机构生产的合格疫苗。使用前要认真检查，凡有异常者不应使用。所有注射器和针头等应严格消毒，每只兔使用 1 支针头。疫（菌）苗注射后应立即做好记录。

2. 药物预防

有些疾病目前还没有合适的疫苗，有针对性地进行药物预防是搞好防疫的有效措施之一。特别是在某些疫病的流行季节到来之前或流行初期，选用高效、安全、廉价的药物，添加在饲料或饮水中用药，可在较短的时间内发挥作用，对全群进行有效地预防。如母兔产前几天内服磺胺嘧啶、复方新诺明等，可预防乳房炎和仔兔的

高效养兔

214

表 8-1 兔场主要传染病的免疫程序

疫苗名称	用途	兔别	接种时间	用法	免疫期限
兔瘟灭活疫苗	预防兔瘟	仔兔	首兔 30~40 日龄,二兔 60 日龄左右	每只兔皮下注射 1mL,作紧急预防时要用 2~3 倍剂量	6 个月
		种兔	每年 2 月和 8 月各接种 1 次		
兔多杀性巴氏杆菌病灭活疫苗	预防兔巴氏杆菌病	仔兔	30~40 日龄接种	每只兔皮下注射 1mL	4~6 个月
		种兔	每年接种 2~3 次		
兔巴氏杆菌波氏杆菌病灭活疫苗	预防巴氏杆菌、波氏杆菌病	仔兔	30~40 日龄接种	每只兔皮下注射 2mL	4~6 个月
		种兔	每年接种 2~3 次		
兔瘟—巴氏杆菌病二联灭活疫苗	预防兔瘟、巴氏杆菌病	仔兔	30~40 日龄接种	每只兔皮下注射 1mL	4~6 个月
		种兔	每年接种 2~3 次		

疫苗名称	用 途	兔别	接种时间	用 法	免疫期限
兔大肠杆菌病多价灭活疫苗	预防大肠杆菌病	仔兔	20~30日龄接种	每只兔皮下注射1mL	4~6个月
		种兔	每年接种2~3次		
兔魏核菌灭活疫苗	预防魏氏梭菌病	仔兔	20~30日龄接种	每只兔皮下注射1mL	5~6个月
		种兔	每年接种2~3次		
兔波氏杆菌活疫苗	预防波氏杆菌病	仔兔	30~40日龄接种	每只兔皮下注射2mL	4~6个月
		种兔	每年接种2~3次		

第八章
家兔常见病防治

215

黄尿病；从仔兔补饲时起，在饲料或饮水中添加氯苯胍或地克珠利等可预防球虫病的发生；用喹乙醇、土霉素可以预防兔巴氏杆菌病、大肠杆菌病等疾病的发生；仔兔断乳期间用环丙沙星可减少消化道疾病的发生；平时在饲料中混入一些葱、蒜等可预防球虫病、滴虫病及其他细菌感染性疾病；春季喂茵陈、蒲公英，夏、秋季喂败酱草、马齿苋，冬季喂桑叶可预防感冒；用金银花、甘草、绿豆汤可预防中毒病等。

> ⚠ 【注意】 使用药物预防疾病时，不能长期或加大剂量使用，否则易产生耐药性而影响预防效果，使兔发病后治疗效果差，有的产生慢性中毒或诱发其他疾病的发生。为保证兔肉品质及安全，使用化学药物预防疾病，要注意停药期。

3. 驱虫

寄生虫病不仅影响兔生长，降低饲料报酬，诱发其他疾病，有的还影响兔肉品质，甚至使兔发病死亡。在生产实践中，每年都要定期、适时驱虫，一般是在春、秋两季进行2次全群普遍驱虫。目前，高效、低毒、广谱的驱虫剂种类较多，可选择使用。但选择药物时应考虑使用方便，以节省人力和物力。如苯丙咪唑、伊维菌素或阿维菌素，可同时驱除线虫、绦虫、绦虫蚴及吸虫。用药后要加强护理和注意观察，必要时采取对症治疗，及时解救出现毒副反应的病兔。驱虫期间要加强粪便、污染物的无害化处理，防止病原扩散。

> ⚠ 【注意】 使用驱虫、杀虫药物，剂量要准确；新用药物应先做小群驱虫试验，取得经验并肯定药效和安全性后，再进行全群驱虫。

四 兔场疫病发生的扑灭措施

兔群一旦发生传染病，应立即采取紧急措施，就地扑灭，防止疫情扩大。

1. 控制传染来源

当兔群发生传染病或疑似传染病时，应立即向有关部门报告疫情，以便组织人力调查，共同会诊，确定病性，及时采取紧急防治措施。发病兔场所有的兔必须进行全面仔细检查，病兔及可疑病兔应立即隔离观察和治疗，这是控制传染源的重要措施。根据疫病种类和实际情况，划定疫区，进行封锁。在疫区封锁期间，应禁止进行家兔及其产品交易活动。直到最后 1 只病兔痊愈（或死亡）后，经过该病的最长潜伏期，再无新的病例出现，经全面彻底消毒后，方可解除封锁。对同群尚未发病的兔及其他受威胁的兔群，要加强观察，注意疫情动态。可根据病的种类，进行隔离治疗或淘汰急宰。

2. 切断传染途径

病兔及其隔离场所、用具、兔舍、粪便及其他污染物等必须进行严格彻底消毒及无害化处理。病兔尸体要焚烧或深埋，不得随意抛弃。没有治疗价值的病兔，根据国家规定进行严格处理，如烧毁、深埋或化制后作为工业原料等。

3. 保护易感兔群

对假定健康兔及受威胁的健康兔应立即进行紧急免疫接种，保护兔群免受传染。紧急接种是在发生传染病时，为了迅速控制和扑灭疾病的流行，而对疫群、疫区和受威胁地区尚未发病的进行临时急性免疫接种。实践证明，在疫区内使用兔瘟疫苗、巴氏杆菌菌苗、魏氏梭菌疫苗等进行紧急接种，对控制和扑灭疫病的流行具有重要作用。紧急接种除应用疫（菌）苗外，常使用高免血清进行被动免疫，而且能够立即生效。

> ● 【提示】 在疫区或疫群应用疫苗做紧急接种时，必须对所有受到传染威胁的兔群进行观察和检查，对正常无病的兔进行紧急接种时，对病兔和可能已受到感染的潜伏期病兔必须在严格消毒的情况下立即隔离，观察或做淘汰处理，不宜再接种疫苗。

第三节　兔常见病毒性传染病

一　兔瘟

兔瘟又称兔病毒性出血症或兔出血热，是由病毒引起的兔的一种急性、高度接触性传染病，是危害养兔业最严重的疾病之一。临床上以呼吸系统出血、肝坏死、实质脏器水肿、淤血及出血性病变为特征。

1. 病原

本病的病原为兔出血症病毒，对热、pH 酸性环境稳定，能耐氯仿、乙醚等有机溶剂。病毒对磺胺类药物和抗生素不敏感，常用消毒药为 1%～3% 的氢氧化钠溶液和 20% 的石灰乳。

2. 流行特点

本病只发生于家兔，不同品种、性别间敏感性差异不大，一般毛用兔比皮肉兔易感。3 月龄以上的青年兔和成年兔易感性最高，哺乳仔兔有一定的抵抗力而易感性不高。病兔、死兔为主要传染源，可通过直接或间接接触传播该病。病毒通过污染的饲料、饮水和用具等进行传播，一年四季均可发生，但多流行于冬、春季节。在新疫区本病常呈暴发性流行，发病率及致死率可达 90%～100%。

3. 临床症状

根据病程长短、临床表现可分为最急性型、急性型、亚急性型和慢性型 4 种。

（1）**最急性型**　多见于流行初期，病兔无症状而突然死亡。有时于死前尖叫一声，向前一跳，倒地蹬腿、伸颈，在数分钟内死亡。少数病兔从鼻腔中流出泡沫状血液。

（2）**急性型**　病兔精神沉郁，食欲减退，被毛无光，体温 40.5～41.5℃，渴欲增加。临死前突然兴奋、挣扎，在笼内狂奔，啃咬笼架，打滚，然后前肢伏地，后肢支起，全身颤抖倒向一侧，四肢乱划或惨叫几声死亡；有的病死兔鼻腔流出泡沫样血液或鲜血。此类病例多发生在流行中期。

（3）**亚急性型**　多见于 3 月龄以内的幼兔及疫苗免疫兔，兔体严重消瘦，食欲减退；精神沉郁，病程 2～3 天或更长。常见于流行后期。

（4）**慢性型**　多发生在流行后期和经常发生本病的地区——老疫区，病程持续时间较长，症状不典型。病兔精神不振，食欲降低，迅速消瘦，体温有所升高，死前可见前脚向两侧伸展，头触地，最后衰竭死亡，若能耐过，生长缓慢、发育不良，但仍然可以排出病毒。

4. 病理变化

本病以全身各脏器淤血、出血，实质器官的变性、坏死为特征。病死兔鼻腔、喉头、气管黏膜严重出血，似红布状；气管及支气管内有泡沫状血液，肺水肿、膨胀、严重出血，或有数量不等的鲜红色及紫红色出血斑。切开肺部有大量红色泡沫状液体流出；肝脏肿大，质脆，出血，外观呈土黄色或褐色；胆囊肿大，充满稀薄胆汁；脾脏淤血、肿大，呈蓝紫色；肾脏明显肿大，出血，呈红褐色；心肌淤血，心室肌有灰白色坏死区；胸腺水肿，并有出血点；胃黏膜脱落，十二指肠黏膜充血，直肠黏膜充血；脑和脑膜血管淤血，有的毛细血管内形成血栓，尤其是有神经症状的兔更为明显；膀胱充满尿液，膀胱黏膜有出血点或出血斑；胸膜水肿，有散在针尖大小的出血点，有的出现出血斑；性腺、输卵管有淤血或出血。子宫黏膜增厚、淤血或有出血斑点，睾丸肿胀、淤血。

5. 防治

严禁从疫区引进种兔，防止外来人员进入兔舍。定期用兔瘟蜂胶苗或兔瘟铝胶疫苗进行免疫预防注射，断乳后的仔兔每只皮肤注射1mL，60日龄进行二免，疫期为6个月，以后每隔6个月注射1次。发病后划定疫区，立即隔离病兔。病死兔及其排泄物等深埋或焚烧。兔笼、房舍、用具要严格消毒，消毒药可用2%～5%的氢氧化钠溶液、10%的福尔马林、3%的过氧乙酸等。兔场一旦发生兔瘟必须尽快进行疫苗紧急预防注射。注射剂量比常规剂量加大1倍以上，一般于疫苗注射后3天可以基本控制发病，5天可完全控制。对发病初期的兔，可肌内注射高免血清或阳性血清进行紧急治疗，每只0.2mL。对病兔喂服"兔瘟散"，即将板蓝根、大青叶、金银花、连翘、黄芪等份混合后粉碎成细末。幼年兔每次服1～2g，日服2次，连用5～7天；成年兔每次服2～3g，日服2次，连用5～7天。

二 兔传染性水疱性口炎

兔传染性水疱性口炎又称流涎病，是由水疱性口炎病毒引起的，以口腔黏膜发生水疱性炎症，流泡沫样口涎为主要症状的急性、热

性传染病。本病在国内外各地区均有流行。

1. 病原

病原是水疱性口炎病毒，主要存在于病兔口腔黏膜坏死组织和唾液中。病毒在60℃及阳光下很快失去毒力。

2. 流行特点

本病只感染兔，主要是1～3月龄的幼兔发病，成年兔较少发生。病兔是主要传染源，口腔分泌物及坏死组织污染饲料、饮水，病毒通过舌、唇和口腔黏膜而感染；吸血昆虫的叮咬也可传播本病。饲养管理不良、饲喂霉烂和有刺的饲料、口腔损伤等可诱发本病发生。多发生于春、秋两季。

3. 临床症状

发病初期，口腔黏膜呈现潮红、充血；然后在嘴唇、舌和口腔其他部位的黏膜上出现粟粒至扁豆大的水疱，内充满液体，水疱破溃后常继发细菌感染，形成烂斑和小溃疡。病兔因口腔病变物的刺激，不断有大量唾液从口角流出，引起嘴、脸、颈、胸等处被毛和前爪被唾液沾湿。由于大量唾液的流失使病兔严重失水，口腔病变引起采食困难，消化不良，腹泻。病兔日渐瘦弱，经5～10天死亡，死亡率可达50%以上。

4. 病理变化

口腔黏膜、舌和唇有小水疱、糜烂或溃疡灶；咽部、喉部有大量泡沫样唾液，唾液腺肿大；胃扩张，充满黏稠的液体。

5. 防治

平时应加强饲养管理，注意饲料、饮水的清洁，给家兔饲喂柔软易消化的饲料，禁用带刺的草料，以避免刺伤口腔黏膜，减少本病的发生。严格执行卫生防疫制度，不从发病地区引进种兔，平时对笼舍及用具等可用2%的氢氧化钠、20%的草木灰或0.5%的过氧乙酸定期消毒。在兔场发现本病时，应及时隔离饲养，并进行环境、用具消毒。口腔等处的病变，可用一般防腐消毒药治疗，如用2%的硼酸溶液、0.1%的高锰酸钾盐水等冲洗口腔，然后涂以碘甘油或磺胺软膏等。为防止口腔黏膜继发细菌感染，特别是体温升高的病兔可用磺胺类和抗生素治疗。

三 兔痘

兔痘是由病毒引起兔的一种急性、全身性病毒感染的高度接触性传染病。其特征是皮肤和黏膜上发生特殊的丘疹和疱疹。

1. 病原

病原为痘病毒科的痘病毒。该病毒对热、直射阳光和碱敏感，多数常用消毒药可将其杀死。

2. 流行特点

各种年龄的兔都易感，但以 4～12 周龄兔与妊娠母兔最易感。病兔是主要传染源，病毒广泛存在于病兔的肝、脾、肺、性腺、肾上腺、血液、尿液和眼鼻分泌物中。传播途径主要为呼吸道、消化道、皮肤黏膜伤口、交配等。

3. 临床症状

本病潜伏期 5～7 天，发病率、死亡率均很高。兔痘的临诊症状有以下两种类型。

（1）痘疱型 有时可见最急性型病例，死前仅有发热、厌食，偶尔有眼睑炎等症状。多数病例病兔鼻腔流出大量的分泌物，体温升高（40.5～41.5℃）。一般在感染后 5 天可见到皮肤上出现红斑，逐步发展为丘疹（直径可达 1cm），而后 2～3 天内变成水疱，有的发展成脓包，逐渐干燥形成痂皮，严重时可见出血。病变多见于眼、耳、口、腹部、阴囊等处，还可触及腹股沟和腘淋巴结的肿大；眼羞明、流泪，继而发生眼睑炎、化脓性眼炎或溃疡性角膜炎，口腔、鼻腔水肿、坏死及生殖器官周围水肿；神经系统损伤出现运动失调，痉挛，眼球震颤，肌肉麻痹；有时腹泻和流产。在感染后 5～10 天出现死亡。

（2）非痘疱型 病兔可表现出精神沉郁，食欲减退，发热，舌唇部黏膜有少数散在丘疹，有时发生结膜炎和腹泻，于感染后 1 周死亡。

4. 病理变化

剖检可见皮肤上有丘疹和结节，口腔、上呼吸道及内脏器官有数量不等的丘疹或结节；皮下水肿或出血；呼吸道黏膜有卡他性出血性炎症，肺脏呈现弥漫性肺炎及灶性坏死，可见很多小的灰白色结节；肝、脾脏肿大，黄色，有很多灰白色结节和小的坏死灶；睾丸水肿和坏死；子宫布满白色的结节，有的发生灶性脓肿；肾上腺、甲状腺、胸腺和唾液腺都有坏死灶。

5. 防治

无兔痘疫苗用于免疫预防，病兔康复后可获得免疫力。平时应注意清洁卫生，消灭螨虫等外寄生虫。暴发兔痘时，可进行对病兔应及时隔离治疗，病变处用0.1%的高锰酸钾溶液清洗，然后涂以1%的甲紫溶液。若有继发感染可用抗生素类药物控制。

四 兔轮状病毒病

兔轮状病毒病是由轮状病毒引起的仔兔的一种急性肠道传染病，以病兔严重腹泻为特征。

1. 病原

兔轮状病毒，在体外具有较强的抵抗力，是幼兔腹泻的主要病原之一。

2. 流行特点

主要发生于2~6周龄的仔兔，尤以4~6周龄的仔兔最易感，发病率及死亡率均高。青成年兔只带毒不表现临床症状。病兔、带毒兔是本病的传染源，病毒存在于肠道，随粪便排出后，可污染饲料、饮水、垫草、用具、母兔的乳头等，经过消化道而传染。本病一般是突然发病，迅速传播。兔群一旦发病，以后将每年连续发生，不易根除。晚秋至早春为多发季节。

3. 临床症状

仔兔发病后体温升高，昏睡，减食或食欲废绝，腹泻，排出半流质或水样粪便；哺乳仔兔不吮乳，粪便呈白色或黄白色；病兔会阴或后肢的被毛沾有较稀粪便，多数下痢后3天左右发生死亡，死亡率可达40%。青壮年兔大多数不表现症状，少数有短暂的食欲不振和排软便。

4. 病理变化

剖检可见小肠明显充血，膨胀；结肠淤血，盲肠扩张，内含大量的液状内容物。病程较长者，可见眼球下陷等脱水现象。

5. 防治

本病目前尚无疫苗进行预防。健康兔群防止本病，主要应该严禁从有本病流行的兔场引种。一旦发生本病，应立即隔离消毒，病死兔和排泄物及污物经消毒后做深埋处理。

> ➡️ **【提示】** 某些消毒药如碘酊、来苏儿、0.5%的游离氯溶液消毒效果不好，但巴氏灭菌、70%的酒精、3.7%的甲醛溶液、16.4%的有效氯制剂尽可将其杀死。

第四节　兔常见细菌性传染病

一　大肠杆菌病

大肠杆菌病又称为黏液性肠炎，是由一定血清型致病性大肠杆菌及其毒素所引起的一种暴发性、高死亡率的仔兔肠道传染病。临床上以水样或胶样腹泻和严重脱水而引起死亡。

1. 病原

大肠埃希菌，为革兰氏阴性菌，能引起仔兔大肠杆菌病的血清型主要有几个，如 O1、O2、O85、O86、O119、O18、O26 等。本菌抵抗力不强，一般消毒药均可杀灭。

2. 流行病学

主要侵害 20 日龄及断乳前后的仔、幼兔（1～3 月龄），成年兔很少发生。高产毛用兔的发病率高于皮肉兔，其发病率为 35%～90%，病死率可高达 100%。病兔是主要的传染源，通过粪便排出病菌，散布于外界，污染水源、饲料、皮肤及兔的乳头，仔兔在吸吮和饮食时，经消化道感染。本病一年四季均可发生，以春、冬季节多发。当饲料管理不当或天气剧变时，兔体抵抗力下降，病菌大量繁殖并产生毒素、毒力增强而引起发病与流行。兔群中一旦发生本病，常因场地和兔笼的污染引起大规模流行，致使仔兔大批死亡。

3. 临床症状

急性病例在未见到任何症状前即突然死亡。病程短的在 1～2 天内死亡，长的可拖 7～8 天才死亡。主要表现为排出糊状稀粪或带胶冻样黏液和一些两头尖的干粪，随之出现水样腹泻。体温正常或降低，四肢冰凉，磨牙，最终消瘦死亡。

第八章　家兔常见病防治

223

4. 病理变化

病变表现为胃膨大、充满液体和气体（仔兔则表现为充满白色凝乳物）；小肠内容物为气体、黏液和胶冻样液体；回肠内常有两头尖、细长的粪球，外面包有黏液或白色胶冻样分泌物；结肠扩张，有透明胶样液，结肠和盲肠浆膜及黏膜充血或出血；胆囊扩张，黏膜水肿。

5. 防治

平时要加强饲养管理，搞好兔舍卫生，定期对环境、场地和用具消毒，保证饲料和饮水不受污染，减少饲料突变、受凉等各种应激因素的刺激。对经常发生本病的兔场，可使用由本场兔分离到的大肠杆菌，做成疫苗进行预防注射；对断乳前后的仔兔，可用庆大霉素或阿莫西林等按说明口服，有一定的预防效果。家兔发病后应隔离和消毒。病兔可用磺胺类和抗生素药物治疗，并配合补液、收敛等对症疗法。

> **【提示】** 经常发生本病的兔场，最好是先从病兔分离到大肠杆菌做药敏试验，选用敏感药物治疗。

二 巴氏杆菌病

兔巴氏杆菌病又称兔出血性败血症，是由多杀性巴氏杆菌所引起的各种兔病的总称。

1. 病原

病原为巴氏杆菌属多杀性巴氏杆菌，为革兰氏阴性菌。本菌的抵抗力不强，对消毒药、高温、阳光的抵抗力很低，阳光照射数分钟可将其杀死，3%的苯酚、0.1%的升汞水1min、10%的石灰乳或常用的福尔马林3～4min内可杀死细菌。

2. 流行特点

兔极易感，主要发生于青年兔和成年兔，哺乳仔兔很少发病。病兔是本病的主要传染源，带菌动物也是重要的传染源。病菌经呼吸道、消化道或皮肤、黏膜伤口而感染。由于30%～75%的健康家兔的鼻腔黏膜和扁桃体带有巴氏杆菌，而不表现临诊症状。当多种因素（如气温突变、饲养管理不良、长途运输等）引起兔机体抵抗力下降时，存在于上呼吸道黏膜和扁桃体内的巴氏杆菌则大量繁殖，引起发病。引进新兔时可能带入多杀性巴氏杆菌并迅速致病，常是引起流行的主要原因。本病一般为散发性或呈地方流行性，一年四季均有发生，以春、秋两季多发；一般发病率为20%～70%，发病后若不采取措施，可造成全群死亡。

3. 临床症状

由于病原的感染部位不同，可分为传染性鼻炎、地方性肺炎、中耳炎、结膜炎、子宫积脓、睾丸炎、脓肿及全身性败血症等病症。

（1）**全身性败血症** 病兔精神委顿，停食，呼吸急促，体温升高至41℃以上，鼻腔流出脓性分泌物。临死前体温下降，四肢抽搐。病程短者24h内死亡，较长者1～3天死亡。在流行开始时，常有不显症状而突然倒毙的病例。

（2）**传染性鼻炎** 表现为传染慢，病程长，可达1年之久。病初表现为上呼吸道卡他性炎症，流鼻涕，以后转为黏性以至脓性鼻漏（彩图20）。病兔常打喷嚏、咳嗽。由于分泌物刺激，病兔常以爪擦鼻，将病菌带至其他部位，因而引起化脓性结膜炎、中耳炎、皮下脓肿、乳房炎等症。病后期精神不振，营养不良，消瘦，最终衰竭而死亡。

（3）**地方性肺炎** 常常呈急性经过，有的虽有肺炎病变发生，但呼吸困难和肺炎症状多不明显，死亡迅速，病程1～2天。

（4）**中耳炎**（斜颈病） 中耳炎型是病菌感染蔓延到兔内耳和脑的结果。病兔颈斜向一侧，严重者头弯向一侧，影响进食和饮水。此外还可出现其他神经症状，鼓室流出白色渗出物等。病兔不能吃饱饮足，体重减轻，出现脱水现象。如果感染扩散到脑膜或脑组织，还会出现运动失调等神经症状。

（5）**结膜炎** 幼年兔和成年兔均可发生，以幼年兔发病率较高。主要表现为眼睑肿胀，有大量分泌物（从浆液性到黏液性，最后是脓性）。常使眼睑粘住，结膜发红。慢性者主要表现流泪不止，有的甚至失去视力。

（6）**脓肿** 病兔全身各部位均可发生脓肿。体表脓肿较易查出，但内脏器官的脓肿往往只有在剖检时方可查出。

4. 病理变化

全身性败血症病例剖检可见鼻黏膜充血，鼻腔有许多黏性、脓性分泌物；喉黏膜充血、出血，并有多量红色泡沫；肺严重出血、充血，常呈水肿（彩图 21）；心内外膜有出血斑点；肝脏变性，并有许多坏死小点；脾、淋巴结肿大和出血；肠道黏膜充血和出血；胸腔和腹腔均有淡黄色积液。地方性肺炎病理变化主要为纤维素性肺炎和胸膜炎（彩图 22）。

5. 防治

加强饲养管理和防疫卫生工作，种兔场要定期检疫，净化兔群，定期进行疫苗免疫注射。预防注射疫苗可用本场自制的兔巴氏杆菌灭活苗，每兔肌内或皮下注射 1mL，7 天产生免疫力，免疫期为 4~6 个月。由于本病有近 200 种菌型，因此，用外源疫苗预防往往不能做到"对型下苗"，导致效果不理想。

发现病兔应立即隔离治疗或淘汰，死兔要深埋或焚烧，兔舍、兔笼、用具等用 1%~2% 的氢氧化钠或 10%~20% 的石灰水或 3% 的来苏儿严格消毒。对隔离的病兔可选用具有抑制杀灭巴氏杆菌作用的抗菌药物，并相互结合对症治疗。治疗可用链霉素肌内注射，每千克体重 20mg，每日 3 次，连续 3~5 天。肌内注射青霉素钾（或钠），每千克体重 4 万~5 万单位，每天 4 次，连用 4~5 天。复方新诺明每千克体重 0.03g 口服，连用 5 天，也可用四环素、氯霉素、土霉素、磺胺二甲基嘧啶、长效磺胺等。急性病兔可用抗禽霍乱和抗猪出血性败血症的双价血清皮下注射，按每千克体重 6mL，10h 左右再重复注射 1 次可收到显著疗效。

⚠ 【注意】 必要时可将分离到的巴氏杆菌做药敏试验，以选择最有效的药物治疗。

三 魏氏梭菌病

兔魏氏梭菌病，又称兔魏氏梭菌性肠炎，是由 A 型或 E 型魏氏梭菌引起的一种暴发性、发病率和致死率较高的肠毒血症，其病程短，排黑色水样或带血胶冻样粪便，以盲肠浆膜出血斑和胃黏膜出血、溃疡为主要特征。

1. 病原

魏氏梭菌又称产气荚膜杆菌，为两端稍钝圆的革兰氏阳性杆菌。引起家兔的魏氏梭菌病多为 A 型，少数为 E 型。本菌广泛存在于土壤、污水、动物和人类的肠道中，芽孢抵抗力较强，在外界环境中可长期存活，一般消毒药不易杀死，升汞和福尔马林效果较好。

2. 流行特点

除哺乳幼兔外，不同年龄、品种、性别的兔均有易感性，以毛用兔、獭兔最易感本病。魏氏梭菌普遍存在于粪便、污水、土壤和劣质鱼粉中，通过消化道进入兔体而感染。病兔和带菌兔及其排泄物，以及含有本菌的土壤和水源是本病的主要传染来源。一年四季均可发生，而冬、春季节发病较多。

> **〇 【提示】** 长途运输，饲养管理不当，青饲料短缺，粗纤维含量低，饲料突然更换，饲喂高蛋白饲料、劣质鱼粉，长期饲喂抗生素或磺胺类药物，气候骤变等，均可成为本病的诱因。

3. 临床症状

突然发病、急性下痢是本病特征性的临诊症状。病兔体温一般不升高，但精神沉郁，拒食，粪便初期稀软，很快变成带血的胶冻样稀粪，或黑褐色水样粪便，并有腥臭气味，肛门周围、后肢及尾部被毛被稀粪污染；提起病兔，粪水即从肛门流出。出现腹泻后多在当天或次日死亡。此外，也有兔群暴发水样腹泻而突然死亡的，死亡率 20%～90% 不等。

4. 病理变化

由于重度腹泻，尸体严重脱水，但外观不明显消瘦，尸体肛门附近和后肢飞节下端被毛沾有粪便。病理变化主要表现在消化道，打开腹腔有腥臭气味，胃黏膜有出血和溃疡；空肠和回肠充满胶冻样液和气体；肠系膜淋巴结水肿，肠内容物为黑色或褐色水样粪便并混有气体；盲肠浆膜出血，黏膜有出血斑点，瓣膜水肿；脾脏肿大，胆囊充盈胆汁。

5. 防治

平时应改善兔群饲养管理，调整饲料结构，消除诱发因素，减

第八章 家兔常见病防治

227

少精料，增喂含粗纤维多的饲料，并要做好防疫工作和清洁卫生工作。有本病史的兔场可用 A 型魏氏梭菌灭活苗，在幼兔断乳前后免疫，每兔皮下注射 1mL，免疫期限为 6 个月，以后每半年注射 1 次。

本病来势迅猛，传播很快，必须采取严格的防疫措施，以免疫情进一步扩大。病兔禁止出售或转移，病死兔要深埋或焚烧。由于本病发病急，病程短，发病后进行药物治疗效果不佳，严重的最好尽快淘汰。轻症者可用抗血清治疗，每千克体重皮下、肌内或耳静脉注射 2～3mL，同时配合磺胺类、黄连素、喹乙醇等药物及收敛、补液等疗法，有一定效果。患病的兔群，可应用磺胺类药或红霉素、氯霉素等，作为紧急药物预防，并随即进行疫苗注射。

四　沙门氏杆菌病

沙门氏杆菌病又称为兔副伤寒病，是由鼠伤寒沙门氏菌和肠炎沙门氏菌引起的一种消化道传染病。临床上以败血症或表现出腹泻和流产的迅速死亡为特征。

1. 病原

沙门氏杆菌属中的鼠伤寒沙门氏杆菌和肠炎沙门氏杆菌，为革兰氏阴性菌，在干燥环境中能活 1 个月以上，一般消毒剂均可达到消毒的目的。此类细菌对多种动物都能致病，可引起人类的食物中毒。

2. 流行特点

本病传染性较强，发病兔不分年龄、性别和品种，但以妊娠母兔易发。病兔及其他感染动物的排泄物、分泌物可携带大量病原菌，为主要传染源。主要经消化道和内源性感染，当健康兔食入被病菌污染的饲料、饮水及其他因素使兔体抵抗力降低，体内病原菌的繁殖和毒力增强时，均可引起发病。幼兔可经子宫和脐带感染。本病一年四季均可流行，尤其是晚冬和早春更为普遍。饲养管理不好、卫生条件差、有鼠类存在的兔场易发生本病。

3. 临床症状

本病的潜伏期为 3～5 天。少数呈最急性型，不出现症状而突然死亡。多数病兔体温升高、精神沉郁、食欲降低或废食、腹泻、排出带泡沫的白色或淡黄色黏液性稀粪，时间长时病兔消瘦。妊娠兔可从阴道内排出黏液或脓性分泌物，阴道黏膜红肿，妊娠兔通常可发生流产，流产的胎儿体弱、皮下水肿，很快死亡。康复母兔不容易再受孕。

4. 病理变化

急性病例一般无特征性病变。大多数病死兔内脏器官充血、有出血斑块，胸腹腔积液，有浆液性或纤维素性渗出物。病程较长的病死兔可见小肠黏膜充血和出血，黏膜下层水肿；圆小囊、盲肠和结肠黏膜有弥漫性粟粒大小的灰白色坏死灶；肠道中有的病变部位黏膜坏死、脱落并形成溃疡。肠系膜淋巴结水肿或有灰白色坏死灶；肝脏有针尖状弥漫性坏死灶；脾脏充血肿大、肾脏肿大。流产母兔子宫肿大，子宫内有死胎或木乃伊，腔内有脓性分泌物，浆膜和黏膜表面有出血，黏膜覆盖一层淡黄色纤维素性污秽物，有溃疡，并呈化脓性的子宫炎。

5. 防治

控制本病，主要应防止易感兔与传染源接触。平时要做好兔场的卫生消毒工作，彻底消灭老鼠。定期使用鼠伤寒沙门氏菌诊断抗原普查兔群，发现阳性病兔要淘汰，有价值的进行隔离治疗，兔舍、兔笼和用具等要彻底消毒。病兔尸体须深埋或烧毁，不得食用。接触过病兔的人也要做好自身的消毒工作。治疗本病可用链霉素肌内注射，每只每次 10 万单位，每天 2 次，连用 3 天；或口服酵母片、维生素 E 各 1 片，每天 2 次；琥珀酰磺胺噻唑（SST）按每千克体重 0.1 ~ 0.3g，分 2 ~ 3 次口服；也可用环丙沙星、恩诺沙星等药物进行治疗。中药疗法可用黄柏6g、黄芩6g、黄连3g、马齿苋10g，煎汤内服；也可直接内服大蒜汁。

五 葡萄球菌病

本病是由金黄色葡萄球菌引起的，特点是在兔体表部位形成脓肿，严重时可转移到内脏器官引起脓毒败血症而死亡。临诊上常见的类型有脓肿、脚皮炎、乳房炎、仔兔黄尿病等。

1. 病原

金黄色葡萄球菌，为革兰氏阳性菌，对家兔的致病力特别强大，能产生多种毒素引起发病和死亡。本菌在自然界分布很广，空气、

第八章
家兔常见病防治

饲料、饮水、兔毛皮、兔舍等处均有存在。常用的消毒药中以3%～5%的苯酚、70%的酒精等作用较强，对结晶紫等染料敏感。

2. 流行特点

无季节性，各种品种和年龄的家兔均可发病。病兔，特别是患病母兔是主要传染源。其传染途径主要是经皮肤和黏膜传染，尤其是在外伤时最易发生。哺乳母兔因乳房、乳头皮肤的损伤或从乳头口进入乳房而致病。哺乳仔兔因吃了患有乳房炎母兔的乳汁而经消化道传染发病。本病的发生无明显季节性。

> ● 【提示】 外界环境不卫生，尤其是兔舍、兔笼、用具等长期不消毒，垫草不清洁；还有兔笼结构不良，如内壁不光滑、有尖锐物、兔笼底板不平整或缝隙过大等，容易造成外伤，引起发病。

3. 临床症状

(1) **脓肿** 兔的全身各部位都可发生脓肿。原发性脓肿常位于皮下或某一脏器，病变部位初期表现为红、肿、热、痛，逐渐发展为数量不等、大小不一的脓肿，触之柔软有弹性，进而在肺、肝、肾、脾、心脏等部位发生转移性脓肿或化脓性炎。体表发生脓肿的一般无全身症状。内脏器官发生脓肿时，这些器官的机能受到影响。一般脓肿经1～2个月可自行破溃，流出乳白色或淡绿色脓汁，而使病原扩散，形成新的脓肿，在抵抗力降低或当脓肿向内破溃时，可引起全身性感染，呈败血症死亡。

(2) **脚皮炎** 如果本菌侵入脚掌的底面，则引起脚底皮下炎症（彩图23）。病兔不愿走动，很小心地换脚休息，食欲减退，逐渐消瘦。最初是脱毛，继而脚掌皮肤发红、发热，出现脓肿，破溃后形成溃疡而经久不愈。

(3) **乳房炎** 大多在分娩后最初几天出现。初期乳房皮肤局部红肿，皮肤敏感，皮温升高。继而患部皮肤呈蓝紫色，并迅速蔓延至所有乳区和腹部皮肤。乳汁中常混有脓液或血液，拒绝哺乳。转为慢性时，乳房皮下或实质内形成结节或脓肿。化脓性乳腺炎也可发展为全身性脓毒败血症。

(4) **仔兔黄尿病** 又叫仔兔急性肠炎，由于仔兔吮食了患葡萄球菌病母兔的乳汁而引起。通常全窝发病，病仔兔肛门四周被毛潮湿、腥臭，昏睡而体弱，尿液发黄，兔肛门周围和后腿被稀粪污染，兔体瘦弱，昏睡，死亡率很高，病程一般为 2~3 天。

4. 病理变化

病变主要是在病兔的体表和内脏器官可看到大小不一、数量不等的脓肿。患脚皮炎时，脚掌肿大，并有出血和溃疡；患乳房炎时，病兔乳房受损，仔兔黄尿病则表现为肠道卡他性出血性炎症。

5. 防治

为预防本病，平时注意兔笼和器具清洁卫生，要经常打扫和消毒。兔应尽量避免外伤，如果出现外伤应立即涂擦紫药水或碘酊。发生乳房炎的母兔停止哺喂仔兔。如果兔场多发此病，可用葡萄球菌制成的菌苗对兔群进行预防注射，并根据不同的症状选用下列方法治疗：①可按兔每千克体重肌内注射青霉素 4 万单位，每日 2~3 次，连用 3 天。②可按每只兔肌内注射庆大霉素 4 万单位（仔兔酌减），每日 2 次，连用 3 天。③也可内服磺胺二甲基嘧啶，每千克体重首次量 0.1~0.3g，维持量减半，每日 2 次，连用 3~5 天。④对脓肿炎症可先用 3% 的过氧化氢冲洗，然后涂消炎药水或紫药水。⑤仔兔黄尿病可用氯霉素眼药水滴服，每次 2~10 滴，每日 2 次，连用 3 天；或用呋喃西林或磺胺混糖涂于母兔乳头或仔兔口角内。

> 【提示】 常用的消毒药中，本菌对苯酚等消毒药物很敏感，以 3%~5% 的苯酚溶液消毒效果最好，用于消毒环境及用具可取得良好效果。笼舍和器具熏蒸消毒时，每立方米可用甲醛 42mL、高锰酸钾 21g。

六 波氏杆菌病

波氏杆菌病是由支气管波氏杆菌引起的家兔的一种常见呼吸道传染病，以鼻炎、支气管肺炎和脓疱性肺炎为特征。

1. 病原

支气管败血波氏杆菌为革兰氏阴性菌，抵抗力不强，一般消毒药物均可杀灭。

2. 流行特点

各年龄兔都可发病，成年兔一般为慢性经过，仔兔和青年兔多为急性经过。病兔及带菌兔是本病的主要传染源。主要传播途径是呼吸道，病兔打喷嚏和咳嗽时，病菌污染环境，并通过空气直接传给邻近的健康兔。鼻炎型常呈地方性流行，而支气管肺炎型多呈散发性。

> **【提示】** 本菌常寄生在家兔的呼吸道中，故在感冒、运输、尤其是通风不良时抵抗力降低，可诱发本病。

3. 临床症状

由于兔的体质和感染程度不同，本病通常可表现为两种类型，即鼻炎型和支气管肺炎型。

(1) 鼻炎型 呈卡他性鼻炎，常与多杀性巴氏杆菌病并发，多数病例鼻腔内流出浆液性或黏液性分泌物，鼻黏膜潮红，症状时轻时重；食欲减退，逐渐消瘦，病程较长。

(2) 支气管肺炎型 呈慢性散发。多由鼻炎型长期不愈转变而来。病兔食欲不好，逐渐消瘦，鼻孔流出黏液和脓性分泌物，长期不愈，并可发展为脓性分泌物。鼻孔如形成堵塞性痂皮，则可引起呼吸困难，不时打喷嚏，发出鼾声，病程可长达数月。

4. 病理变化

鼻炎型病例多见黏膜充血，有多量浆液或黏液。支气管肺炎型除上述变化外，气管和支气管黏膜充血，含泡沫状黏液或少量稀脓液，肺部有大小不一、数量不等的脓肿，脓肿内为黏稠脓汁，外有厚而有弹性的包膜，有时肝脏也形成脓肿。

5. 防治

平时保持兔舍有适宜的温度、湿度和通风等。引进种兔时，需隔离观察1个月。发现流鼻涕等可疑兔应立即检出，给予治疗或淘汰。在高发区，应使用本地分离出的兔波氏杆菌菌株制成波氏杆菌氢氧化铝甲醛苗进行免疫接种，每年注射2次。对于鼻炎型病兔，可用磺胺类药物和抗生素治疗；对于支气管肺炎型（特别是肺部已形成脓肿时）病兔，因疗效不显，故应及时淘汰，并做好消毒等工作。

七　皮肤霉菌病

兔皮肤霉菌病又称为体表真菌病或毛癣病，是由真菌毛癣霉、须发癣霉与小孢霉感染皮肤表面及其附属结构毛囊和毛干所引起的一种真菌性皮肤病。临床上以脱毛、脱屑、渗出、结痂及痒感为主要特征。

1. 病原

引起兔患本病的病原主要是小孢霉属的石膏状小孢霉，其次是毛癣菌属的须发毛癣菌。本菌抵抗力较强，干燥环境中可存活 3～4 年，煮沸 1h 方可杀死。常用消毒药品为 5% 的氢氧化钠及 3% 的福尔马林溶液。

2. 流行特点

各种品种的兔都能感染，幼兔比成年兔易感，0～4 月龄的幼兔最易感。病兔和带菌兔是主要的传染源，健康兔与病兔直接接触，以及通过被病兔污染的笼具、饮水和饲料等而感染本病。本病一年四季均可发生，以春季和秋季换毛季节易发；以散发为主，偶尔有群发。

> ● 【提示】当舍内潮湿、污秽、兔笼卫生差，通风采光不良及高温、高湿的环境均可造成本病的发生。

3. 临床症状

皮肤霉菌可引起真皮充血、水肿、发生炎症。病变首先发生在头部，多在耳壳、鼻、眼、面、嘴、爪、颈部等皮肤出现圆形或块状等不规则的突起，脱毛、断毛，并出现皮肤炎症，继而扩展到皮肤的任何部位，病变部位出现灰白色、麦糠样易脱落的皮屑，严重时病变部结痂，甚至形成溃疡。繁殖母兔常见乳头周围出现小红点，继而扩大，变硬，破溃后挤出脓汁，仔兔吮吸后在哺乳期便可出现此病症状。

4. 防治

预防本病主要是加强饲养管理，搞好个体和环境卫生，定期对环境、笼舍、用具等进行消毒，发现病兔要立即隔离或淘汰，谨防扩散病原和传染给人。治疗时，先以消毒药水冲洗患部，去掉痂皮后，给予10%的碘酊或来苏儿涂擦，也可涂灰黄霉素软膏。口服灰黄霉素剂量，每千克体重25mg，分3~4次服用，连用1~2周。

> ◐ 【提示】 因本菌对外界有极强的抵抗力，耐干燥，对一般消毒剂耐受性强。故在消毒时，对消毒药的使用应有选择性，可用2%的氢氧化钠或0.5%的过氧乙酸。

第五节 兔常见寄生虫病

一 球虫病

兔球虫病是由艾美耳属的多种兔球虫寄生于肠上皮细胞和肝脏胆管上皮细胞内而引起的一种寄生性原虫病，是最为常见的而且也是危害最严重的寄生虫病之一。临床上以肠臌气、痉挛、消瘦虚脱、贫血和生长受阻为特征。

1. 病原

据报道，全国已发现16种兔艾美耳球虫，其中斯氏艾美耳球虫、穿孔艾美耳球虫和大型艾美耳球虫最为普遍。除斯氏艾美耳球虫寄生于胆管上皮细胞外，余者均寄生于肠上皮细胞内。兔球虫卵囊在相对湿度为55%~90%、温度为20~30℃（在此合适的温、湿度内，温、湿度越高，卵囊成熟越快）、有充分氧气的外界环境中，经1~3天发育成熟而具有感染性。

2. 流行特点

各品种、各年龄兔都有易感性，但幼年兔、尤其是断乳至2月龄的幼年兔最易受到感染，死亡率也高。病兔、病愈兔和成年带虫兔是主要传染源，它们能排出未孢子化的卵囊，污染饲料、饮水及用具等。幼兔食入被孢子化卵囊污染的饲料、草和饮水，仔兔通过哺乳时吃入母兔乳房上沾污的球虫卵囊而感染。一般每年4~9月为流行季节，7~8月最为严重。冬季棚室保温饲养也易发生。

➲ 【提示】 饲养密度过大，营养不良，舍内湿度过高，卫生条件恶劣及消毒制度不严造成饲料、饮水被球虫卵囊污染，均可引起该病的发生和传播。

3. 临床症状

由于球虫的种类和寄生部位的不同，可将球虫病分为肠型球虫病、肝型球虫病和混合型球虫病。

(1) 肠型 20～60 日龄幼兔多见。多为急性死亡，突然倒地、角弓反张、尖叫而死亡。耐过者出现顽固性腹泻，肛门周围被粪便污染（彩图24），食欲不振，消瘦，贫血。

(2) 肝型 多数呈慢性经过。前期症状不明显，后期可视黏膜黄染。感染幼兔肝区痛感，有时呈现神经功能障碍，下痢，不久死亡。

(3) 混合型 具有肠型和肝型两种疾病的症状表现，多数属于混合型。

4. 病理变化

患肠型球虫病时，肠壁充血，黏膜发生炎症，小肠内充满大量气体和黏液，黏膜充血，尚有许多溢血点（彩图25）。慢性型的病变是肠黏膜呈灰色，尤其是盲肠蚓突部有许多小而硬的白色结节，内含卵囊，有时可见到化脓性坏死病灶。患肝型球虫病时，肝脏肿大，表面和实质内有白色或淡黄色的结节性病灶，日久变成粉粒样钙化物（彩图26）。混合型球虫病，可见上述两种病变，且较为严重。

5. 防治

该病主要是通过消化道感染，加强饲养管理，搞好饮食卫生和环境卫生至关重要。应定期对笼具消毒，粪便堆积发酵处理，严防饲草、饲料及饮水被兔粪污染，成兔与幼兔分开饲养，病死兔应深埋或烧毁。目前球虫病的疫苗还不过关，在球虫病的高发季节，可选择氯苯胍、磺胺二甲嘧啶、克球粉、呋喃唑酮等进行药物预防。治疗本病可选用氯苯胍、盐霉素、地克珠利等治疗；也可用中药白头翁、黄柏、大黄、秦皮各5g，黄芩25g，煎汁后拌料饲喂；或大蒜

1 份，洋葱 4 份，成年兔每天 50g，幼兔每天 10g，切碎拌入料中分 2次喂，连用 3 ~ 5 天。

> ⚠️ **【注意】** 球虫极易产生耐药性，防治球虫病的药最好不要长期单独使用某一种，应经常更换或 1 ~ 2 种药物交替使用；药物剂量要足，搅拌要均匀，按规定进行，疗程不足会影响治疗效果或产生耐药性。

二 螨病

螨病是由螨寄生在皮肤而引起的一种接触性传染的慢性皮肤病。临床上以脱毛、剧痒和皮肤发炎为特征。

1. 病原

本病病原为疥螨和痒螨。疥螨寄生于皮肤表面，或钻到皮肤内形成隧道，吃食细胞液和淋巴液，痒螨寄生于皮肤表面，用口器刺穿皮肤吸吮渗出液为食。痒螨对不利因素的抵抗力比疥螨强，离开宿主以后的耐受力很强。

2. 流行病学

各年龄兔均易感。病兔是主要传染源，健康兔与病兔通过直接接触或被污染的环境、兔笼、工具等感染。本病多发于秋、冬季及初春季节，具有高度传染性，少数兔患病后若未及时采取有效防治措施，可迅速感染全群。笼舍潮湿、饲养密集、卫生条件差等均可促使本病蔓延。

3. 临床症状

疥螨感染多发于脚趾部、头部、嘴唇四周、鼻端，严重时可全身感染；感染部位皮肤起初红肿、脱毛，渐渐变厚，多褶，继而龟裂，逐渐形成灰白色痂皮。病兔发痒不安，常用嘴咬脚或用脚爪搔抓嘴及鼻孔。因剧痒折磨，使病兔逐渐消瘦、贫血，甚至死亡。

痒螨主要侵害耳，起先耳根部发红肿胀，后蔓延到外耳道，引起外耳道炎；耳内渗出物干燥成黄色痂皮，如纸卷塞满耳道，兔耳变重下垂，发痒或化脓；病兔奇痒不安，不断摇头，用爪挠抓耳朵。

4. 防治

预防本病，首先要保持笼舍清洁卫生，定期消毒。其次要控制传染源，引进兔时要严格检查，在兔群中发现病兔要立即隔离治疗或淘汰。治疗本病时，先去掉痂皮，用1%～2%的敌百虫溶液擦洗或浸泡患部，每天1次，连用2天，隔7～10天再用1次，同时用2%的敌百虫溶液消毒兔笼。药物可用灭虫丁（伊维菌素），每千克体重0.1～0.2mL，一次皮下注射，隔1周后重复1次，效果较好。治疗兔螨病的方法很多，无论用什么方法，必须持之以恒，同时采取综合措施才能收效。

⚠ **【注意】** 在用外涂药治疗时，要先剪去患部周围被毛，用温水浸软痂皮后，仔细刮除，再涂上药物，效果更好。

三 豆状囊尾蚴病

豆状囊尾蚴病是由豆状带绦虫的幼虫——豆状囊尾蚴寄生于家兔的肝脏、网膜、肠系膜和腹腔浆膜等处引起的疾病。

1. 病原

本病的病原为豆状带绦虫的幼虫——豆状囊尾蚴。豆状带绦虫为白色带状，分节，长60～150cm，寄生于狗、狼、猫、狐等肉食动物小肠内。豆状囊尾蚴呈白色的囊泡状，豌豆大小，有的呈葡萄串状；囊壁透明，囊内充满液体，有一白色头节，上有4个吸盘和两圈角质钩；常寄生于兔的肝脏、肠系膜和腹腔内。

2. 流行特点

豆状带绦虫的成虫寄生在狗、狐狸等肉食兽的小肠中，带有大量虫卵的节片随其粪便排出体外，家兔食了虫卵污染的饲料、饲草和饮水后即可感染此病。

3. 临床症状

在少量感染时临诊症状不明显，仅表现为生长发育缓慢。大量感染时（囊尾蚴数目达100～200个）可出现临床症状。慢性病例表现为消化功能紊乱，不喜活动等。病情进一步恶化时，表现为精神不振，嗜睡，腹围增大，食欲减退，逐渐消瘦，最终因体力衰竭而死亡。急性发作时可引起病兔突然死亡。

4. 病理变化

在肠系膜、网膜、肝脏表面可见大小不一、数量不等的灰白色

透明囊泡。囊泡呈葡萄串状，急性死亡的兔肝脏表面和切面有黑红色或黄白色条纹病灶。病程较长的病例可转化为肝硬化，病兔消瘦，皮下水肿，有大量的黄色腹水。

5. 防治

兔场要远离其他肉食动物养殖场，场内禁止养狗、猫。禁止饲喂被狗、猫粪便污染的饲料或饮水及接触过的青草或别的饲料；同时，病死兔严禁喂狗、猫。治疗本病可用吡喹酮，按每千克体重25mg，皮下注射，每日1次，连用5天；甲苯达唑或丙硫苯咪唑，按每千克体重35mg，口服，每天1次，连用3天。

第六节 兔常见普通病

一 中暑

中暑又称为热射病或日射病，是由于长期处于高温（33℃以上）环境、阳光直射、潮湿闷热，体热散发困难所致的一种疾病。以体温升高，出现神经症状和循环衰竭为特征。

1. 病因

兔舍潮湿，不通风，天气闷热，笼小过于拥挤，产热多，散热不易，最易引起发病；暑天运兔，路途长，阳光直射，笼小拥挤也会引起中暑。中暑常发生于炎热的夏天，长毛兔比一般家兔和皮用兔易发生本病。妊娠后期的母兔对此病特别敏感。

2. 临床症状

首先要有炎热或曝晒史的存在。发病后，口腔、鼻腔和眼结膜充血、潮红，体温升高，心跳加快，呼吸急促，停止采食；严重时，呼吸困难，黏膜发绀，从口、鼻中流出血色液体。病兔常伸腿伏卧，尽量散热，四肢呈间歇性震颤或抽搐直到死亡为止。有的发病比较急，突然虚脱、昏倒，发生全身性痉挛，随后尖叫几声，迅速死亡。

3. 防治

重在预防，在炎热季节兔舍通风要良好，露天兔场要设凉棚，并保证有充足的饮水。温度过高时可用喷洒水的方法降温。兔笼要宽敞，防止家兔过于拥挤。避免在夏季白天长途运输。对已发生中暑的家兔，立即放到阴凉处，在身上覆盖冷水浸湿的毛巾或将患兔放入冷水中，加速体热散发；也可从耳静脉放血，以减轻脑部和肺部充血。可用十滴水2~3滴或仁丹2~3粒，一次口服。风油精1滴涂抹于鼻唇部。如果发现呼吸困难时，立即清除呼吸道内黏液，并注射硫酸阿托品或麻黄碱0.5mL，以扩张支气管。

二 感冒

感冒又称伤风，是由于寒冷作用引起兔的以上呼吸道黏膜表层炎症为主的一种急性的全身性疾病。

1. 病因

天气过于寒冷、兔舍遮蔽不严而透风使兔直接受风寒袭击；突然风吹雨淋；气候异常，忽冷忽热，早晚温差过大；营养不良、长途运输等均可导致本病的发生。

2. 临床症状

病兔咳嗽，打喷嚏；流鼻涕，初为浆液性，后变成黏液脓性；精神不振，食欲减少，眼无神，呈水汪汪状。重者体温升高达40℃以上，呼吸困难，极易继发气管炎或肺炎。

3. 防治

加强饲养管理，注意气温变化，兔舍内气温不要忽高忽低，要防止贼风和穿堂风。治疗用复方氨基比林注射液2~4mL与青霉素10万~20万国际单位混合，肌内注射，效果良好；也可用柴胡注射液1mL，庆大霉素注射液4万单位，肌内注射，每日2次，连用3天。病轻者内服克感敏片或复方阿司匹林（APC）片，每日3次，成年兔每次0.5~1片，幼年兔酌减。中成药银翘解毒片或桑菊感冒片也可酌情选用。

> ⊙ 【提示】 感冒若为流行性时，应迅速隔离病兔，以防蔓延。

三 腹胀

胃肠腹胀又称为膨胀病或膨气病。多发生于幼兔和成年兔，一般多发于肉兔和毛兔。

1. 病因

采食了过量易膨胀的豆科饲料、易发酵的饲料、腐烂变质或冰冻饲料、品质不良的青贮饲料；由饲喂干草突然改喂青绿饲料，喂食饲草、饲料没有规律，饥饱不均，发病前患有肠便秘等均可导致本病的发生。兔舍寒冷、潮湿、阳光不足也是发病的诱因。

2. 临床症状

病兔常在采食后数小时开始发病，腹部膨大，伏卧不动，运动痛苦，结膜潮红、可视黏膜发绀，呼吸困难，流口水。触诊腹部可听到明显的鼓音，为胃肠内充满大量气体所致。严重时可造成胃破裂；重症者几小时内死亡，一般2~3天死亡。

3. 防治

应严格按饲养管理原则进行科学饲养，定时定量，不要突然变换饲料，少喂易发酵或易膨胀饲料；不喂腐败变质饲料，潮湿的青草应晾干后再喂。发现膨胀病，可停止喂食1天，青绿饲料一定要在病情好转后，再逐渐喂给。治疗首先要止酵，可灌服5%的乳酸溶液3~5mL；其次，可灌服植物油10~15mL，达到润滑通便的作用，或用萝卜汁10~20mL灌服，促进肠道内气体排出。在治疗期间，要让家兔充分运动，并经常按摩腹部，促进积食和气体的排除。

四 毛球病

毛球病又称为毛团病，是兔食入大量的兔毛在胃肠形成毛球，阻塞胃幽门或肠道某部分而引起的消化道机能障碍疾病。通常长毛兔多发此病。

1. 病因

饲料中缺乏维生素和钙、钠、铁等各种矿物质，使兔食欲不正常，发生互相咬毛或食毛的现象，或是脱落的兔毛混入饲料中被误食；饲养管理不当，如兔笼狭小、拥挤，相互啃咬，久之形成食毛癖；患有某些外寄生虫病，如疥螨、痒螨、毛虱等，致使皮肤瘙痒，家兔因发痒啃咬本身的毛而引起毛球病。

2. 症状

食欲不振，好伏卧，喜喝水，大便形成一串串粪球，粪便内有兔毛。当毛球过大阻塞肠管时，引起剧烈疼痛。触诊腹部可摸到胃内或小肠内有硬块状物。如果不治疗，会因吸收了饲料发酵产生的有毒物质而发生自体中毒或胃肠膨胀破裂而死。

3. 防治

平时加强饲养管理，及时清除脱落兔毛；满足兔对矿物质和维生素的需要量；群养兔避免拥挤。如果兔胃内已形成毛球，一次口服植物油 20～30mL，也可内服液状石蜡 15～20mL 或以温肥皂水深部灌肠。当毛球排出后，应喂给易消化的饲料和健胃药物。如果毛球过大过硬时，应用手术从胃内取出毛球。

五 腹泻病

腹泻又称"拉稀"，是指由于各种原因导致兔以排稀软、糊状或水样便为主要特征的一类疾病的总称；是目前危害家兔的重要疾病之一，发病率和死亡率较高，尤其是对幼兔危害最大。

1. 病因

饲料不清洁，混有泥沙、污物等；饲料发霉、腐败变质；饲料含水分过多，又未晾干，或吃了带有露水或结冰的草，或饲料中精料含量过高；饲料突然变换，或饲喂方式改变；断乳过早，或刚断乳的幼兔贪食过多饲料；兔舍过冷过湿，以及气候寒冷，使家兔腹部受凉；不清洁的饮水等导致胃肠黏膜表层或深层发生炎症，而引起腹泻。另外，某些传染病（如副伤寒、肠结核等）、寄生虫病（如球虫病等）等也可导致腹泻。

2. 临床症状

病初，胃肠黏膜浅层有轻度炎症，仅表现为食欲减退，消化不良和粪便带黏液。随着炎症的加剧，胃肠道内容物的停滞，病兔拒食，精神迟钝。有时先短时间便秘，后拉稀；有时肠管臌气，肠音响亮，拉稀糊状的恶臭粪便，并混有黏液，肛门周围沾污稀粪；有时出现严重的腹泻，病兔脱水，眼球下陷，面部呆板，迅速消瘦，体温升高而在短期内降至正常以下，很快死亡。

3. 防治

平时加强饲养管理，不喂霉变腐败饲料、饲草；保持兔舍清洁干燥，通风采光良好；饲槽、水槽定期清洗、消毒，断乳幼兔要防止采食过多，更换饲料要逐渐进行。病轻时用抗生素和补液治疗有一定效果。在兔群发生腹泻时，应停喂青绿多汁饲料和精饲料，改成饲喂干草，可有效地控制发病。待康复后，喂正常饲料。本病病重时，用药物治疗效果不佳。对传染性腹泻应采取对应措施（参见本章兔轮状病毒病、大肠杆菌病、魏氏梭菌病、沙门氏杆菌病、球

虫病等相关内容）。

六 佝偻病

佝偻病是仔兔发生的一种无机盐代谢障碍性疾病。

1. 病因

饲料中钙、磷缺乏及维生素 D 和光照不足，从而引起兔体内钙、磷代谢紊乱，骨质发生异常而诱发本病。

2. 临床症状

仔兔体质软弱，肢体异常、变形，与同龄兔相比，能站立起来的时间延迟，而且站立不稳，走路摇摇晃晃，四肢向外倾斜。幼兔或青年兔有异嗜癖，舔啃墙壁、石块，采食垫草、泥沙或其他异物，骨骼变形，如前肢或后肢呈"X"形腿，腹部膨隆，肌肉无力及肋骨的肋软骨接合处与四肢骨骨骺增大而造成的胸骨和四肢骨畸形。病重的四肢麻痹，卧地不起，消瘦，腹泻。

3. 防治

对妊娠兔、哺乳母兔和幼兔要加强饲养管理，有充足的光照和适当的运动，注意饲料多品种配合，尤其是钙、磷比例要适当，要补给无机盐，如骨粉、南京石粉等。患病仔兔可用维丁胶钙注射液，按每只 0.2～0.5mL 肌内注射，隔日 1 次；10% 的葡萄糖酸钙注射液每千克体重 0.5～1mL，每天 2 次，静脉注射，连用 1 周；维生素 AD 注射液 0.2～0.5mL 肌内注射，隔日 1 次。

七 乳房炎

乳房炎是兔的常见病、多发病之一，临床上以乳房红、肿、热、痛甚至化脓为特征。如果不及时发现和治疗，会引起仔兔吮乳后中毒死亡，母兔病情加重，乳腺管破裂，全身感染死亡，给养兔业造成巨大的经济损失。

1. 病因

哺乳母兔乳头外伤，或乳汁分泌不足，仔兔饥饿而咬伤乳头，导致细菌感染而发炎；泌乳过多、过稠，仔兔吃不完或乳汁排出不畅，乳汁在乳房内长时间蓄积，引起乳房肿胀，细菌侵入而感染发病。多发生在产后 5～20 天的哺乳母兔。

2. 临床症状

患兔乳房潮红、肿胀较硬、触之有热感。由于乳房疼痛，母兔拒绝仔兔吸吮。化脓后触之有波动感，可排出脓汁。如果排不出脓汁，可形成暗紫色脓肿，往往自行破溃而排出有臭味的脓汁。

3. 防治

对兔舍定期消毒，保持兔笼、兔舍的清洁卫生，清除玻璃碴、木屑、铁丝挂刺等尖锐利物，尤其是兔笼、兔箱出入口处要平滑，以防出现乳房外伤引起感染。母兔产前应控制精料饲喂量，产后应根据哺乳仔兔数的多少及哺乳情况相应供给精料，以防乳汁形成过多而在乳房蓄积引发本病。经常发生乳房炎的母兔，应于分娩前后给予适当的药物预防，可降低本病的发生率。兔发病后应立即停止哺乳，仔兔由其他母兔代哺或人工喂养。轻症可采用按摩法，用手在乳房周围按摩，每次 15~20min，轻轻挤出乳汁，局部涂以消炎软膏，如氧化锌、10%的樟脑、碘软膏等；配合服用四环素片，每次0.5g，每天2次。疼痛严重时，应用封闭疗法，用2%的普鲁卡因2mL，注射用生理盐水10mL，青霉素20万单位，局部封闭注射（操作时针头平贴腹壁刺入，注射于乳房基部），隔日1次，连用2~3次可治愈。发生化脓时应进行脓肿切开术，在母兔乳房局部剪毛消毒后选择脓肿波动最明显处，纵行切开，排净脓汁，然后用3%的过氧化氢、生理盐水等冲洗干净，在术部放入消炎药等。

八 脚皮炎

脚皮炎是脚部皮肤及脚垫创伤性或压迫坏死性皮炎，临床上以跖骨部的底面和掌骨指骨部的侧面发生损伤性溃疡性炎症为特征，是规模化养兔场的常见病、多发病之一。

1. 病因

是由于兔的脚部在笼底或粗糙坚硬地面上所承受的压力过大，引起脚部皮肤及脚垫的压迫性坏死，故幼兔和体型小的品种很少发生。兔过于神经质或发情时，经常踏脚，易生本病；笼底潮湿，粪尿浸渍，易引起溃疡性脚皮炎。

2. 临床症状

脚皮炎发生在兔四脚底部，尤其后脚多发，开始时出现充血，

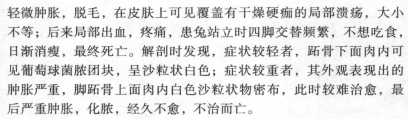

轻微肿胀，脱毛，在皮肤上可见覆盖有干燥硬痂的局部溃疡，大小不等；后来局部出血，疼痛，患兔站立时四脚交替频繁，不想吃食，日渐消瘦，最终死亡。解剖时发现，症状较轻者，跖骨下面肉内可见葡萄球菌脓团块，呈沙粒状白色；症状较重者，其外观表现出的肿胀严重，脚跖骨上面肉内白色沙粒状物密布，此时较难治愈，最后严重肿胀，化脓，经久不愈，不治而亡。

3. 防治

保证兔笼地板平整，清洁干净，无锋利物质。若有习惯性脚皮炎的种兔应予以淘汰。最好提供干燥、平整、柔软的垫板。搞好兔舍卫生，喂草要设草架，杜绝笼底板上堆积草料粪尿，防止笼底板上的污物尿液浸渍兔脚而致病。发现病兔要及早治疗。脚皮炎较轻时，涂抹5%的甲紫溶液，一连数日即愈，也可用红霉素软膏或3%的土霉素软膏涂擦。溃烂时，常规清理创口后，先用云南白药涂于创面，外敷红霉素软膏密封，再用纱布包扎。化脓而未溃烂时，先清理外部，洗净消毒，剖口排脓，用过氧化氢冲洗创口，然后敷药包扎，在笼底铺垫软干草。对伤势特别严重者，结合用青霉素按每千克体重10万单位肌内注射，每日1次，效果甚好。

附录　常见计量单位名称与符号对照表

量的名称	单位名称	单位符号
长度	千米	km
	米	m
	厘米	cm
	毫米	mm
面积	平方千米（平方公里）	km^2
	平方米	m^2
体积	立方米	m^3
	升	L
	毫升	mL
质量	吨	t
	千克（公斤）	kg
	克	g
	毫克	mg
物质的量	摩尔	mol
时间	小时	h
	分	min
	秒	s
温度	摄氏度	℃
平面角	度	(°)
能量，热量	兆焦	MJ
	千焦	kJ
	焦［耳］	J
功率	瓦［特］	W
	千瓦［特］	kW
电压	伏［特］	V
压力，压强	帕［斯卡］	Pa
电流	安［培］	A

参考文献

［1］张庆德，熊家军，刘兴斌．家兔高效养殖关键技术［M］．北京：化学工业出版社，2010.

［2］熊家军，梅俊，张庆德．养兔必读［M］．武汉：湖北科学技术出版社，2006.

［3］单永利，张宝庆，王双同．现代养兔新技术［M］．北京：中国农业出版社，2004.

［4］杨正．现代养兔［M］．北京：中国农业出版社，2001.

［5］马新武，陈树林．肉兔生产技术手册［M］．北京：中国农业出版社，2000.

［6］李东红，李存，赵三元．兔病诊治关键技术一点通［M］．石家庄：河北科学技术出版社，2009.

［7］陈树林，孙志宏．家兔养殖新技术［M］．杨凌：西北农林科技大学出版社，2005.

［8］孙效彪，郑明学．兔病防控与治疗技术［M］．北京：中国农业出版社，2004.

［9］谷子林．现代獭兔生产［M］．石家庄：河北科学技术出版社，2002.

［10］高振华，谷子林．优质獭兔养殖手册［M］．石家庄：河北科学技术出版社，2004.

［11］宋育．养兔全书［M］．成都：四川科学技术出版社，2000.

［12］徐立德，蔡流灵．养兔法［M］．3版．北京：中国农业出版社，2002.

［13］黄邓萍．规模化养兔新技术［M］．2版．成都：四川科学技术出版社，2005.

［14］胡薛英，蔡双双．实用兔病诊疗新技术［M］．北京：中国农业出版社，2007.

［15］张宝庆．养兔与兔病防治［M］．2版．北京：中国农业大学出版社，2004.

［16］杜玉川．实用养兔大全［M］．北京：中国农业大学出版社，1993.

［17］郝正里．畜禽营养与标准化饲养［M］．北京：金盾出版社，2004.

［18］张振华，王启明．养兔生产关键技术［M］．南京：江苏科学技术出版社，2000.

[19] 范光勤．工厂化养兔新技术［M］．北京：中国农业出版社，2002.

[20] 向前．优质獭兔饲养技术［M］．郑州：河南科学技术出版社，2005.

[21] 孙慈云，杨秀女．科学养兔指南［M］．北京：中国农业大学出版社，2005.

[22] 白跃宇，王克健．新编科学养兔手册［M］．郑州：中原农民出版社，2002.

[23] 陶岳荣，等．科学养兔指南［M］．北京：金盾出版社，2009.

[24] 全国畜牧兽医总站．中国养兔技术［M］．北京：中国农业出版社，2001.

[25] 郑军．养兔技术指导［M］．3 版．北京：金盾出版社，2003.

[26] 韩俊彦．养兔顾问［M］．北京：中国农业出版社，1994.

[27] 杨正．塞北兔饲养技术［M］．北京：中国农业出版社，2001.

[28] 何诚．实验动物学［M］．北京：中国农业大学出版社，2006.

[29] 陶岳荣，等．獭兔高效益饲养技术［M］．2 版．北京：金盾出版社，2001.

[30] 程济栋．养兔全书［M］．成都：四川科学技术出版社，1989.

读者信息反馈表

亲爱的读者：

　　您好！感谢您购买《高效养兔》一书。为了更好地为您服务，我们希望了解您的需求以及对我社图书的意见和建议，愿这小小的表格为我们架起一座沟通的桥梁。

姓　　名		从事工作及单位	
通信地址		电　话	
E- mail		QQ	

1. 您喜欢的图书形式是
□系统阐述　□问答　□图解或图说　□实例　□技巧　□禁忌　□其他_____
2. 您能接受的图书价格是
□10～20 元　□20～30 元　□30～40 元　□40～50 元　□50 元以上
3. 您认为该书采用双色印刷是否有必要？
○是　　○否
4. 您觉得该书存在哪些优点和不足？

5. 您觉得目前市场上缺少哪方面的图书？

6. 您对图书出版的其他意见和建议？

您是否有图书出版的计划？打算出版哪方面的图书？

　　为了方便读者进行交流，我们特开设了养殖交流 QQ 群：127963720，欢迎广大养殖朋友加入该群，也可登录该群下载读者意见反馈表。

　　请联系我们——

　　地　　址：北京市西城区百万庄大街 22 号　机械工业出版社技能教育分社（100037）

　　电话：（010）88379761　88379080　传真：68329397

　　E-mail：12688203@qq.com